Generis
PUBLISHING

AF578541

VIVRE SAINEMENT

Trois facteurs clés

Amadou Moustapha BEYE
Cécé Oscar LOUA

Title: **VIVRE SAINEMENT**

Trois facteurs clés

ISBN: 979-8-89248-146-5

Author: Amadou Moustapha BEYE, Cécé Oscar LOUA

Cover image: https://unsplash.com/

Publisher: Generis Publishing
Online orders: www.generis-publishing.com
Contact email: info@generis-publishing.com

Amadou Moustapha BÈYE

Cécé Oscar LOUA

« VIVRE SAINEMENT »

Préface de Professeur

TAHIRI Annick Yamousso

Table des matières

Liste des tableaux

Liste des photos

Déjà parus

Bèye, A. M., 2020. Pour une révolution agricole et alimentaire en Afrique : Rêver est encore permis. ISBN : 978-2-343-18604-7. Éditions L'Harmattan. Collection Agriculture familiale et Développement durable.

Bèye, A. M. et A. Diallo, 2018. Agriculture familiale et certification sociale. 177 pp. ISBN : 978-2-343-16146-4. Éditions L'Harmattan. Collection Agriculture familiale et Développement durable.

Bèye, A. M. et Sika, G., 2016. Sélection des plantes et technologie semencière. 377 pp. ISBN : 978-2-343-07584-6. Éditions L'Harmattan. Collection – AfBioSac.

Bèye, A. M. et M, Jones. 2005 : Manuel du technicien : Comment faciliter la mise en œuvre du système semencier communautaire ? ADRAO. 94 p. CEVEAO, Abidjan – Côte d'Ivoire.

Bèye, A. M. et M, Jones. 2005 : Guide du facilitateur. African Seed Network (ASN). 40 p. CEVEAO, Abidjan – Côte d'Ivoire.

Bèye, A. M., 1999 : L'autoproduction améliorée. Une nouvelle approche de production de semences communautaires. ADRAO / BAD. 50 p. CEVEAO, Abidjan – Côte d'Ivoire.

Bèye, A. M. et Bâ A., 1998. Manuel de formation sur les normes et techniques de production de semences de riz (Cas de la zone sud du Sénégal). NRBAR-USAID. 93 p. GRAPHYTIS, Dakar - Sénégal.

Bèye, A. M. et Faye, A. 1988. Situation des ressources phytogénétiques dans les programmes d'amélioration variétale de l'ISRA. ISRA. 47 p. GRAPHYTIS, Dakar - Sénégal.

Bèye, A. M. 1985. Amélioration du cotonnier au Sénégal. Problèmes pratiques de la diffusion de la nouvelle variété IRMA 96 + 97. ISRA. 71 p.

Bèye, A. M., 2004. Applications biotechnologiques et Biosécurité : Instaurer le débat en Afrique ! CMAOC (West and Central African Ministers' Conference). 41 p. GRAPHYTIS, Dakar - Sénégal.

Hippocrate voyait dans la manière de s'alimenter un moyen de prévenir et de guérir les maladies. Un régime préventif pour garder sa santé est un régime curatif pour soigner un déséquilibre. Pour lui, la médecine comprenait 3 piliers : la diététique, la chirurgie et la pharmacie

Seignalet J., 2004

Pratiquer une activité sportive permet d'avoir une bonne condition physique, de s'épanouir psychologiquement mais également de prévenir les maladies cardio-vasculaires, l'hypertension artérielle, l'apparition du cancer, de maîtriser son stress, de maintenir un poids de forme ou de permettre de ne pas reprendre des kilos après un régime, etc. Pratiquer une activité physique représente un véritable traitement d'un diabète de type 2, aussi important que les règles diététiques et les médicaments.

Nicolas Aubineau (2021)

PRÉFACE

Dr Bèye Amadou Moustapha est un Biologiste Généticien et Coach sportif. Avec près de 40 années d'expertise dans les ressources phytogénétiques et les technologies semencières, il est également Expert en stratégie de développement agricole, plus particulièrement dans les cultures vivrières. Il a été directeur technique d'une structure internationale en lien avec l'agriculture et les technologies semencières. Dr Bèye est auteur de nombreux articles scientifiques internationaux et de plusieurs livres dont le dernier, publié en 2020, porte sur la Révolution agricole et alimentaire.

Passionné de plantes et de sport, il est interpellé par la connaissance insuffisante des Africains sur les avantages nutritionnels de leur alimentation et des potentialités du sport sur leur santé. Il est surpris par la faible communication des populations africaines sur les bienfaits de certains mets traditionnels à base de cultures vivrières sur la santé. Il est interpellé par l'augmentation des maladies comme l'hypertension et le diabète en Afrique corrélée à la malnutrition des populations et la rareté d'activité physique, alors que l'Afrique possède un riche patrimoine en matière d'alimentation, de santé et de longévité. Les connaissances traditionnelles et les pratiques médicales souvent transmises de génération en génération incluent l'utilisation de plantes médicinales, les régimes alimentaires équilibrés et les modes de vie qui favorisent la longévité et le bien-être. Il s'inquiète des effets du stress sur la santé physique et mentale des populations ; stress pouvant constituer un risque cardio-vasculaire, de l'hypertension, de la nervosité et des dépressions. Cependant, une alimentation saine, la pratique d'activités physiques régulières et l'immersion en famille et en communauté, créant un fort sentiment d'appartenance et de soutien, peuvent le combattre.

Dr Bèye s'est lancé dans un pari ambitieux de nous faire partager dans ce livre, **VIVRE SAINEMENT**, de façon simple et concise, son expertise sur les bienfaits, les potentialités et les apports nutritifs de cultures usuellement consommées par les Africains afin de les proposer comme solutions naturelles pour améliorer la santé des populations, et vivre plus longtemps en bonne santé.

Dr Loua Cécé Oscar, Médecin généraliste, est actuellement en formation pour l'obtention du Diplôme d'étude de spécialité (DES) en Orthopédie-traumatologie. Il est détenteur d'un certificat de spécialiste en Droit de l'homme et action humanitaire, genre et protection de la femme. Il est passionné de sport en général, et de football en particulier. Il a apporté son expertise à ce livre, sur les bienfaits de la pratique de l'exercice physique et partagé ses connaissances sur l'utilisation des produits bio pour la santé, en étant co-auteur de « **VIVRE SAINEMENT** ».

Je ne peux qu'être impressionnée par ce travail issu de longues années de spéculation et de travaux de recherches scientifiques, rendu digeste pour les non scientifiques. C'est un honneur pour moi, de rédiger la préface de ce livre.

Professeur Tahiri Annick Yamousso

SIGLES ET ABRÉVIATIONS

ACTH : Adrénocorticotrophine

AJR : Apport journalier recommandé

ADN : Acide Désoxyribonucléique

ANSES : Agence nationale de sécurité sanitaire de l'alimentation, de l'environnement et du travail

AVC : Accident vasculaire cérébral

Av. J.-C : Avant Jésus Christ

COVID-19 : *Coronavirus Disease* 2019

CO_2 : Dioxyde de carbone

CSPI : *Center for Science in the Public Interest*

DHEA : Déhydroépiandrostérone

DMLA : Dégénérescence maculaire liée à l'âge

EFSA : Autorité européenne de sécurité des aliments

FAO : Organisation des nations-unies pour l'alimentation et l'agriculture

HCA : Acide hydroxycitrique

HDL : *High density lipoproteins*

IG : Indice glycémique

IMC : Indice de la masse corporelle

INCA2 : Étude individuelle nationale des comportements alimentaires 2

IITA : Institut international pour l'agriculture tropicale

Kcal : Kilocalories

KJ : Kilojoules

LDL : *Low Density Lipoprotein*

MCV : Maladies cardio-vasculaires

MSKCC : Centre américain de cancer mémorial Sloan-Kettering

OMS : Organisation mondiale de la santé

ONG : Organisation non gouvernementale

ORL : Oto-rhino-laryngologie

pH : Potentiel d'hydrogène

PNNS : Plan national nutrition et santé

RDC : République démocratique du Congo

RCA : République centrafricaine

UNESCO : Organisation des nations unies pour l'éducation, la science et la culture

USAID : Agence des États-Unis pour le développement international

USDA : *United States Department of Agriculture*

VNR : Valeurs nutritives de références

AVANT-PROPOS

Le présent livre traite des bienfaits de la combinaison de trois facteurs clés pour mener une vie saine et bien épanouie : l'activité physique, un régime alimentaire équilibré et un environnement social et de travail « sans stress ».

Par activité physique, on entend tout mouvement corporel produit par les muscles squelettiques. D'après l'Organisation mondiale de la santé (OMS, 2022), il s'agit de tous les mouvements que l'on effectue notamment dans le cadre des loisirs, sur le lieu de travail ou pour se déplacer d'un endroit à un autre. Elle couvre les besoins des occupations régulières quotidiennes générales telles que regarder la télévision, travailler sur ordinateur, ainsi que les activités intellectuelles et le métabolisme basal ; à savoir l'énergie utilisée pour exécuter les fonctions de base du corps (respirer, faire circuler le sang ou encore maintenir la température corporelle). Elle requiert une dépense d'énergie au-dessus de la dépense de repos. Elle est le contraire de la sédentarité qui est considérée comme un mode de vie caractérisé par une fréquence faible, voire nulle, de déplacements.

Une personne sédentaire est une personne qui a un mode de vie caractérisé par une faible dépense énergétique due à un temps prolongé en position assise ou allongée. Ce mode de vie, caractéristique des civilisations modernes, est nuisible à la santé physique (facteur aggravant de l'obésité, de la fatigue, etc.) et psychique (dépression, troubles du comportement alimentaire, etc.). Les aspects de base du corps résultent d'une interdépendance complexe entre des facteurs internes (génétiques et biologiques) et externes (environnementaux, comportementaux et socioculturels).

Les bienfaits de l'activité physique sont nombreux aussi bien pour le sédentaire que pour le sportif pour lequel, ils favorisent (Amelioretasante, 2022 ; Bèye, 2024) :

- un entraînement plus long et plus intense permettant d'atteindre un plus grand rendement et un dépassement personnel ;
- une meilleure optimisation de la récupération après l'effort physique ;
- une amélioration de la mobilité et de la flexibilité du corps ;
- une augmentation de la capacité aérobie et anaérobie ;
- un meilleur maintien du poids santé et la prévention de l'obésité ;
- une réduction du risque de blessures résultant de l'activité physique ou des crampes ;
- une réduction du stress, de l'anxiété et des symptômes de la dépression ;
- etc.

Quant au régime alimentaire, il doit être diversifié, équilibré, sain et durable. Il varie selon les besoins individuels (en fonction de l'âge, du sexe, du mode de vie et de l'exercice physique), le contexte culturel, les aliments disponibles localement et les habitudes alimentaires. Mais les principes de base de ce qui constitue un régime alimentaire sain demeurent les mêmes, à savoir : manger équilibré du point de vue nutritionnel, c'est-à-dire inclure tous les nutriments nécessaires au bon fonctionnement de l'organisme dans les proportions recommandées par les nutritionnistes (rapports glucides, lipides, protéines, fibres, acides aminés, acides gras, vitamines, minéraux, etc.).

Les régimes alimentaires sains et durables sont des habitudes alimentaires qui promeuvent toutes les dimensions de la santé et du bien-être des individus. Ils présentent une faible pression et un faible impact environnemental, sont accessibles, abordables, sûrs et équitables, et culturellement acceptables (FAO, 2020). Ils sont cependant de nos jours contrariés par les nouvelles habitudes alimentaires. En effet, on consomme davantage d'aliments très caloriques. La place réservée aux fruits, aux légumes et aux fibres alimentaires est faible. Conséquemment, on rencontre de plus en plus de maladies liées à la malbouffe telles que l'obésité, le diabète, l'hypertension et les maladies cardiaques.

Les auteurs de l'ouvrage mettent un accent particulier sur la consommation exagérée de sucre, de sel et de gras. Tout comme Dr Richard Béliveau (2021), ils estiment qu'on ne peut et on ne doit pas se passer de sucre, de gras ou de sel. Ils sont absolument essentiels à l'organisme. Mais il faut éviter leur utilisation démesurée.

Concernant l'environnement « sans stress », il est devenu un défi majeur de la vie quotidienne. Considérer plutôt « à stress réduit » car le zéro stress n'existe pas. Il faut du stress pour continuer à vivre, souligne le Dr Frédéric Saldmann pour qui, on est comme des montres automatiques. On se recharge dans le mouvement.

Le stress est assez difficile à cerner car tributaire de facteurs exogènes qui varient selon l'individu et l'environnement social et culturel tout en incluant les responsabilités familiales, les attentes sociales et les pressions professionnelles. Sur ce dernier point, l'épuisement professionnel (ou *burn-out*) est devenu une maladie de plus en plus fréquente. Il se traduit d'abord par des signes physiques (fatigue permanente, mal de dos, insomnies, migraines, maux de ventre, infections fréquentes, etc.). À long terme, il peut évoluer pour déclencher un vide émotionnel, de l'anxiété sous toutes ses formes, de l'irritabilité, et plus tard, une dépression avérée avec des prédispositions à d'autres problèmes de santé, tels que les maladies cardio-vasculaires, le diabète de type 2, le surpoids ou l'obésité.

Notons que certaines situations, bien qu'heureuses et réjouissantes, peuvent être sources de stress (par exemple : se marier, attendre un enfant, déménager, organiser des vacances, etc.). À ce niveau, l'expérience et la sagesse sont déterminantes pour aider à avoir un contrôle de son corps et de son esprit. Elles deviennent une priorité pour assurer une meilleure maîtrise de ses émotions et de son sommeil afin de se sentir en pleine forme physique et mentale.

La combinaison de l'activité physique avec un régime alimentaire sain et la création d'un environnement « sans stress » permettent, d'une part, d'assurer un bien-être physique, mental et social à toutes les étapes de la vie et, d'autre part, de mettre le travailleur dans des conditions de bonne rentabilité socio-économique et spirituelle, et de vie équilibrée. Elle offre un large éventail de méthodes pratiques avec un impact réel sur la vie quotidienne :

- la réduction des risques de surpoids et d'obésité ;
- la prévention des maladies chroniques comme les maladies cardio-vasculaires, l'hypertension, les cancers du côlon et du sein, l'ostéoporose ou la constipation ;
- l'amélioration du tonus musculaire et de la force physique, de l'équilibre et de la souplesse ;
- la prévention des états apathiques, du stress et de la dépression, et conséquemment, une amélioration de l'état de santé mentale, de l'humeur, du sommeil et de l'estime de soi.

Dr Bèye et Dr Loua comptent, à travers cet ouvrage, apporter une contribution significative dans la promotion de stratégies adaptées en matière de santé communautaire en Afrique grâce à une alimentation équilibrée, la pratique d'activités physiques appropriées et une vie « sans stress ». Ils estiment que pour espérer vivre sainement, il serait bien indiqué de donner à ces trois facteurs clés, sujets de l'ouvrage, toute leur plénitude en créant les conditions de leur mise en œuvre efficiente.

Les auteurs

INTRODUCTION GÉNÉRALE

L'ouvrage fournit des informations importantes, d'une part, sur les composants des aliments, la pratique de l'exercice physique et la réduction du stress, et d'autre part, sur la manière dont notre organisme peut tirer le meilleur parti de la combinaison de ces trois éléments pour rester en bonne santé.

Il constitue à cet effet un recueil d'informations utiles pour une éducation de masse sur divers thèmes liés à la santé communautaire. Il sert d'outil de sensibilisation pour la préservation de la santé humaine et de promotion des meilleures recettes culinaires africaines.

Celles-ci, dans la plupart des cas, sont fort bien appréciées pour leurs qualités diététiques. Cependant, elles tendent à disparaître au profit des plats précuits. Il s'agit à cet effet d'aider les populations africaines à vivre mieux et en bonne santé en faisant ressortir les modes de cuisson, les valeurs nutritives, médicinales et culturelles d'une multitude de recettes culinaires locales.

Il importe de souligner que, si dans un passé récent les recettes culinaires africaines étaient plus ou moins négligées, de nos jours, elles connaissent un regain d'intérêt dans l'optique de prévenir les troubles liés à la malnutrition. Elles se caractérisent par :

1) une faible présence de gras saturés ; ce qui réduit le taux de cholestérol sanguin ;
2) une faible présence de sodium dont la teneur élevée peut causer l'hypertension, des maladies du cœur, des accidents vasculaires cérébraux ou des maladies rénales ;
3) une faible teneur en glucides ; les aliments à faible charge glycémique sont conseillés pour éviter le diabète et iv) une présence de fibres saines destinées à faciliter la digestion des aliments.

Les régimes alimentaires africains comprennent ordinairement un plat glucidique accompagné d'assaisonnements et de sauces, souvent épicées, où l'on retrouve une grande variété d'aliments à base de céréales et de tubercules (riz, maïs, mil, sorgho, bananes plantains, haricots, niébé, igname, manioc, patates douces, etc.). Avec le développement des maladies liées à la « malbouffe » telles que l'obésité, le diabète ou l'hypertension, il importe de faire un retour aux sources pour en tirer les meilleures recettes pour le bénéfice de la santé humaine.

L'ouvrage est subdivisé en cinq parties pour faciliter son exploitation :

- **partie 1 :** Connaissance des composants des aliments – elle fournit au lecteur les informations utiles pour une bonne utilisation des quatre types de nutriments nécessaires à l'organisme (macronutriments, micronutriments, fibres saines, eau), une bonne connaissance des besoins énergétiques du corps et des rations alimentaires pour le petit déjeuner, le déjeuner, le goûter et le dîner ;

- **partie 2 :** Besoins nutritionnels du corps humain – ils correspondent à la quantité moyenne de nutriments nécessaires quotidiennement pour assurer le développement harmonieux de l'organisme, le renouvellement des tissus, la prévention des maladies et le maintien d'un bon état de santé physique et psychique ;
- **partie 3 :** Sécurité alimentaire et nutritionnelle – elle concerne une tradition africaine de préservation de la santé des populations. Elle permet de mettre en exergue les qualités qu'on peut tirer de la consommation de plats traditionnels et leurs rôles dans l'alimentation des populations ;
- **partie 4 :** Régime alimentaire actuel et malbouffe – elle concerne la standardisation des produits et des goûts qui se fait par l'uniformisation des recettes alimentaires dans une optique de baisse des coûts de production ;
- **partie 5 :** Recommandations pour une bonne santé – il s'agit des bonnes pratiques pour mieux vivre. Elles couvrent le conseil nutritionnel, l'équilibre alimentaire, l'environnement sain, l'activité physique et la santé mentale et psychique.

L'ouvrage nous plonge dans la pensée d'Hippocrate, médecin grec de l'Antiquité (5e siècle av. J.-C.) qui affirmait la primauté de l'alimentation dans la santé : « Que ton alimentation soit ta première médecine ». Il révèle en outre que l'Afrique est un continent géographiquement unique mais avec plusieurs civilisations culturelles et alimentaires.

En d'autres termes, l'histoire de l'Afrique n'a pas produit de standardisation culturelle ou alimentaire mais, bien au contraire, de la diversité mettant en lumière la richesse des pratiques culinaires à travers le continent. Plutôt que d'observer une uniformisation culturelle, on constate des traditions alimentaires qui reflètent les ressources naturelles, les conditions géographiques et les valeurs socioculturelles locales.

Au Sahel, notamment en Mauritanie, au Tchad, au Soudan et en Somalie, les populations dépendent fortement du bétail et des laitages, essentiels non seulement pour la nutrition mais aussi pour des aspects culturels où le bétail joue un rôle clé dans les cérémonies d'offrandes et d'échanges de dots pour les mariages.

Le lait de vache ou de zébu est traditionnellement une base importante de l'alimentation de certains peuples nomades comme les Massaï d'Afrique de l'Est et les Peuls d'Afrique de l'Ouest qui pratiquent l'élevage des bovins depuis très longtemps. Cet attachement aux animaux souligne l'importance de l'élevage dans ces communautés.

En Afrique de l'Est, le mélange de maïs, d'orge, de sorgho et de différents tubercules (patate douce, manioc, etc.), de légumineuses (haricots, etc.) constitue une base alimentaire, enrichie de légumes et de viande.

En Afrique centrale, les tubercules (ignames, manioc, aracées) forment la base des régimes alimentaires, en complémentarité avec les bananes plantains et la viande de brousse (fraîche, salée ou boucanée). Divers vers et insectes comprenant des grillons, des scarabées, des fourmis, des criquets et des scorpions y sont également consommés plus particulièrement comme apéritifs.

Dans les régions forestières, la consommation de gibier, de mil et de tubercules fait écho à la diversité des écosystèmes et à des pratiques de chasse et de culture précises. Les sauces épicées, souvent à base d'huile de palme ou d'arachide, témoignent également de l'importance des saveurs et des ingrédients locaux.

Enfin, le long des côtes, les fruits de mer et le poisson deviennent des éléments centraux de l'alimentation, illustrant un mode de vie influencé par la proximité de l'océan et des rivières.

Cette variété culinaire non seulement enrichit le patrimoine gastronomique africain, mais reflète également la résilience et l'adaptabilité des différentes cultures face à leurs environnements respectifs. Chaque région du continent présente une mosaïque de goûts, de techniques et d'ingrédients, préservant la richesse d'une identité collective tout en célébrant les spécificités locales.

Pour autant, la diversité des aliments de base dans la consommation s'est considérablement réduite. La vie de l'Africain a beaucoup évolué durant ces trois dernières décennies : on mange trop gras, trop sucré et trop salé. En plus, on bouge peu. La malbouffe, la sédentarité et le manque d'activités physiques sont devenus trois fléaux supplémentaires qui minent nos sociétés modernes.

La pandémie de COVID-19 n'a pas été en reste. Elle a certes permis de développer une hygiène de vie plus saine mais elle a été pour beaucoup synonyme de prise de poids. Elle a favorisé le développement du télétravail ou du chômage partiel, le grignotage, les repas à des heures décalées et le recours à de la nourriture réconfortante telle que les *fast-foods* (restauration rapide), généralement très caloriques et conséquemment, à risques.

Les auteurs de l'ouvrage déplorent les effets de la malnutrition qui est vue comme un état pathologique résultant d'une inadéquation par excès ou par défaut entre les apports alimentaires et les besoins caloriques de l'organisme.

Ils reviennent largement sur la malbouffe et ses conséquences sur la santé avec la multiplication des pathologies telles que l'obésité, le diabète, les troubles cardio-vasculaires et les troubles gastriques. Aussi, recommandent-ils des modifications des modes de vie de l'Africain qui devront intégrer :

1) une alimentation saine, diversifiée et équilibrée (consommer des repas apportant dans leur diversité - glucides, lipides et protéines, des fibres tout

en respectant les règles hygiéno-diététiques) et en évitant autant que possible les aliments précuits, ultra-transformés, ou riches en sucres, en matières grasses et en sel ;

2) la pratique d'une activité physique de renforcement cardiorespiratoire, musculaire et d'assouplissement des muscles. Celle-ci est particulièrement efficace pour les personnes souffrant de diabète en favorisant la perte de poids, la réduction de la médication, la diminution des risques cardiaques et une amélioration du taux d'hémoglobine ;

3) la lutte contre le stress. Le sport constitue un véritable remède qui améliore la santé mentale en termes d'anxiété, de dépression et d'épuisement professionnel (*burn-out*) ainsi que l'humeur en renforçant l'estime et la maîtrise de soi.

Un grand challenge pour les Africains qui souhaitent vivre plus longtemps et en bonne santé !

Le livre est destiné à une grande audience de spécialistes (nutritionnistes, médecins, agronomes, étudiants) et non spécialistes (sportifs, malades atteints d'obésité et de diabète, de maladies cardio-vasculaires), et de personnes âgées pour lesquelles des recettes sont données pour mieux vivre son âge en vivant longtemps et en bonne santé.

NB : Les photos ont été faites par les auteurs de l'ouvrage. Dans quelques cas, elles sont issues des photothèques libres de droits d'auteurs (papaye, baobab, bissap, haricot blanc, ginseng, ravioli, touloucouna, vétiver). Quant aux dessins, ils ont été réalisés par Nathalie Eben-moussi, Artiste plasticienne, Abidjan.

PARTIE I – CONNAISSANCE DES COMPOSANTS DES ALIMENTS

YOU ARE WHAT
YOU EAT
EAT BAD. LOOK BAD. FEEL BAD
OR
EAT GOOD. LOOK GOOD. FEEL GOO
Your health
Your choice
Sugar?
No, Thanks!
LOVE your
I AM MY OW
INSPIRATIO
I BELIEV
IN MYSEL

CHAPITRE 1 : TYPES DE NUTRIMENTS

Introduction

Les nutriments sont des substances alimentaires qui sont utilisées par l'organisme pour son bon fonctionnement. Ils sont nécessaires pour une bonne couverture de ses besoins quotidiens.

On distingue généralement quatre types de nutriments : les macronutriments, les micronutriments, les fibres et l'eau. Ils jouent des rôles différents et complémentaires. On en trouve une grande variété. Cependant, tout manque ou surplus de l'un de ces éléments peut être cause de troubles de santé.

Macronutriments

Les macronutriments (ou nutriments majeurs) comprennent les protéines, les glucides et les lipides. Ils sont consommés en grande quantité contrairement aux vitamines et aux minéraux. Ils constituent avec l'eau l'essentiel de l'alimentation (98 %) et fournissent l'énergie nécessaire à l'organisme pour son bon fonctionnement.

L'énergie se mesure en joules ou en calories (1 Kcal = 4,186 KJ, ou 1 KJ pour 0,289 Kcal.) Ses besoins journaliers varient en fonction de l'âge, du sexe, de la corpulence et de l'activité physique. Leur connaissance est importante pour assurer un bon équilibre quotidien entre l'apport en calories et leur dépense. Ainsi, si l'apport calorique est trop faible, le corps devra puiser dans ses réserves ; ce qui occasionnera à court terme une perte de poids. Dans le cas contraire, il y aura une prise de poids.

Protéines

Les protéines sont nécessaires à la fabrication et à la réparation des tissus et autres organes du corps humain (hormones, enzymes, anticorps, peau, cheveux, structure osseuse). Elles sont encore appelées constructeurs de tissus et de muscles. Elles transportent les substances dans le sang (hémoglobine, myoglobine et albumine). Elles représentent les nutriments les plus difficiles à satisfaire en termes de volume et de quantité. Malheureusement, elles sont souvent négligées surtout dans les pays à faible croissance économique. On différencie :

- les protéines animales qu'on trouve dans les viandes, les poissons, les œufs, les produits laitiers ;
- les protéines végétales qui sont nombreuses surtout dans les céréales et les légumineuses comme le soja, le haricot et l'arachide.

Il y a également la spiruline qui est une micro-algue contenant de nombreuses protéines, du fer et beaucoup de bêta-carotène. Elle est considérée comme l'aliment le plus complet du XXIe siècle. Elle est recommandée comme alternative à la viande dans les pays en développement pouvant aider à renforcer le système de défense immunitaire. Elle est utilisée comme antioxydant contre les carences alimentaires et l'anémie.

Encadré 1 : Les antioxydants sont des composés qui réduisent les dommages causés par les radicaux libres dans le corps. Ces derniers sont des molécules très réactives qui seraient impliquées dans l'apparition des maladies cardio-vasculaires, de certains cancers et d'autres maladies liées au vieillissement.
Source : passeportsante.net, 2020

Lipides

Les lipides (encore appelés graisses alimentaires) sont essentiels au fonctionnement des systèmes circulatoire, hormonal, immunitaire et nerveux. Ils sont une source d'énergie importante pour le corps humain. Ils fournissent des acides gras « essentiels » qui ne peuvent pas être synthétisés par l'organisme. En revanche, leur consommation en grande quantité peut être néfaste.

Ces graisses se retrouvent dans certains aliments comme le beurre, le fromage, la charcuterie, les sauces, les pâtisseries, le chocolat et les plats précuits. On leur reproche d'être sources de surpoids et d'obésité, de cancer et de résistance à l'insuline menant au diabète de type 2. Elles peuvent accroître le taux de mauvais cholestérol avec pour conséquence, l'écrasement des vaisseaux sanguins et la formation des thrombus (caillots de sang) qui sont l'origine des maladies cardio-vasculaires (HTA – hypertension artérielle, AVC – accident vasculaire cérébral, infarctus du myocarde).

Glucides

Les glucides sont des composés polyfonctionnels qui ont pour formule globale $Cn(H_2O)n$, d'où le nom d'hydrates de carbone. Ils apportent l'énergie nécessaire aux muscles et aux organes (y compris le cerveau). Ils jouent un rôle structurel et interviennent comme élément de soutien ou de protection (cellulose).

On distingue différents composés qui appartiennent à la grande famille des glucides (ou sucres). Ils comprennent : le glucose, le fructose, le saccharose, le lactose, l'amidon, la cellulose, etc.

La formation des glucides peut être schématisée par l'équation suivante :

$$xCO_2 + yH_2O \xrightarrow{\text{Énergie solaire}} Cx\,(H_2O)y + xO_2$$

Certains glucides sont appelés des sucres complexes lorsqu'ils sont composés d'amidon (comme les céréales) et d'autres sucres simples, quand ils sont composés d'une molécule de monosaccharide (glucose et fructose) ou de deux molécules de disaccharides tels le saccharose et le galactose.

Les glucides complexes sont encore appelés « sucres lents » parce qu'ils mettent plus de temps à être absorbés par le corps que les sucres simples et ils libèrent leur énergie de manière différée. Les glucides simples ou « sucres rapides » sont directement assimilés par l'organisme. Ils proviennent généralement des boissons sucrées, des pâtisseries, des biscuits, des céréales, des fruits, du miel, etc.

D'autres classifications sont parfois suggérées comme celles basées sur l'index glycémique (IG).

L'IG indique à quelle vitesse le glucose contenu dans un aliment peut se retrouver dans le sang. Il doit être compris entre 3,9 et 5,8 mmol par litre pour une glycémie normale. Le pic de glycémie intervient 30 minutes après l'ingestion d'aliment. À cet effet, le pancréas réagit en sécrétant de l'insuline afin de réduire le taux de sucre. Cela veut dire que plus l'IG est élevé, plus la sécrétion d'insuline sera forte et rapide provoquant alors une sensation de faim, plus il y a risque de grossir car l'excès de glucose est transformé en triglycérides.

Ceux-ci sont souvent stockés dans les cellules adipeuses, c'est-à-dire au niveau de la graisse corporelle. Ils font partie de la catégorie des lipides souvent à l'origine, en cas de quantité trop importante, de pathologies cardio-vasculaires dues à leurs dépôts sur les parois des vaisseaux sanguins.

Aussi, pour faire baisser la glycémie, il est entre autres, judicieux de favoriser la consommation d'aliments à faible IG comme les viandes et les poissons (IG proche de 0) et certains fruits et légumes (tomates, haricots verts, radis, poivrons,...). Quant à la pomme de terre, au pain blanc et au riz blanc, ce sont des féculents qui font le plus souvent grossir à cause de leur IG élevé.

L'IG d'un aliment peut cependant varier en fonction de son mode de cuisson ou de son niveau de transformation. Dans une interview sur la qualité des aliments, Deborah Ohana, diététicienne nutritionniste (2016), précise qu'une compote aura un IG plus élevé que son fruit, s'il est consommé cru. Elle ajoute que si des pommes de terre sont cuites à l'eau, leur IG varie entre 35 et 50 ; mais cuisinées au four, leur IG avoisine 90. Elle en conclut que « *La cuisson entraîne la dégradation de l'amidon des glucides ; augmentant ainsi leur IG* ».

Encadré 2 : L'indice glycémique reflète la rapidité avec laquelle les glucides d'un aliment sont digérés, convertis et retrouvés sous forme de glucose dans le sang. Plus le niveau de glucose sanguin augmente à la suite de la consommation d'un aliment, plus l'indice glycémique de cet aliment est élevé.
https ://www.docteur-lequere.fr

Le plus souvent, plus l'aliment sera raffiné, plus la teneur en sucres sera importante et son IG élevé. C'est le cas des aliments produits à partir de farines blanches (riz blanc, pain blanc, pâtes blanches, etc.).

D'après Nathalie Ferron (2000), « la manière dont les aliments sont consommés doit être prise en compte ». En effet, lorsqu'ils sont ingérés au cours d'un repas, l'impact glycémique des sucres est moindre que lorsqu'ils sont consommés seuls, lors d'un goûter par exemple.

Il existe trois catégories d'indice glycémique (Laurent B., 2020) :

- l'indice glycémique faible (inférieur ou égale à 55) ;
- l'indice glycémique moyen (entre 55 et 70) ;
- l'indice glycémique élevé (plus de 70).

L'indice glycémique est un indice qui permet de mesurer l'effet glycémique d'un aliment, c'est-à-dire la teneur de cet aliment en sucre pur.

Le tableau 1 reflète le contenu calorique des aliments. Il a été monté à partir de différents documents élaborés par Didier Lacombe (2017).

Tableau 1 : Contenu calorique de 100 g d'aliments sélectionnés

Indice glycémique	**Aliments**	**Commentaires**
Légumes avec le moins de calories		
16	Concombre	
20	Salade	
23	Courgette	Riche en nutriments comme les vitamines C, B3 et A
23	Tomate	Riche en vitamines C, E et A
25	Asperge	Propriétés diurétiques et antioxydants
33	Champignon	-
44	Artichaut	-
Fruits de mer et poissons avec le moins de calories		
60	Moule	-
88	Crevettes	-
76	Morue	-
Viandes avec le moins de calories		
120	Dinde	-
160	Poulet	-
162	Lapin	-
175	Bœuf	-

Le sucre, encore appelé saccharose, est produit par photosynthèse par de nombreuses plantes saccharifères telles que la canne à sucre et les betteraves. Sa molécule organique est composée de carbone (C), d'hydrogène (H) et d'oxygène (O). Il est constitué d'une molécule de fructose et d'une molécule de glucose. Sa formule est : $C_{12}H_{22}O_{11}$.

Exemple : saccharose + eau ⟶ glucose + fructose

$$C_{12}H_{22}O_{11} + H_2O \longrightarrow \underbrace{C_6H_{12}O_6}_{\text{glucose}} + \underbrace{C_6H_{12}O_6}_{\text{fructose}}$$

Le glucose et le fructose sont des isomères. Ils ont la même formule brute, mais des formules développées différentes et, par conséquent, des propriétés différentes.

L'hydrolyse de l'amidon (présent dans les féculents) conduit à la formation du maltose, puis du glucose comme suit :

Exemple

$$\underbrace{(C_6H_{10}O_5)_n}_{\text{Amidon}} \xrightarrow{H_2O} \text{maltose} \xrightarrow{H_2O} \text{glucose}$$

L'hydrolyse du glycogène présent dans le foie et les muscles (qui joue le rôle de réserve glucidique du monde animal), conduit à la formation du glucose selon le schéma suivant :

$$(C_6H_{10}O_5)_n + n\,H_2O \longrightarrow n\,C_6H_{12}O_6$$

Le sucre est généralement présenté sous deux couleurs : rousse et blanche. Le sucre blanc est du sucre roux dont on a retiré toute la mélasse jusqu'à faire disparaître toute trace de couleur ; ce qui lui donne une couleur plus claire. Il est obtenu en écrasant la canne ou la betterave pour obtenir du jus puis de la mélasse de couleur brune. Celle-ci est par la suite raffinée en la débarrassant de ses cristaux. Quant au sucre complet, il contient du saccharose et de nombreux micronutriments lui conférant sa couleur brun foncé (potassium, magnésium, calcium, fer, phosphore, fluor, cuivre, manganèse, zinc, provitamine A, vitamines B1, B2, B6 et C), quelques protéines et des fibres. Du fait du raffinage, celles-ci disparaissent pratiquement ; donnant du sucre blanc (tableau 2).

Tableau 2: Caractéristiques de 100 g de sucre blanc, roux et complet

	Sucre blanc	Sucre roux	Sucre complet
Indice glycémique	70 (élevé)	70 (élevé)	70 (élevé)
Calories	398 Kcal	316 Kcal	N.C.
Composition	99,7 % de saccharose	99,1 % de saccharose	95 % de saccharose + vitamines et sels minéraux
Prix moyen (kg)	1 €/kg	2,3 €/kg	6 à 9 €/kg

Source : https ://www.diet-equilibre.com/sucre-blanc-roux-complet.html

Micronutriments

Les micronutriments sont des substances sans valeur énergétique mais essentielles pour une alimentation de qualité avec des effets remarquables sur l'organisme. Les besoins en micronutriments sont faibles. Cependant, ils sont pour autant indispensables au bon fonctionnement de l'organisme. Ils comprennent : les vitamines, les minéraux, les oligo-éléments, les acides aminés et les acides gras essentiels. Ils sont inférieurs en volumes aux besoins en macronutriments (glucides, lipides et protéines).

Vitamines

Les vitamines sont des substances organiques indispensables à l'organisme. Elles sont apportées par l'alimentation équilibrée ou par des compléments alimentaires adaptés en vue de pallier une insuffisance causée par une pathologie ou une alimentation spécifique. Elles participent à l'action des enzymes en activant les réactions cellulaires. Les vitamines sont classées en deux groupes selon leur solubilité :

- les vitamines hydrosolubles (solubles dans l'eau) : vitamines du groupe B - B1, B2, B3, B5, B6, B8 et C ;
- les vitamines liposolubles (insolubles dans l'eau mais solubles dans les graisses) : elles sont capables d'être stockées dans l'organisme dans le foie et le tissu adipeux (graisses) pour une éventuelle utilisation future. Elles regroupent les vitamines A, D, E, K. Elles ne s'éliminent pas facilement.

Rôle des vitamines dans l'organisme

Les vitamines jouent un rôle primordial. Elles interviennent dans toutes les réactions biochimiques et métaboliques et facilitent la libération de l'énergie. En particulier, elles aident à lutter contre l'agression de l'organisme par des agents pathogènes en renforçant le système immunitaire. Elles préviennent le vieillissement prématuré des organes vitaux. C'est pourquoi, on dit que les actions principales des vitamines sont la fonction co-enzymatique, antioxydante et hormonale.

Elles sont indispensables pour le bon fonctionnement du corps humain. D'après la revue New Pharma (2018), elles interviennent dans différentes sphères du métabolisme avec pour fonction de :

- maintenir à un bon niveau l'équilibre hormonal : vitamine D ;
- préserver le système immunitaire : vitamines C, E, B2, B3, B6, B9 et B12 ;
- jouer un rôle de conducteur : vitamines C, E, K, B2, B3 et B5 ;
- permettre la transformation des substances (co-enzymes) : vitamines A, C, K, B1, B2, B3, B5, B6, B8, B9 et B12 ;
- neutraliser les radicaux libres : vitamines C et E ;
- maintenir en bon état la structure musculaire et osseuse : vitamines A, C et D.

Besoins de vitamines pour le corps

Les vitamines interviennent dans toutes les réactions biochimiques et biologiques. Elles aident l'organisme en particulier à :

- lutter contre les infections en renforçant ses défenses ;
- assurer la maturation et la réparation de certains groupes de cellules et tissus, notamment en régulant le métabolisme et en facilitant la libération d'énergie ;
- effectuer la réparation des tissus abîmés, la prévention du vieillissement des cellules et la participation au métabolisme de nutriments et micronutriments.

Elles ne doivent pas être ni de trop, ni de peu. C'est pour cela qu'il faut varier l'alimentation et, en cas de besoin, apporter quelques compléments vitaminiques. Globalement, il est conseillé d'avoir une alimentation suffisamment riche en céréales ainsi qu'en fruits et légumes frais.

Il arrive parfois que l'organisme présente des troubles liés aux vitamines. On distingue en pareil cas :

- un état d'hypovitaminose : cela signifie que l'apport en vitamines est insuffisant ;
- un état d'avitaminose : cas de carence totale d'une ou plusieurs vitamines. Des cas de maladies ont été relevés (scorbut, béribéri ou rachitisme) mais ils sont de plus en plus rares car ils ne se rencontrent que dans les pays en guerres et dans les cas de migrations ;
- un état d'hypervitaminose ou de survitaminose : l'organisme souffre d'un excès de vitamines.

Il est important d'assurer un apport journalier suffisant de micronutriments en général et de vitamines, en particulier, pour le maintien de l'équilibre corporel et la prévention de plusieurs maladies.

Le besoin varie en fonction des conditions socio-économiques et culturelles, de l'âge, du sexe, de l'activité et de l'environnement. Par exemple, les hommes et les femmes n'ont pas les mêmes besoins. Il en est de même pour les enfants, les personnes âgées ou les femmes enceintes. Ces dernières ont des besoins particuliers en fer et en zinc. En pareil cas, une supplémentation en ces éléments est nécessaire.

Les sportifs, surtout ceux qui pratiquent des exercices intenses prolongés et fréquemment répétés, ont des besoins en aliments riches en vitamines B, C, E et bêta-carotènes présents dans les fruits, les légumes, les céréales et les viandes.

Les quantités journalières recommandées pour un adulte sont indiquées dans le tableau 3.

Tableau 3 : Besoins journaliers en vitamines

Vitamines	Apport journalier recommandé
A	800 µg
B1	1,1 mg
B2	1,4 mg
B3	16 mg
B5	6 mg
B6	1,4 mg
B8	50 µg
B9	200 µg
B12	2,5 µg
C	80 mg
D	5 µg
E	12 mg
K	75 µg

Source : www.calculersonimc.fr

D'après Aurèlie Langevin (2008), les personnes qui pratiquent les exercices physiques de fortes intensités et qui consomment de grandes quantités de protéines dans l'objectif d'acquérir une masse musculaire plus importante doivent veiller à ingérer suffisamment de vitamines B6, C, E et de bêta-carotènes.

La prise de compléments vitaminiques en trop grandes quantités peut avoir des effets négatifs, en particulier, celle des vitamines A, D, E, K et même de la vitamine C (*Protrainer.fr*).

Sources des vitamines

Les vitamines peuvent provenir de plusieurs sources :

- les produits d'origine végétale (fruits, légumes, céréales, légumineuses...) ;
- les produits d'origine animale (viandes, poissons, œufs, produits laitiers), les épices et les aromates. Le persil, par exemple, est très riche en vitamines C et E (tableaux 4 et 5).

Tableau 4 : Fonctions et sources des vitamines liposolubles

Vitamines	Fonctions	Sources
Vitamine A (Rétinol)	- lutte contre les infections - participe à la formation du pigment rétinien - participe au développement de l'embryon et à la croissance cellulaire - entretient la peau et la muqueuse - détoxifie - active le métabolisme des hormones et des lipides *Apport conseillé : 800 – 1000 mcg/jour*	- lait - produits laitiers - carotte - épinards - persil - foie de certains poissons
Vitamine D (Calciférol)	- facilite l'absorption intestinale du calcium et des phosphates - joue un rôle dans la minéralisation et la solidification osseuse *Apport conseillé : 10 - 20 mcg/jour*	- huile de foie de morue - poissons gras - saumon, hareng, sardine, maquereau - jaune d'œuf cru - cacao - huiles végétales - produits laitiers *NB : Bon apport de vitamine D par le soleil, d'où l'importance des balades en plein air.*
Vitamine E (Tocophérol)	- protège l'organisme contre le vieillissement - améliore la fonction sexuelle par la formation d'hormones *Apport conseillé : 12 – 24 mg/jour.*	- céréales germées - huiles de germes de céréales - huiles végétales vierges de première pression à froid - légumes verts - oléagineux - céréales complètes - pain au levain *NB : Bon antioxydant*
Vitamine F	- élabore la prothrombine - protéine de coagulation sanguine empêchant le dépôt du cholestérol sanguin dans les artères *Apport conseillé : non connu*	- choux, épinard, huile de germe de blé, huiles vierges de première pression à froid notamment, celles de carthame, tournesol et soja, de maïs, noix, pépins de raisins, pépins de courge et sésame
Vitamine K (Ménaquinone)	- protège les parois vasculaires - facilite la coagulation du sang par activation des protéines spécifiques *Apport conseillé : 35 - 45 mcg/jour*	- choux - épinard - luzerne - graines germées de luzerne - tomates - avoine et orge germées - huile de soja - fanes de carottes et de betteraves

Tableau 5 : Fonctions et sources des vitamines hydrosolubles

Vitamines	Fonctions	Sources
Vitamine B1 (Thiamine)	- traite la douleur (antalgique) - intervient dans la croissance de l'influx nerveux - agit dans plusieurs réactions métaboliques, en particulier, celles des glucides et de l'alcool - facilite l'élimination de l'acide lactique □ *Apport conseillé : 1,3 - 3 mg/jour*	- céréales germées - levure alimentaire - céréales complètes - jaune d'œuf - oléagineux - soja en grains
Vitamine B2 (Riboflavine)	- joue un rôle dans le métabolisme de l'énergie - participe au métabolisme des acides gras, des acides aminés, des glucides, des vitamines B3 et B6 - permet une meilleure utilisation du fer □ *Apport conseillé : 1,5 - 2,6 mg/jour*	- aliments d'origine animale : abats, viandes, - volailles, produits laitiers, blanc d'œuf, poissons - levure de bière - soja - céréales complètes - certains végétaux (épinards, carottes, laitues, champignons, brocolis, avocats,…) - certaines légumineuses (lentilles, pois chiches, flageolets...) - certains fruits secs et des graines (sésame, tournesol) - céréales germées - germe de blé - levure alimentaire - amande - sardines
Vitamine B3 (PP ou encore Niacine)	- participe à la formation de l'ADN - entretient la peau et le tube digestif - participe à la production d'énergie dans tous les métabolismes □ *Apport conseillé : 11 - 17 mg/jour*	- aliments d'origine animale : abats, volailles, viandes et poissons gras - aliments céréaliers complets - levure alimentaire - blé germé - pain au levain - amande - abricot sec
Vitamine B4 (Adénine)	- favorise l'utilisation de l'énergie des aliments - protège la formule sanguine et les globules blancs - permet la synthèse des neurotransmetteurs, de	- levure alimentaire - céréales germées - céréales complètes - laitance de poisson

Vitamines	Fonctions	Sources
	l'hémoglobine et des hormones stéroïdiennes *Apport conseillé : non connu*	
Vitamine B5 (Acide pantothénique)	- produit l'énergie musculaire - favorise le renouvellement de la peau et des cheveux - participe à la synthèse des acides gras et du cholestérol - sert d'anti-stress *Apport conseillé : 10 - 30 mg/jour*	- céréales germées - levure alimentaire - jaune d'œuf - champignon, légumineuses - noix - saumon - truite - soja, arachide
Vitamine B6 (Pyridoxine)	- intervient dans la fabrication des neuromoteurs et des globules rouges - transforme le glucagon en glucose - produit de l'énergie par transformation des protéines - métabolise les glucides et les acides aminés - favorise la fonction du système nerveux et des défenses immunitaires - aide à l'absorption du magnésium - permet une meilleure résistance à l'effort *Apport conseillé : 1,5 - 4 mg/jour*	- céréales germées - levure alimentaire - raisin - amande - cerise - soja - céréales complètes - jaune d'œuf - chou - épinard
Vitamine B7 (Bidine)	- calme les troubles digestifs d'origine fonctionnelle *Apport conseillé : non connu*	- céréales germées - levure alimentaire - céréales complètes - tubercules, épinards - lait, soja, mélasse
Vitamine B8 (Bidine)	- joue un rôle important dans la production de l'énergie à partir des nutriments et dans la synthèse des acides gras et des acides aminés - sa carence entraîne des problèmes de peau, la chute des cheveux, des crampes musculaires *Apport conseillé : 50 - 250 mcg/jour*	- levure alimentaire - jaune d'œuf - cacahuète - chocolat - pois secs - champignons - céréales complètes - bananes - lentilles - chou

Vitamines	Fonctions	Sources
Vitamine B9 (Acide folique)	- intervient dans la synthèse des neurotransmetteurs - intervient dans la formation des globules rouges, la croissance et le développement du fœtus - joue un rôle dans la synthèse protéinique, la production d'ADN, intéressant durant une grossesse *Apport conseillé : 330 - 430 mcg/jour*	- épinards crus - levure alimentaire - graines germées - œuf - légumineuses - céréales complètes
Vitamine B10	- permet l'assimilation et l'utilisation des autres vitamines du groupe B - protège la peau *Apport conseillé : 10 - 100 mg/jour*	- levure alimentaire - céréales germées, noisettes - céréales complètes - sucre de canne complet - mélasse - œufs
Vitamine B11	- aiguise l'appétit *Apport conseillé : non connu*	- levure alimentaire - produits laitiers - jaune d'œuf - céréales germées - huîtres
Vitamine B12 (cobalamine)	- joue un rôle dans l'élaboration des hématies et prothrombine des tissus osseux, dans la synthèse d'ADN et l'entretien des cellules nerveuses - guérit l'anémie pernicieuse - antianémique *Apport conseillé : 2,5 - 4 mcg/jour*	- produits d'origine animale (produits laitiers, viandes, poissons, abats et crustacés) - produits d'origine végétale (miso ou spiruline)
Vitamine B15 (acide pangamique)	- vitamine du sportif - indiquée pour lutter contre la fatigue *Apport conseillé : peut varier entre 1 et 2 mg/jour*	- riz complet - céréales complètes - amande du noyau d'abricot - céréales germées - germe de blé - levure alimentaire
Vitamine C (Laroscorbine)	- stimule les défenses immunitaires - augmente la quantité de glycogène du foie et des muscles - facilite l'assimilation du fer et du calcium d'origine végétale - accroît le tonus et la récupération	- cassis - persil - choux - fruits frais (framboises, fraises), la plupart des légumes verts frais

Vitamines	Fonctions	Sources
	- antioxydant □ *Apport conseillé : 110 – 220 mg/jour*	
Bioflavonoïdes (vitamine C2 + vitamine P)	- renforcent les capillaires sanguins □ *Apport conseillé : non connu mais correspond à environ 20 % de l'apport en vitamine C*	- écorce des agrumes - peau du raisin - sarrasin - abricot - cerise - aliments riches en vitamine C
I (inositol)	- mobilise les graisses - évite le stockage des graisses dans le foie □ *Apport conseillé : 1 g/jour*	- sésame, soja, graines germées - levure alimentaire - pamplemousse - céréales complètes, raisin, épinards - sucre de canne complet - jaune d'œuf
J (choline)	- protège le foie et les vaisseaux □ *Apport conseillé : 0,5 - 1 g/jour*	- sésame - levure alimentaire - jaune d'œuf - soja, blé germé, graines germées - légumes verts, betterave - citron

Minéraux

Les minéraux sont constitués de sels minéraux et d'oligoéléments. Ils sont essentiels au bon fonctionnement, au maintien de l'équilibre et au développement de l'organisme.

Rôle des minéraux

Les sels minéraux sont présents dans l'alimentation sous forme de sels (chlorure de sodium, phosphate de calcium) et dans l'eau sous forme de composés chimiques. Ils représentent 4 % du poids corporel mais ils doivent être apportés de façon quotidienne. On note parmi eux : le calcium, le phosphore, le potassium, le sodium, le chlore et le magnésium. Ils jouent un grand rôle dans le bon fonctionnement de l'organisme et son développement, et dans la solidité des os.

Quant aux oligo-éléments, ils sont présents dans les aliments en très petites quantités. Ils interviennent dans plusieurs réactions chimiques. Certains jouent un rôle physiologique connu et indispensable à la vie (cuivre, chrome, zinc, sélénium) et d'autres, connus sous l'appellation de métaux lourds (plomb, arsenic, bore) sont toxiques pour l'organisme.

Sources des minéraux

Les minéraux se rencontrent généralement sous forme d'ions dans les aliments, notamment dans les fruits, les boissons et les sels marins. Ces derniers sont particulièrement riches en cuivre, en manganèse, en sélénium et en zinc dont les effets antioxydants sont remarquables. Ils sont prisés pour leur rôle contre les dégradations dues aux radicaux libres.

Sources des oligo-éléments

Les oligo-éléments et les vitamines sont des micro-nutriments indispensables au bon fonctionnement de l'organisme.

Ils sont nécessaires en petites quantités mais malgré tout, indispensables au bon équilibre de l'organisme. Ils interviennent dans des réactions biochimiques et métaboliques : assimilation et métabolisme des aliments. Leurs carences peuvent entraîner des troubles importants. Pour jouir de la présence de divers oligo-éléments, il convient de diversifier au maximum sa consommation, puisqu'aucun aliment ne les contient tous.

Tableau 6 : Fonctions et sources des oligo-éléments

Éléments	Fonctions	Principales sources
Potassium (K+)	- aide les nerfs et les muscles à fonctionner correctement - régule la concentration des autres oligo-éléments dans la cellule - régule le rythme cardiaque et la tension artérielle - a un rôle dans la contraction musculaire *Apport conseillé variant entre 2 et 3,5 g/jour*	- graines germées - algues - oléagineux - légumes verts - produits de la mer
Calcium (Ca2+)	- rend solides les os et les dents - facilite la fluidité de la circulation sanguine - favorise la croissance et régule les échanges entre les cellules - participe à la transmission nerveuse - a une action conjointe avec le magnésium et le potassium *Apport conseillé - 800 mg/jour*	- lait et produits laitiers - soja en grains - amandes - cresson - noisettes - figue sèche - betterave
Magnésium (Mg2+)	- améliore l'équilibre nerveux, psychique et émotionnel - relaxe les muscles - régule le rythme cardiaque - participe à tous les métabolismes - permet la fixation du calcium - bon pour la cellule nerveuse *Apport conseillé : 350 - 600 mg/jour*	- amandes - soja en grains - céréales complètes - légumes verts - cacao - pois cassés - oignons
Phosphore (Ph+)	- participe à la croissance et à la régénérescence des tissus - participe à la formation et au maintien de la santé des os et des dents *Apport conseillé : 800 - 1500 mg/jour*	- sésame, soja germé - céréales germées - oléagineux - jaune d'œuf - volaille - produits de la mer
Soufre (S-)	- favorise la formation des protéines (insuline, héparine), des sucres complexes, de vitamines (B1, B8) - efficace pour la détoxication en neutralisant les complexes toxiques - améliore les propriétés des cheveux, des ongles, de la cornée - allège les douleurs articulaires *Apport conseillé : 13 mg par kilo et par jour*	- œufs - radis noir - oignon - viande - céréales complètes - graines germées - soja - légumineuses - lait de chèvre
Chlore (Cl-)	- joue un rôle essentiel dans la répartition de l'eau dans l'organisme en association avec le sodium et le potassium	- la plupart des aliments (fruits, légumes, viandes, poissons, œufs,...) sous forme de chlorure de sodium ou de potassium

Éléments	Fonctions	Principales sources
	□ *Apport conseillé : 5 g de sel (soit 3 000 mg de chlorure) maximum par jour*	- assez présent dans les produits salés, c'est-à-dire additionnés de chlorure de sodium : aliments en saumure, charcuteries - fromages, sauces, pains, etc. - 1 g de sel correspond à 600 mg de chlorure et 400 mg de sodium
Iode (I-)	- assure le fonctionnement de la thyroïde et, au cours de la grossesse, un bon développement du cerveau du fœtus □ *Apport conseillé : 150 - 200 mcg/jour*	- poisson - algues - haricots verts - oignon - navets - champignons - radis - pruneaux
Fluor (Fl-)	- protège l'émail et la structure osseuse des dents - protège des caries et participe à la fixation des minéraux et, surtout, du calcium □ *Apport conseillé : 2,5 mg/jour*	- épinards, thé - céréales germées - algues - poisson - abricot
Manganèse (Mn2+)	- permet de lutter contre les dégradations dues aux excès de radicaux libres - participe au métabolisme des sucres et à la synthèse des graisses, du cholestérol en particulier - directement impliqué dans la formation des hormones sexuelles - contribue à la formation du squelette et du tissu conjonctif - participe à l'élimination des radicaux libres □ *Apport conseillé : 3 mg/jour*	- oléagineux - soja en grains - céréales complètes - légumineuses - graines germées - betterave - légumes à feuilles vertes
Zinc (Zn2+)	- co-facteur d'enzymes antioxydantes, il lutte contre les radicaux libres produits en période de stress - renforce le système immunitaire - intervient dans la formation des os □ *Apport conseillé : 10 - 14 mg/jour*	- céréales et graines germées - levure alimentaire - lentilles - jaune d'œuf - céréales complètes - soja en grains
Cuivre (Cu2+)	- facilite l'assimilation du fer des aliments, donc, participe à l'équilibre de la formule sanguine - participe dans la construction des tissus - intervient dans la formation du collagène et de l'hémoglobine qui donne la coloration rouge du sang	- céréales et légumineuses germées - algues - oléagineux - avoine - champignons - abricots secs - olives noires

Éléments	Fonctions	Principales sources
	- intervient dans les mécanismes de l'immunité □ *Apport conseillé : 1,5 - 2,6 mg/jour*	
Sélénium (Se)	- présent dans l'enzyme qui protège l'ADN contre les dégradations dues aux radicaux libres - réduit le risque de survenue des cancers, en particulier, le cancer de la prostate - lutte contre le vieillissement et augmente l'immunité □ *Apport conseillé : 55 - 90 mcg/jour*	- céréales - graines germées - céréales complètes - oignon - levure alimentaire - fruits - légumes
Chrome (Cr)	- régule le taux de sucre dans le sang - contrôle le taux de cholestérol sanguin □ *Apport conseillé : 55 - 85 mcg/jour*	- levure alimentaire - céréales germées - céréales complètes - poivre - thym
Cobalt (Co)	- régule le système nerveux - prévient l'anémie □ *Apport conseillé : inconnu*	- soja lacto-fermenté - lentilles - céréales complètes - cerise - poire
Fer (Fe)	- antianémique - participe à la production des globules rouges □ *Apport conseillé : 9 - 22 mg/jour*	- épinards - céréales complètes - légumineuses - avocat, persil - cacao - oléagineux - fruits secs
Molybdène (Mo)	- participe à l'élimination des toxines - participe à l'assimilation du fer et du cuivre □ *Apport conseillé : 150 - 250 mcg/jour*	- céréales complètes - soja, légumineuses - levure alimentaire - légumes en général
Nickel (Ni)	- permet l'assimilation des glucides □ *Apport conseillé : inconnu*	- soja, légumineuses - céréales complètes - épinards, persil - fèves - poivre
Silicium (Si)	- ralentit le vieillissement - participe à la reconstitution des tissus osseux et cutanés □ *Apport conseillé : inconnu*	- prêle des champs - oignon, ail - céréales complètes - échalote, asperge - pêche - chou-fleur - radis, haricots

Éléments	Fonctions	Principales sources
Vanadium (V)	- protège le système cardio-vasculaire □ *Apport conseillé : inconnu*	- huile d'olive de première pression à froid - riz complet - graines de tournesol germées - persil, soja, carotte, ail - œuf

NB : Apports journaliers conseillés par Amélie Curty (2020)

Eau

L'eau, de formule chimique H_2O, est parfois considérée comme un aliment. Cependant, elle n'apporte presque rien à l'organisme sur le plan nutritionnel. Mais, elle lui est indispensable comme les autres nutriments souvent consommés au quotidien par l'homme même si ses valeurs nutritives et énergétiques sont nulles.

L'eau renforce le système de défense par le transport des globules blancs permettant ainsi à l'organisme de se défendre contre les agressions extérieures. Elle approvisionne les organes en nutriments après leur ingestion grâce à la fluidité de la circulation sanguine.

Elle facilite l'acheminement des déchets vers les organes d'éliminations et joue un rôle central dans la transmission des influx nerveux et des hormones. Autant dire que son rôle est vital.

Eau - un élément essentiel du corps

D'après Chloé Simon (2008), l'eau est la boisson la plus naturelle et la seule qui réhydrate efficacement. Elle est le composant essentiel de la plupart des autres boissons. Elle est aussi le principal composant des organes vitaux. Elle aide à la régulation de la température corporelle, en particulier, dans les cas de fortes chaleurs, d'une activité physique importante ou de fièvre. Elle constitue en moyenne 70 % de la masse corporelle. Elle varie au cours de la vie de l'individu.

En fonction du stade de développement, on note les différents niveaux de présence d'eau suivants :

- 80 % dans le fœtus ;
- 60 % chez l'homme adulte ;
- 55 % chez la femme adulte ;
- 50 % chez la personne âgée.

L'eau est composée dans les différents organes et fluides corporels de l'organisme comme suit (Autourduncafe, 2018) :

- 79 % dans le sang ;
- 78 % dans les poumons ;
- 76 % dans le cerveau ;
- 75 % dans les muscles ;
- 70 % dans la peau ;

- 22,5 % dans les os ;
- 10 % dans le tissu adipeux ;
- 1 % dans les dents.

Elle participe au renforcement de l'activité neurologique du cerveau, au maintien du volume de sang et de la lymphe, à la lubrification des articulations et des yeux et à l'élimination des toxines, notamment le dioxyde de carbone (CO_2) issu de la dégradation de l'acide lactique ($C_3H_6O_3$) au cours des activités musculaires quotidiennes.

L'eau occupe quasiment tous les espaces de notre corps tant à l'intérieur qu'à l'extérieur des cellules. Elle est un solvant liquide qui sert de catalyseur pour favoriser les réactions chimiques complexes qui se déroulent au sein de l'organisme. Elle sert à contrôler les équilibres ioniques du corps grâce à l'osmose (passage d'un milieu moins concentré en soluté hypotonique vers un milieu plus concentré hypertonique ou vice-versa). Elle aide à éliminer certains déchets dont l'urée à travers les urines ou les déchets solides comme les matières fécales.

Un régime alimentaire sain et équilibré est nécessaire pour compenser les pertes en électrolytes et en fluides corporels.

Le corps humain perd chaque jour de l'eau à travers la respiration, la transpiration, les urines, les matières fécales, etc. À cela s'ajoutent d'autres pertes moins importantes liées aux fortes chaleurs ou à des efforts physiques. Toutes ces pertes sont évaluées en moyenne à 2,5 litres d'eau par jour et doivent être compensées par les boissons (réhydratation) et l'alimentation, dont les apports quotidiens sont respectivement de 1,5 et 2 litres pour éviter la déshydratation. L'alimentation ici sous-entend la consommation d'aliments plus ou moins riches en eau comme les légumes (concombre, radis, tomates, salade, pastèque, melon), les fruits (pomme, agrume), le lait et les laitages. Leur teneur en eau dépasse 80 %.

Il doit toujours exister un équilibre entre l'eau entrante et l'eau sortante. Tout déséquilibre, par excès ou par défaut, peut entraîner une défaillance au niveau de l'organisme. On note :

- **un déséquilibre par défaut d'apport d'eau :** le manque d'eau en quantité suffisante peut provoquer une déshydratation.

  La déshydratation n'est pas une pathologie en tant que telle mais plutôt un état physiologique survenant lorsque les pertes en eau et en électrolytes sont excessives et ne sont pas compensées. Elle est souvent causée par une hypersudation au cours d'activités physiques intenses (activités sportives de haut niveau) ou par certaines maladies et symptômes comme les diarrhées et vomissements, la fièvre, la grippe ou les gastro-entérites. Elle peut pareillement provoquer des constipations et d'autres troubles digestifs (brûlures d'estomac, gastrites, ulcères) et parfois même, une production excessive de cholestérol ou un rétrécissement des voies respiratoires pour tenter d'empêcher les pertes en eau. En pareil cas, le côlon s'imprègne en eau, plus que d'habitude, pour la diffuser vers les autres parties du corps.

Les nourrissons et les personnes âgées sont les plus exposés au manque d'eau ainsi que les sportifs non avertis et les personnes diabétiques ou prenant un traitement à base de diurétiques.

Les premiers signes de déshydratation sont :

- une polydipsie (soif intense), la sécheresse des lèvres, de la langue et de la peau, l'enfoncement des globes oculaires ;
- la dyspnée à type de polypnée, la paresse, des plis cutanés surtout au niveau des extrémités ;
- la peau étant la voie de détoxication la plus importante du corps. On peut noter parfois des troubles des fonctions rénaux (rétention azotée, oligurie et anurie) ;

- **la rétention azotée :** elle se traduit par une diminution brutale du débit de filtration glomérulaire. Il est important à cet effet de mesurer la concentration sérique d'urée et de créatinine. Ces deux substances sont produites à un taux sensiblement constant respectivement par le foie et les muscles. Le débit de filtration glomérulaire peut être réduit par une baisse du débit de filtration de chaque néphron fonctionnel ou par une réduction de leur nombre global ;
- **l'oligurie :** elle révèle une insuffisance du volume urinaire qui est habituellement en dessous de 400 ml/j chez un adulte d'âge moyen ;
- **l'anurie :** elle traduit l'absence de débit urinaire normal. Elle peut être due à une obstruction par des calculs rénaux ou à une occlusion des vaisseaux rénaux.

En cas d'hypertension artérielle, le volume de sang de l'organisme étant essentiellement constitué d'eau, la déshydratation risque d'entraîner une vasoconstriction ; à savoir un épaississement des vaisseaux sanguins. Cette situation ralentit le flux sanguin avec pour conséquence la formation de thrombus (caillots) pouvant rendre rigide les vaisseaux au point de provoquer leur rupture et entraîner l'augmentation du volume du cœur (cardiomégalie) ;

- **un apport par excès en eau :** l'augmentation de la quantité d'eau dans l'organisme entraîne un inconfort, mais surtout, elle peut être à l'origine de certaines défaillances. Cet excès peut être dû à un apport excessif en eau pendant les soins médicaux (par exemple : perfusion chez un malade hospitalisé ou ayant un défaut d'élimination d'eau comme dans le cas d'insuffisance rénale). Il a pour conséquence la survenue des œdèmes (gonflements au niveau du visage, des mains, du ventre et des pieds). Elle peut s'observer au niveau des poumons (œdèmes aigus du poumon). À ce niveau, il devient très grave et souvent mortel.

Eau – un bon solvant

L'eau est un bon solvant capable de dissoudre plusieurs solides, notamment : le sel, le sucre, le sulfate de cuivre et le calcaire. Elle est un liquide naturel inodore, incolore, sans saveur et transparente quand elle est pure. Cependant, sa couleur et son goût peuvent changer en fonction de son milieu naturel et des éléments physico-chimiques en présence.

Son potentiel d'hydrogène (pH) est traditionnellement neutre, c'est-à-dire égal à 7. Dans les régions riches en calcaires les eaux sont basiques à cause de la teneur importante en minéraux, le pH est alors supérieur à 7. L'eau de l'océan Atlantique est légèrement basique. Cependant, dans les régions envahies par les tannes dans les zones de mangroves, l'eau est souvent acide. Son pH est alors inférieur à 7.

Encadré 3 : Comprendre le pH par les ions

Le pH est un facteur important dans l'appréciation de la qualité de l'eau. Il permet de donner une indication de l'acidité de l'eau par comparaison des ions les plus solubles.

Il est défini par les quantités d'ions H^+ et OH^- présents dans la substance. Quand les quantités de ces deux ions sont égales, l'eau est considérée comme neutre et le pH a une valeur aux alentours de 7.

Lorsque le pH est au-dessus de 7, la substance est considérée comme basique (ou alcaline) et la quantité d'ions OH^- est supérieure à celle d'ions H+. En dessous de 7, la substance est acide et les ions H^+ sont en quantité supérieurs.

Les minéraux présents dans l'eau ne contribuent pas simplement à lui donner son goût et des propriétés saines mais ils ont une grande incidence sur le pH.

Tests du pH de l'eau

Le test du pH permet d'informer sur le niveau d'acidité ou d'alcalinité de l'eau que nous consommons. Par conséquent, il est une mesure de santé publique.

Trois méthodes principales sont utilisées :

- **les bandelettes tests :** il s'agit de papiers qui changent de couleur en fonction de la concentration d'une solution aqueuse. Elles ont l'avantage d'être faciles à utiliser et à lire même si la méthode n'est pas très précise ;
- **les kits colorimétriques :** il s'agit de kits à réactif liquide. La méthode de test est basée sur la coloration d'un volume donné d'eau à contrôler déposé dans une éprouvette. Dans la plupart des cas, il faut ajouter un certain nombre de gouttes de réactifs liquides ou d'une dose de poudre. Ensuite, on fait une comparaison de la couleur obtenue avec une palette de couleurs de référence sur un disque et on lit la valeur correspondante ;
- **les testeurs électroniques :** ils sont réservés aux contrôles du pH, de la conductivité et du potentiel d'oxydoréduction (ou potentiel Redox). Ils sont simples à utiliser. Il suffit de plonger la base de l'électrode dans l'eau, d'attendre quelques secondes et de lire la valeur numérique du paramètre sur un écran digital.

Origines des eaux destinées à la consommation

En fonction de leurs origines, on distingue les eaux de consommation suivantes : eaux de surface, eaux de sous-sol et eaux de pluie :

- **eaux de surface :** elles comprennent la plupart des eaux potables desservies aux populations. Elles sont recueillies par un système de pompage dans les cours d'eau suivi d'un traitement spécifique sur le plan bactériologique pour les rendre aptes à la consommation ;
- **eaux de sous-sols :** encore appelées nappes phréatiques ou aquifères. Elles nécessitent des techniques appropriées et un environnement sain pour recueillir de l'eau à travers des puits et des forages ;
- **eaux de pluie :** elles sont recueillies après les orages dans des récipients ou des tuyaux. Elles sont ensuite traitées soit par un système de filtrage de haute qualité, soit par un système de filtrage domestique avant toute consommation.

  Les eaux de pluie sont généralement douces car issues de l'évaporation des eaux de mer, des lacs et des fleuves. Cependant, quand elles ruissellent ou s'infiltrent dans le sous-sol, elles se chargent de matières organiques et de sels minéraux qu'elles rencontrent (sulfates - SO_4^{2-}, calcium - Ca^{2+}, potassium - K^+, chlorure - Cl^-, sodium - Na^+, nitrate - NO_3^-) et de substances toxiques provenant de la pollution due aux gaz circulant dans l'atmosphère et qui leur procurent une certaine acidité.

Tableau 7 : Concentration des eaux en sels dissous en g/m3

Eau Concentration en sels dissous en g/m^3	Na+	K+	Mg++	Ca++	Cl-	HCO_3^-	SO_4^-	SiO_2
Eau de pluie, environ 7 g/m^3	1,7	3	4	2	3,7	2	5	0
Eau des rivières, environ 120 g/m^3	8	3	5	12	9	60	10	13
Eau de mer, environ 35000 g/m^3	11 000	400	1200	500	19 000	200	2 700	0

Source : http ://e.c.m.2.fr/durete.htm

Tableau 8 : Teneurs de l'eau en sels minéraux et en oligo-éléments en Côte d'Ivoire

Sels minéraux et oligo-éléments	**Eau de pluie**	**Eau minérale (Exemple « Awa ») – (SOLIBRA) mg/l**	**Eau minérale (Exemple « Céleste ») – (CIPREM-CI) mg/l**	**Eau minérale (Exemple « Olgane ») – (CBC) mg/l**
Potassium (K+)	-	3,60	-	0,2
Sodium (Na+)	-	18,50	4,42	1,4
Calcium (Ca++)	-	52,00	59,20	2,0
Magnésium (Mg++)	-	2,82	6,90	0,36
Zinc (Zn++), cuivre (Cu++), fer (Fe++)	-	-	-	0,04
Bicarbonates	-	264,70	202,50	2,44
Sulfates	-	6,20	-	
Chlorures	-	8,50	14,2	10,65
Nitrates	0 – 286 mg/L	0,00	1,77	0
Ammonium	3,6 - 39,6 mg/L	-	-	-

Sources : SOLIBRA, CIPREM-CI, CBC (Eau minérale)
SOLIBRA : Société de limonaderies et brasseries d'Afrique
CIPREM-CI : Compagnie Ivoirienne de production d'eau minérale
CBC : Continental Beverage Company
NB : les eaux minérales « Awa » et « Céleste » ont de fortes teneurs en calcium et « Olgane » présente une faible teneur en sodium.

Photo 1 : Eaux minérales

D'après Yapo O. et *al.* (2010), travaillant sur la qualité des eaux de puits à usages domestiques dans les quartiers précaires de quatre communes de la ville d'Abidjan (Koumassi, Marcory, Port-Bouët et Treichville), plus de 80 % des puits ont des teneurs en nitrates supérieures à la norme de 50 mg/L requise. Ils estiment que cela serait dû à un défaut d'assainissement, une mauvaise gestion des déchets urbains et une faible profondeur de la nappe. La nature des sols et la perméabilité de l'aquifère exploité sont les preuves de la vulnérabilité des eaux. Celles-ci bénéficient cependant de traitements supplémentaires pour réduire les teneurs en nitrates.

Comment boire de l'eau ?

Bien que l'eau fasse partie de la routine quotidienne, il importe cependant de savoir comment mieux la consommer. À ce propos, les recommandations suivantes sont faites :

- éviter de boire beaucoup d'eau en une fois après le sport : il y a un risque de dilution de la salive, élément important pour stimuler le suc gastrique. Il est préconisé de siroter lentement l'eau durant toute la journée ;
- éviter de boire de l'eau pendant qu'on est en mouvement au risque d'affecter les reins et de connaître une hyponatrémie due à une dilution excessive de sodium dans le sang ;
- éviter de boire beaucoup d'eau lorsqu'on commence à digérer la nourriture. Les sucs gastriques travaillant pour décomposer les aliments, il y a un risque de diluer le suc gastrique et donc, de faire monter le taux d'insuline ;
- éviter de boire de l'eau très froide. Cela peut rétrécir les vaisseaux sanguins et perturber le processus de digestion. Il peut favoriser le stockage des graisses indésirables car les températures froides solidifient les graisses des aliments ;
- boire de l'eau au réveil peut aider à prévenir les maladies coronariennes mortelles ;
- boire de l'eau juste avant le coucher peut améliorer la circulation du sang pendant la nuit et éviter les crises cardiaques qui sont plus susceptibles de survenir le matin.

Pathologies liées à l'eau

Plusieurs maladies survenant dans les pays africains sont liées à un mauvais traitement des eaux de consommation ou à une mauvaise hygiène corporelle par méconnaissance, négligence ou pauvreté. Ces pathologies sont souvent mortelles. On note parmi elles :

- **les maladies diarrhéiques :** elles sont en général imputables à la mauvaise qualité de l'eau, à un assainissement insuffisant et à une hygiène défectueuse (exemples : le choléra et la dysenterie) ;
- **le paludisme :** encore appelé malaria, est une maladie rencontrée principalement en Afrique subsaharienne. Il se développe beaucoup plus dans les zones d'irrigation intensive autour des barrages et des projets hydrologiques. Donc, une bonne gestion des ressources hydriques réduirait sensiblement sa propagation.

Le paludisme est causé par les moustiques anophèles qui inoculent le parasite (*Plasmodium*) puisé dans le sang d'une personne malade pour un hôte sain. Le parasite peut varier d'une région à une autre. On note surtout le *Plasmodium falciparum* et le *Plasmodium malariae* en Afrique de l'Ouest, le *Plasmodium vivax* en Afrique centrale et australe et le *Plasmodium ovale*, en Afrique orientale ;

- **la schistosomiase :** est plus connue sous le nom de bilharziose, une maladie parasitaire provoquée par des trématodes du genre *Schistosoma*. Les larves du parasite pénètrent dans la peau d'une personne lorsqu'elle est en contact avec une eau infestée. Elles se développent pour atteindre les vaisseaux sanguins. Elles peuvent, en plus, affecter le système urinaire (vessie, uretères, reins) ou dans le cas de la schistosomiase intestinale, provoquer un gonflement progressif du foie et de la rate, des dommages aux intestins et une hypertension dans les vaisseaux sanguins de l'abdomen.

  La schistosomiase est étroitement liée à l'évacuation des excréments dans de mauvaises conditions et à l'inexistence de sources d'eau salubre. Le maintien de réserves d'eau et des systèmes d'irrigation mal conçus peut favoriser la propagation de la maladie ;

- **les helminthiases intestinales :** il s'agit de maladies dues à des infestations par des vers intestinaux : les helminthes. Leur contamination se fait généralement par l'ingestion d'aliments et d'eau infestés. Il existe plusieurs types d'helminthiases :
  - les helminthiases hépatiques (du foie) : il s'agit de maladies dues à l'infestation par des vers adultes, des douves, des kystes hydatiques et des échinococcoses alvéolaires ;
  - les helminthiases intestinales dues à des infestations par des nématodes, c'est-à-dire des vers ronds (ascaris, ankylostomes, trichocéphales, trichines, anguillules) ;
  - les helminthiases intestinales dues à des vers plats (ténias, bilharzies) ;
  - les helminthiases du poumon dues à des douves des bronches.

- **l'encéphalite japonaise :** c'est une infection causée par un virus (*flavivirus*) apparenté aux virus de la dengue et de la fièvre jaune. Elle se transmet par la piqûre de moustiques infectés vivant en région tropicale, notamment dans les eaux stagnantes.

  Bien que la plupart des cas soient bénins, cette maladie peut provoquer parfois un œdème cérébral grave qui se manifeste par des céphalées de survenues brutales, une hyperthermie et, parfois, des troubles de mémoire.

- **l'hépatite A :** elle est causée par un virus appartenant à la famille des *picornavirus*. Elle se transmet par ingestion d'aliments infectés ou d'eau impure. Elle est souvent présente dans le foie, la bile, le sang et les selles.

Toutes ces pathologies citées plus haut peuvent être mieux contenues, si les populations concernées ont accès à l'eau potable. En effet, l'eau potable, avant sa distribution est filtrée, donc débarrassée des métaux lourds, puis désinfectée au chlore pour une amélioration de sa qualité. Au besoin, des traitements additionnels sont effectués pour éviter la corrosion et l'entartrage des canalisations.

Il importe de mentionner que le chlore est très efficace contre la désactivation des microorganismes pathogènes. Il a joué un rôle important dans l'allongement de la durée de vie de l'être humain. Il est en outre utilisé lors des interventions dans le domaine de l'hygiène où le simple fait de se laver les mains, peut réduire sensiblement le nombre de cas de maladies. D'ailleurs, en 1835, le docteur et écrivain Oliver Wendel Holmes conseillait aux sages-femmes de se laver les mains avec de l'hypochlorite de calcium ($Ca(ClO)_2$) pour éviter la diffusion d'agents pathogènes de personnes malades à d'autres.

Tout dernièrement, dans le cas de la COVID-19, le lavage des mains plusieurs fois par jour a servi comme un des principaux gestes barrières essentiels pour réduire la transmission des virus et limiter les infections.

Les eaux peuvent contenir des métaux. Ceux-ci sont soumis à une réglementation stricte. On note parmi eux :

- **le plomb** : il peut provenir des canalisations du réseau public. Sa valeur limite est strictement contrôlée et le seuil maximal régulièrement abaissé. En France, par exemple, le seuil toléré est de : 10 µg/l pour la fin de 2013 ;
- l'**aluminium :** il entre dans la composition de tous les sols, donc dans les ressources en eau. Les stations de traitement l'utilisent pour supprimer certaines particules organiques en suspension dans l'eau ;
- les **polluants émergents** : ils font l'objet d'une surveillance renforcée. Les avancées techniques permettent aujourd'hui de repérer des micropolluants qui n'étaient autrefois pas décelables. Il s'agit, pour la plupart, de résidus de médicaments issus des rejets humains et animaux ou de déchets d'hydrocarbures et de plastiques. Dans tous les cas, l'eau prélevée en milieu naturel est traitée avant d'être considérée comme potable. Les pouvoirs publics et les distributeurs d'eau se mobilisent pour améliorer encore les techniques de traitement des eaux.

Fibres saines

Les fibres saines sont des constituants des aliments d'origine végétale. Elles se trouvent dans la paroi des cellules végétales (cellulose, pectine...) ou à l'intérieur des cellules végétales (gommes, mucilages...). Elles appartiennent à la famille des glucides mais sont non digestibles. Elles comprennent : les fibres solubles et les fibres insolubles.

Les **fibres solubles**, comme leur nom l'indique, sont solubles dans l'eau. Elles regroupent les pectines, les gommes et les mucilages (substances gluantes de consistance généralement onctueuse ou gélatineuse). Elles ont pour caractéristiques de ralentir l'absorption des graisses, du mauvais cholestérol sanguin et des triglycérides. Elles sont connues pour leur rôle dans la prévention des maladies cardio-vasculaires et du diabète de type 2 dont elles freinent la montée de glycémie. Elles nécessitent de consommer beaucoup d'eau pour en tirer le meilleur profit.

Les **fibres insolubles** se trouvent généralement dans l'enveloppe des végétaux. Elles présentent la particularité de fixer l'eau et ont un pouvoir de gonflement très élevé. Elles sont moins facilement attaquées par les bactéries. Elles sont soit à fermentation lente ou non fermentables au niveau du côlon. Elles augmentent le volume des selles et aident à régulariser la fonction intestinale. Elles ralentissent la digestion et de ce fait favorisent la satiété ; ce qui contribue au contrôle de l'appétit et du poids.

Origine des fibres saines

Les fibres saines se trouvent dans :

- les sons de céréales (par exemple, dans les pains complets) ;
- de nombreux fruits riches en pectine (pomme, orange, pamplemousse, fraise, poire, etc.) ;
- de nombreux légumes tels que les choux, l'avocat, l'aubergine, le gombo, l'asperge, l'oignon, le champignon, l'ail, les carottes, les petits pois, les lentilles, les haricots rouges et blancs, les épinards, la salade, le poivre, les crudités de manière générale, les pelures de pomme de terre et l'amande.

Photo 2 : Poire

Quantité de fibres saines recommandées pour le corps humain

Une alimentation variée et équilibrée, notamment riche en fruits et légumes, reste le meilleur garant pour assurer un apport de fibres satisfaisant.

L'amande par exemple est prisée pour sa richesse en fibres alimentaires (20 % solubles et 80 % insolubles). L'EFSA (l'Autorité européenne de sécurité des aliments) recommande la consommation de 25 g de fibres alimentaires par jour pour un fonctionnement adéquat de l'intestin chez l'adulte (Sandra M., 2009).

Tableau 9 : Quelle quantité de fibres dans 100 grammes d'aliments ?

Aliments	Quantité de fibres (grammes)
Son de blé	40-45
Son d'avoine	17-25
Figues sèches	10
Graines oléagineuses (cacahuètes, tournesol, etc.)	5-13
Dattes	8,7
Flocons d'avoine	8,3
Pain complet	7,5
Haricots blancs cuits	6,3
Pruneaux	6-7
Artichauts	5,2
Pain bis	5
Pois chiches cuits	4
Petits pois cuits	4,4
Lentilles cuites	4-5
Pain blanc	2-3
Riz complet cuit	1,8
Légumes	1-4
Fruits frais	1-2,5

Source : https ://www.vidal.fr/sante/nutrition/corps-aliments/fibres-alimentaires.html

D'après la revue « The Lancet » publiée dans le Blog LibreForme[8], les personnes qui consommaient des fibres en grande quantité, soit entre 25 et 29 g par jour, connaissent une réduction de 15 à 30 % des causes de mortalité par rapport aux personnes qui mangeaient moins de fibres.

Les mortalités concernées étaient : la mort prématurée et les maladies cardiaques et cardio-vasculaires, l'AVC, le diabète de type 2, le cancer colorectal et les cancers associés à l'obésité, du sein, de l'endomètre, de l'œsophage et de la prostate.

Il a été d'autre part noté qu'une alimentation riche en fibres pourrait aboutir à une baisse du poids, une réduction du taux de cholestérol, de la glycémie et de la pression artérielle.

Photo 3 : Haricot blanc

Conclusion

Les aliments ont pour fonction essentielle d'apporter les quantités de nutriments nécessaires à partir desquels l'organisme se développe, se renouvelle et puise son énergie pour garder une bonne santé de toutes ses fonctions vitales.

Le corps humain a besoin d'une bonne alimentation en qualité pour un meilleur fonctionnement et surtout pour le maintien d'une bonne santé. À cet effet, les macronutriments, les micronutriments, les fibres saines et l'eau constituent le socle d'une alimentation équilibrée. Ils permettent de fournir au corps ce qui lui est nécessaire pour « fonctionner à plein rendement ».

Ces besoins nutritionnels concernent les glucides, les lipides, les protides, les vitamines et les oligo-éléments ; chacun d'eux ayant un rôle à jouer mais dans des proportions différentes. C'est pourquoi, il importe d'avoir une alimentation équilibrée en la variant tout en ayant un regard attentif sur les apports caloriques des différents éléments.

PARTIE II – BESOINS NUTRITIONNELS DU CORPS HUMAIN

CHAPITRE 2 : BESOINS DU CORPS HUMAIN ET RATIONS ALIMENTAIRES

Introduction

Le maintien d'une nutrition convenable est essentiel pour la prévention des maladies liées à l'alimentation. De nombreuses complications de santé peuvent de ce fait être évitées ou modifiées par la surveillance de l'état nutritionnel de l'individu. Pour la prévention des maladies et, dans un souci de santé publique, il importe d'effectuer une évaluation régulière du statut nutritionnel des populations.

Le présent chapitre a été rédigé pour apporter un éclairage sur les problèmes nutritionnels que rencontrent les populations et, en particulier, sur leurs besoins alimentaires. La détermination de ces besoins devra permettre de donner des réponses appropriées tant sur le plan de l'hygiène de vie que sur le plan sanitaire. Pour ce faire, on doit à tout moment répondre à trois questions essentielles :

- quels sont les besoins nutritionnels du corps ?
- quels sont les apports énergétiques dont le corps a besoin quotidiennement ?
- quels types de rations alimentaires faut-il pour assurer un équilibre nutritionnel ?

Besoins nutritionnels du corps

Dans une perspective nutritionnelle, les mécanismes qui contrôlent l'appétit et le comportement alimentaire sont organisés pour entretenir des apports énergétiques adaptés aux besoins du corps. En cas de maladie ou de traumatisme, l'augmentation des apports énergétiques doit être obtenue par une modification appropriée du comportement alimentaire ou par la supplémentation calorique.

Le comportement alimentaire est par nature intermittent tandis que les besoins énergétiques sont continus. Cette caractéristique biologique des mammifères a entraîné une évolution des contrôles métaboliques qui conditionnent les flux et reflux des nutriments pendant leur absorption et durant les périodes post-absorptives tout en assurant le maintien des fonctions normales pendant les carêmes.

Les cas pour lesquels les besoins alimentaires peuvent être modifiés sont : l'infection, le traumatisme, la chirurgie, l'abus d'alcool et la malabsorption.

Besoins énergétiques journaliers du corps

Les besoins énergétiques journaliers sont fonction des aliments qu'on consomme pour satisfaire ses besoins et maintenir le corps en bonne santé. Ils varient selon le sexe, l'âge, le poids, l'activité physique menée, le climat et l'état de santé. Selon le magazine journal des femmes (2019), ces besoins ne sont pas les mêmes pour un homme ou une femme. Le tableau 10 donne une estimation de ces besoins.

Tableau 10 : Besoins en calories journaliers pour un homme et une femme

Sexe	Activité modérée (moins de 30 minutes par jour)	Activité intense (plus d'une heure par jour)
Femmes	1 800 Kcal	2 000 Kcal
Hommes	2 100 Kcal	2 500 - 2 700 Kcal

Source : https ://sante.journaldesfemmes.fr/magazine/ 2019

De manière plus détaillée, les besoins énergétiques doivent correspondre aux dépenses corporelles pour éviter des maladies nutritionnelles par excès ou par carences alimentaires.

Deux concepts méritent d'être connus à cet effet : la balance énergétique et le déficit énergétique.

La balance énergétique représente la prise énergétique nécessaire pour maintenir un poids stable du corps et assurer le développement de l'organisme, le renouvellement des tissus et le maintien d'un bon état de santé physique et psychique ; le déficit énergétique est reflété par la perte de poids.

Les besoins énergétiques individuels en fonction de l'âge, du sexe et de l'activité physique sont indiqués dans le tableau 11.

Tableau 11 : Besoins énergétiques individuels chez un individu en bonne santé

Sexe	Âge	Niveau sédentaire	Niveau peu actif	Niveau actif
Hommes	19-30 ans	2 500	2 700	3 000
	31-50 ans	2 350	2 600	2 900
	51-70 ans	2 150	2 350	2 650
	71 ans +	2 000	2 200	2 500
Femmes	19-30 ans	1 900	2 100	2 350
	31-50 ans	1 800	2 000	2 250
	51-70 ans	1 650	1 850	2 100
	71 ans +	1 550	1 750	2 000

Source : Lucie B., Nutritionniste, 2019

Les aliments subissent une dégradation régulière pour se transformer, sous l'action d'enzymes contenues dans les sucs digestifs sécrétées par les glandes digestives, en nutriments simples que l'organisme peut absorber à travers le sang et les muscles.

Grâce à ce processus, le corps va disposer des ressources nécessaires pour fonctionner normalement, subvenir aux besoins de ses organes vitaux et maintenir sa température interne à 37 °C. Les ressources indispensables à cela sont les glucides et les lipides. Ils sont utilisés pour couvrir les besoins énergétiques.

Les protides et certains minéraux servent eux à satisfaire les besoins dits plastiques ou bâtisseurs. Ils sont utilisés par l'organisme pour construire, réparer, remplacer et renouveler les cellules.

Les vitamines, les éléments minéraux, l'eau et les fibres, quant à eux, jouent principalement un rôle fonctionnel. Ils transportent les substances nutritives, favorisent leur utilisation pour le fonctionnement des cellules du corps et pour évacuer ses déchets. On parle alors de besoins fonctionnels.

Rations alimentaires

La ration alimentaire est la quantité d'aliments dont l'organisme humain a besoin pour couvrir la totalité des pertes et assurer son équilibre nutritif en une journée de 24 heures. À cet effet, il faut une alimentation riche et variée quantitativement et qualitativement. Or, à chaque aliment correspond une valeur énergétique. Celle-ci est exprimée en kilojoules (KJ) mais souvent évaluée en kilocalories (Kcal).

La ration alimentaire varie selon l'âge, la taille, le poids et l'activité de chaque personne. On estime environ à 1 600 Kcal la ration alimentaire d'un enfant, à 2 200 Kcal celle d'une femme de 55 kg et à 2 800 Kcal celle d'un homme de 70 kg (Jean-François Pillou, 2013).

Les pertes enregistrées doivent être compensées par des apports alimentaires suffisants. Il en est de même pour certaines molécules organiques qui sont des éléments constitutifs du système enzymatique. Pour la plupart, ils doivent être synthétisés par l'organisme, sauf les vitamines. Donc, toute ration alimentaire doit impérativement satisfaire aux besoins de matières et d'énergie.

Certaines dépenses énergétiques sont irréductibles, car ce sont celles du métabolisme de base, dépenses dues à l'assimilation métabolique des aliments et dépenses liées à la croissance chez l'individu jeune. Les autres dépenses (travail musculaire, thermorégulation) sont très variables selon les individus (Encyclopédie universalis, 2022).

Il y a par ailleurs la ration alimentaire d'entretien. Elle définit le niveau de consommation qui apporte suffisamment d'énergie pour maintenir toutes les fonctions physiologiques, mais qui ne permet pas une augmentation de masse. Elle s'établit pour les hommes en moyenne autour de 2 500 Kcal et couvre les dépenses irréductibles plus celles d'un travail musculaire modéré (tableaux 12, 13). Mais dans le cas d'un travail musculaire intense, cette ration est insuffisante. Il faudra donc ajouter des calories représentant le travail mécanique et la régulation thermique. En ce moment, la ration peut s'étendre autour de 6 000 Kcal.

Tableau 12 : Apport quotidien recommandé en pourcentage des différents nutriments

Nutriments	Moyenne	Fourchette
Glucides	50 %	45-65 %
Lipides	20 %	20-35 %
Protéines	30 %	20-37 %

Source : Dr Mourad Brahimi, La ration et l'équilibre alimentaire quotidien, 2011

Tableau 13 : Apport quotidien total en fonction de l'activité physique et du sexe

Niveau	Homme	Femme
Niveau sédentaire (employé de bureau)	2 300 Kcal	1 800 Kcal
Niveau peu actif (déplacements fréquents dans la journée)	2 600 Kcal	2 000 Kcal
Niveau très actif travailleur manuel : maçon, terrassier	3 000 Kcal	2 250 Kcal

Source : Médecine et santé au travail « ration et équilibre alimentaire quotidien », 2022

Répartition de la ration alimentaire

Chez un individu normal et en bonne santé, le repas quotidien est généralement réparti en trois prises :

- première prise : petit déjeuner au petit matin ;
- seconde prise : déjeuner à la mi-journée ;
- troisième prise : dîner le soir.

Ces habitudes alimentaires sont régulières en Afrique francophone. En revanche, en Afrique anglophone, une quatrième prise de repas appelée goûter peut se faire entre le déjeuner et le dîner vers 16 heures mais elle n'est pas aussi bien garnie que les précédentes.

Les habitudes alimentaires ont beaucoup évolué ces dernières années. Elles varient selon le lieu d'habitation (petite ou grande ville), les activités professionnelles, l'âge, la situation familiale, etc. Mais le déjeuner et le dîner sont devenus les repas les plus importants car ils sont souvent l'occasion de retrouvailles en famille. Il y a également le goûter pour les enfants.

Petit déjeuner

Il représente l'étape la plus importante dans la prise alimentaire quotidienne car il est consécutif à un long moment de privation de nourriture, généralement, de 20 heures, la veille, à 07 heures du matin le lendemain. En ce moment, l'organisme a utilisé l'essentiel des aliments consommés la veille. Voilà pourquoi, on parle de déjeuner, à savoir : « rompre le jeûne ».

Dans les pays francophones, le petit déjeuner est souvent composé d'une tasse de thé ou de café au lait, d'un morceau de pain, de confiture, de beurre, de fromage et, parfois, d'œufs et de céréales. Tandis que chez les anglo-saxons, le petit déjeuner est bien plus fourni. Il comprend tous les nutriments d'une ration alimentaire normale (glucides, lipides, protéines et vitamines). Généralement, on y trouve : du bacon ou des saucisses, des œufs, de la tomate, des champignons, des céréales (porridge), de la marmelade, du thé ou du café et du yaourt. Une préférence est habituellement portée sur les haricots qui sont une excellente source de protéines riches en fibres, en fer, en phosphore ainsi qu'en antioxydants et avec très peu de lipides (tableau 14).

Photo 4 : Petit déjeuner copieux

Déjeuner

C'est le repas consommé pendant la journée, en général, à midi. Il est composé d'une entrée, d'un plat de résistance et d'un dessert.

L'entrée, encore appelée avant-goût ou hors-d'œuvre, est souvent faite de légumes crus (concombre, carotte, salade, tomates) agrémentée de mayonnaise et de vinaigrette. Quant au plat de résistance, il comprend habituellement une alimentation à base de céréales ou de tubercules accompagnée de protéines (poisson ou viande), le tout baignant dans une sauce composée d'huile et de divers ingrédients. Le dessert, lui, est composé d'aliments importants destinés à compléter le plat de résistance, à savoir : des fruits, de la pâtisserie, du fromage et du yaourt.

La présente description concerne surtout le cas de familles d'intellectuels ou de citadins aisés avec, parfois, une forte présence de micronutriments. Sinon, habituellement, l'Africain moyen prend un plat de résistance à base de riz, de tubercules ou de pâtes, accompagné de viandes, de volailles ou de poissons. Ensuite, il pourra plus tard, y ajouter quelques tranches de fruits, du thé et de la cola.

Photo 5 : Famille africaine à table pour le déjeuner

Tableau 14 : Diversité de micronutriments

Catégorie de micronutriments	**Aliments sources des micronutriments**
Vitamine A	Légumes : patate douce, carotte, citrouille, chou, feuilles de betteraves, laitue, poivron rouge, tomate Viande : abats de dinde, foie de bœuf Poisson : hareng
Vitamine B	Poisson, volailles, viande de bœuf, œufs et produits laitiers
Vitamine C	Citron, piment, fraises, épinards, pomme de terre, baies sauvages, kiwi, orange, ananas
Vitamine D	Céréales, poissons, beurre, lait, fromage
Vitamine K	Avocat, raisins, melon, kiwi, citron, asperges
Vitamine E	Olives vertes, épinards, avocats, paprika, huiles végétales, amandes, pignon de pin
Fer	Quinoa, lentilles, poires, artichauts, épinards, pois chiches
Magnésium	Amandes, épinards, noix de cajou, flocon d'avoine, cacahuète, riz complet
Calcium	Haricots, graines de sésame, graines de chia, oranges, amandes, légumes feuilles (chou frisé, épinards, blette)
Zinc	Poisson, haricots, légumes, cacahuètes, œufs, lait, fromage, viande rouge, poulet

Source : Nutrition guide pratique sur les micronutriments et les macronutriments (2016)

Photo 6 : Salade d'avocat

Dîner ou repas du soir

Les repas du soir sont très variés mais doivent répondre à trois préoccupations majeures :

- éviter le stockage pour ne pas entraîner de prise de poids ;
- être digestes pour ne pas perturber le sommeil ;
- apporter des nutriments essentiels qui favorisent l'endormissement.

Ils ne doivent pas être pris tard dans la nuit pour éviter les malaises nocturnes dus à de mauvaises digestions des aliments.

Parmi les repas, on note entre autres : la salade de pâtes au thon, à la tomate et au maïs, les pommes de terre frites ou farcies, les pâtes (macaroni, spaghetti), les recettes à base de poissons, de crevettes ou, tout simplement, de légumes (avocat, aubergine, cèleri, chou, petits pois, oseille,...). Ceci n'est cependant pas toujours le cas. En effet, certaines familles privilégient des plats lourds à base de riz, de couscous ou de tubercules (pommes de terre, patates, ignames, manioc).

En dehors des trois repas mentionnés dans l'ouvrage, il y a le goûter et le souper. Le goûter est surtout servi aux enfants vers 16 heures. On l'appelle encore pause gourmande destinée à reprendre des forces avant une activité sportive ou les devoirs du soir. Il peut comprendre une boisson comme le milk-shake, la compote de fruits ou tout bonnement une tranche de pain, des galettes, un fromage à tartiner, un café et un jus de tomates maison.

Le souper en revanche est pris tard le soir souvent après une balade nocturne. Il désigne traditionnellement une tasse de bouillon, de potage ou d'autres liquides composés de légumes et légumineuses cuits, auxquels on ajoute parfois divers compléments : protéines animales (viandes, poissons, lait, œufs, fromages), matières grasses (beurre, huile, crème fraîche,...), épaississant (farines ou fécules), exceptionnellement des fruits. Il peut être servi chaud ou froid.

De manière générale, les repas africains sont toujours accompagnés de boissons fraîches (eau, parfois des sodas). Après les repas, il n'est pas rare que des boissons chaudes, notamment du thé, soient servies surtout dans les pays musulmans (Mali, Mauritanie, Sénégal). En pareils cas, elles servent à initier des causeries sur des sujets divers de la vie courante (problèmes de terres, de fiançailles, de constructions de mosquées, de partis politiques, etc.). Notons cependant que de nos jours, les sujets sur les politiques de développement local dominent. Malheureusement, ils soulèvent beaucoup de passions et parfois, des bagarres.

Le thé se boit en trois verres successifs ou trois « normaux – jargon utilisé au Mali et au Sénégal ». Julien Bondaz (2013) les décrit comme suit : « le premier est fort comme la mort, le deuxième est doux comme la vie, le troisième est sucré comme l'amour ».

Conclusion

Les besoins nutritionnels du corps sont majoritairement comblés par l'alimentation à travers les trois principaux repas (petit déjeuner, déjeuner, dîner). Mais il y a parfois le goûter et le souper. Ils requièrent d'adopter au quotidien une alimentation équilibrée et variée. À ce propos, il importe de faire de bons choix de ses aliments afin de répondre aux besoins nutritionnels du corps.

Ces derniers sont transformés en nutriments sous l'action des sucs gastriques avant d'être assimilés à travers le sang permettant au corps de disposer des ressources nécessaires pour effectuer les activités quotidiennes (réfléchir, marcher, courir, se nourrir, se laver, s'habiller, etc.).

Bien manger, c'est certes manger équilibré, maintenir un poids stable mais, c'est en plus, respecter les règles hygiéno-diététiques consistant à veiller à la qualité des aliments et à la régularité de leur consommation.

PARTIE III – SÉCURITÉ ALIMENTAIRE ET NUTRITIONNELLE : UNE TRADITION AFRICAINE

CHAPITRE 3 : DIVERSITÉ DES RECETTES CULINAIRES AFRICAINES

Introduction

La cuisine africaine est tout autant riche que la culture africaine. Elle est le fruit de toute une civilisation. Elle comprend plusieurs recettes culinaires bien appréciées des populations. Celles-ci sont diversifiées et généralement composées de féculents, de protéines animales et végétales, de fruits et légumes, d'épices et de produits laitiers, surtout dans les zones sahéliennes. Les pays côtiers consomment beaucoup plus de produits de mer (coquillages - huîtres, moules), les crustacés (crabes, crevettes, langoustes) et les escargots (oursins). Il s'agit de produits riches en iode, en magnésium et en vitamine B12.

Les Africains consomment beaucoup de produits de cueillette comme le miel - un produit riche en vitamine C, en glucose et en fructose. Il est un bon tonifiant, un antiseptique et un cicatrisant.

Il ressort de manière générale que la cuisine africaine est traditionnellement préparée à base de produits naturels, sans trop de sucres et avec peu de sel et d'huile, et beaucoup de fibres saines.

Place des céréales dans l'alimentation des populations africaines (riz, maïs, mil, sorgho et fonio)

Riz

Jadis considéré comme produit de luxe, le riz est devenu un aliment de base essentiel pour les populations africaines, plus particulièrement, pour celles de l'Afrique de l'Ouest. Dans cette région, sa consommation par habitant a connu une forte progression durant les vingt dernières années, passant de 30 kg/hbt/an au début des années 1990 à près de 45 kg en 2010 ; soit une augmentation de plus 50 % (Patricio et *al.*, 2013).

La tendance varie beaucoup d'un pays à un autre. La consommation grimpe entre 80 et 100 kg/an en Côte d'Ivoire et au Sénégal et descend à 35 kg/an au Ghana et 32 kg/an au Nigéria, selon l'USDA (Debbo M., 2020).

Le riz est un aliment hautement énergétique. Il est riche en glucides et protides mais pauvre en lipides. C'est d'ailleurs pourquoi du riz était apporté en Amérique par les esclavagistes, à la fin des années 1600, pour nourrir les esclaves malades et les nouveaux arrivants afin de fortifier leurs organismes et mieux les préparer à divers travaux forcés (Debien, 1974).

Les glucides constituent la première source d'énergie de l'organisme. Leur apport est essentiellement dû à l'amidon présent dans l'endosperme et contenant des polymères de glucose (l'amylose et l'amylopectine) qui jouent sur la présentation du riz et sur son caractère visqueux. Il est généralement consommé localement sous trois formes : riz blanc, riz étuvé et riz complet. Ces deux derniers sont moins connus mais méritent une attention particulière.

Le riz ne contient pas tous les acides aminés. De surcroît, il a une faible teneur en micronutriments essentiels car ceux-ci sont souvent endommagés durant le processus de transformation et éliminés avec les enveloppes externes du grain, le germe et les sons. C'est pourquoi, c'est à juste titre, qu'il est souvent accompagné en Afrique de feuilles-légumes, de fruits-légumes, de légumineuses et d'herbes, qui eux, sont riches en ces éléments. Ceci est intéressant à relever car les feuilles contiennent du fer indispensable pour la composition de l'hémoglobine des globules rouges. Notons, cependant, que le fer contenu dans les feuilles n'est pas immédiatement disponible après consommation. Il faut, pour cette raison, l'accompagner de la vitamine C qu'on trouve dans certains aliments comme le jus de citron et de gingembre, les agrumes, etc.

Le riz étuvé est plus riche en vitamines que le riz blanc car le procédé de sa préparation favorise la migration des vitamines et des sels minéraux vers le centre du grain ; ce qui diminue le risque de leurs pertes.

Selon Dr. Zoungrana, S. L. (2012), gastroentérologue-nutritionniste et président de l'ONG « Promouvoir la nutrition et l'hygiène en Afrique », la qualité nutritionnelle du riz étuvé est supérieure à celle du riz non étuvé avec 2 à 3 fois plus de vitamines et de minéraux. En outre, son rendement au décorticage est meilleur (75 % contre en moyenne 65 % pour le riz blanc) avec un taux de brisures faible, du fait de la texture consolidée du grain. De ce fait, le grain résiste mieux aux chocs et à l'action des insectes.

Tableau 15 : Études comparatives du riz blanc et du riz étuvé cuits (2008)

Constituants	Riz blanc cuit 100 g	Riz étuvé cuit 100 g
Vitamine B1	0 mg	0,5 mg
Vitamine B2	0 mg	0,1 mg
Potassium	34 mg	79 mg
Magnésium	8 mg	43 mg
Fibres	0,5 g	1,4 g

Source : Alexis Courtois Drsoleil.fr, 2019

L'étuvage est un procédé qui consiste à passer le paddy (riz non décortiqué) dans de l'eau chaude dans le but de réduire son taux de brisures pendant le décorticage et d'améliorer la qualité de ses grains. Il comprend trois étapes principales :

- **le trempage :** le riz non décortiqué est trempé dans de l'eau tiède (environ 60 °C) pour augmenter sa teneur en humidité. Pendant le trempage, les vitamines hydrosolubles et les minéraux migrent vers l'intérieur de l'endosperme ;
- **la vaporisation :** le riz est cuit à la vapeur d'eau jusqu'à ce que l'amidon se transforme en gel. C'est la gélatinisation de l'amidon. Il s'agit d'un processus endothermique qui correspond à la perte de cristallinité de l'amidon dans des conditions particulières de chaleur et d'humidité. Elle aide, de surcroît, à tuer les bactéries et autres microbes présents dans le riz ;
- **le séchage** : le riz est lentement séché pour réduire sa teneur en humidité avant de le stocker ou de le décortiquer.

L'étuvage change la couleur du riz en jaune clair ou ambre, qui diffère de la couleur blanc pâle du riz ordinaire. Néanmoins, il n'est pas aussi sombre que le riz brun. Ce changement de couleur est dû au fait que les pigments se déplacent de l'enveloppe vers l'endosperme (cœur du grain de riz) et d'une réaction de brunissement lors de l'étuvage.

Avantages de l'étuvage

Les avantages de l'étuvage du riz peuvent être résumés en ces cinq points essentiels (Espérance Zossou et Jonas Wanvoeke, 2010) :

1) la réduction du taux de brisures au décorticage ;
2) l'amélioration du rendement au décorticage liée à la baisse du taux de brisures d'environ 10 - 15 % par rapport à celui du riz blanc ;
3) la réduction des pertes d'éléments nutritifs au cours du décorticage et de la cuisson du riz ;
4) une bonne qualité du riz décortiqué qui est de couleur uniforme ;
5) la conservation des éléments nutritifs solubles dans l'eau qui passent des téguments du grain de riz à l'endosperme.

Valeur nutritive du riz étuvé

D'après Dr Alexis Courtois (2019), les valeurs nutritives du riz étuvé sont meilleures que celles du riz blanc (tableau 16). Elles contiennent notamment beaucoup plus de thiamine et de niacine que le riz blanc.

Ces deux nutriments sont importants pour la production d'énergie. De plus, le riz étuvé contient plus de fibres, de protéines et de vitamines. Cependant, sa teneur en certains minéraux tels que le magnésium et le zinc est légèrement plus faible.

Encadré 4 : Riz étuvé

Le paddy n'est consommable que s'il est débarrassé de ses glumes et glumelles par le décorticage. Avant le décorticage, l'étuvage peut être effectué ou non. Cependant, il est nécessaire que le riz soit étuvé afin d'avoir un riz de bonne qualité sur les plans physique, chimique et organoleptique. L'étuvage apparaît donc comme une activité de transformation primordiale et se définit comme une opération de traitement du paddy qui atténue les effets d'un mauvais séchage (fissures) et améliore quantitativement et qualitativement le rendement car le taux de brisure des grains est diminué. Il permet de présenter un produit consommable de qualité aux clients ; créant alors une valeur ajoutée au paddy et au produit fini. L'opération consiste à ré-humidifier, chauffer et sécher les grains de paddy avant leur décorticage et leur polissage.
On note trois types de modifications suite à l'étuvage : chimiques, physiques et organoleptiques.

Modifications chimiques

- les substances hydrosolubles (vitamines et sels minéraux) se dissolvent et se diffusent dans tous les grains ; les globules lipoïdes de l'albumen se dissolvent ;
- l'amidon gélatinisé se présente comme une masse compacte et homogène ;
- les lipides sont séparés et s'enfoncent dans la masse compacte d'amidon gélatinisé ; ils sont donc moins sujets à l'extraction ;
- les substances liposolubles du germe et de la couche extérieure de l'albumen sont dissoutes et diffusées dans le grain.

Modifications physiques

- le séchage ramène la teneur en eau du grain au niveau optimal pour faciliter l'usinage ;
- tous les processus biologiques latents ou actifs (germination, prolifération des spores de champignons, développement d'insectes à différents stades) sont définitivement stoppés ;
- le rendement à l'usinage est meilleur et la qualité du produit est améliorée parce qu'il y a moins de grains brisés ;
- le riz étuvé, usiné ou non se conserve mieux et plus longtemps, car la germination n'est plus possible et la texture compacte de l'albumen lui permet de mieux résister aux attaques des insectes et de ne pas absorber l'humidité du milieu ambiant ;
- le riz étuvé se conserve plus longtemps et rancît moins.

Modifications organoleptiques

Les plus importantes modifications sont :

- le riz étuvé cuit est plus digeste, du fait de sa texture et de sa consistance ferme ;
- après cuisson, les grains sont plus fermes et ont moins tendance à coller.

Espérance Zossou et *al.*

Tableau 16 : Valeurs nutritives du riz étuvé comparées à celles du riz blanc (poids – 150 g)

Caractéristiques	Riz étuvé	Riz blanc
Calories	194	205
Graisse (grammes)	0,5	0,5
Glucides (grammes)	41	45
Fibres (grammes)	1	0,5
Protéines (grammes)	5	4
Thiamine (vitamine B1) (% de la VNR)	10	3
Niacine (vitamine B3) (% de la VNR)	23	4
Vitamine B6 (% de la VNR)	14	9
Folate (vitamine B9) (% de la VNR)	1	1
Vitamine E (% de la VNR)	0	0
Fer (% de la VNR)	2	2
Magnésium (% de la VNR)	3	5
Zinc (% de la VNR)	5	7

VNR : Valeur Nutritionnelle de Référence
Source : Alexis Courtois Drsoleil.fr, 2019

Bienfaits du riz étuvé sur la santé

Dr Alexis Courtois (2009) estime que l'étuvage pourrait avoir des avantages significatifs pour la santé au-delà de l'augmentation de la valeur nutritionnelle. Il estime en particulier que l'étuvage :

1) améliore la qualité de la cuisson et de la conservation. Il réduit le caractère collant du riz pour obtenir des grains moelleux et séparés, une fois cuits. Cela est particulièrement intéressant quand on veut réchauffer le riz le lendemain après sa préparation (appelé riz couché en Côte d'Ivoire) ;
2) inactive les enzymes qui décomposent la graisse du riz, aidant à prévenir la rancidité et à augmenter sa durée de vie ;
3) aide à conserver plusieurs composés végétaux potentiellement bénéfiques au corps qui sont souvent perdus lors du blanchiment du riz (couche de son et germe riche en huile) ;
4) favorise la création et la croissance de probiotiques. Il s'agit de bactéries ou de levures (*Lactobacillus, Bifidobacterium, Streptococcus...*) naturellement présentes dans l'organisme qui participent à différentes fonctions telles que : la régulation du transit intestinal, la stimulation de l'immunité, la synthèse des vitamines B et K, la lutte contre les mycoses vaginales et l'infection à *Helicobacter pylori*, responsable des ulcères gastroduodénaux.

Selon Dr Pierrick Horde (2019), le riz étuvé impacte moins la glycémie que d'autres types de riz. Il avance que le riz étuvé peut ne pas augmenter la glycémie autant que les autres types de riz et que cela serait peut-être dû à la présence d'amidons résistants et à sa teneur légèrement plus élevée en protéines. Il fait par ailleurs ressortir quelques inconvénients potentiels du riz étuvé notamment, le fait qu'il est moins nutritif que le riz brun et que sa texture ferme et moelleuse a une saveur un peu plus forte que celle du riz blanc, mais bien que moins forte que celle du riz brun. Le riz étuvé (encore appelé « riz converti ») est partiellement cuit dans son enveloppe ; ce qui lui permet de conserver certains nutriments qui se perdent lors du décorticage.

Il importe de signaler que, bien que le riz étuvé soit plus sain que le riz blanc ordinaire, le riz brun reste l'option la plus nutritive. Un autre facteur important à prendre en compte est le mode de traitement du paddy. Il était habituellement fait au mortier ; ce qui donnait un riz pas totalement blanc, proche du riz complet et conservant une bonne partie de ses substances nobles (oligo-éléments, vitamines et fibres saines).

Bienfaits du riz complet et à caryopses colorés sur la santé

D'après Santé Canada (2005), le riz complet ou brun est une bonne source de magnésium et de fibres alimentaires, et une excellente source de sélénium et de manganèse. Ils estiment que grâce à sa teneur en amidon, le riz complet, dans un repas équilibré, constitue un excellent « carburant » pour les personnes actives. D'où l'intérêt de consommer des riz complets ou semi-complets et des riz pigmentés car ils sont bien fournis en antioxydants.

Dans le tableau 17 sont mentionnées des données comparatives de la composition de riz blanc avec du riz complet (ou riz brun).

Tableau 17 : Quelques indications sur les éléments nutritifs du riz

Poids/volume	Riz blanc, grain long, cuit, 125 ml/83 g	Riz brun, grain long, cuit, 125 ml/103 g
Calories	109	115
Protéines	2,3 g	2,7 g
Glucides	23,5 g	23,7 g
Lipides	0,2 g	0,9 g
Fibres alimentaires	0,4 g	1,5 g

Source : Santé Canada, 2005

Les riz à caryopses noirs sont habituellement pauvres en sucres et riches en fer et zinc, en fibres saines, en vitamine E et en antioxydants anthocyaniques nécessaires pour protéger les artères et prévenir les dommages causés à l'ADN par le cancer. Quant aux riz à caryopses rouges, ils sont connus pour leurs richesses en protéines, en vitamines B (B1, B3 et B5), en minéraux (magnésium, phosphore et potassium) et en fibres saines.

L'espèce d'origine africaine, *Oryza glaberrima* Steud, appartient à ce type de riz. Elle est souvent exploitée en milieu rural en Afrique de l'Ouest où elle entre dans une grande diversité de recettes culinaires variant d'un pays à un autre et d'un groupe ethnique à un autre. Sa dimension culturelle est grande, plus particulièrement en Guinée et en Casamance, au sud du Sénégal. Dans cet écosystème, l'espèce *Oryza glaberrima* entre dans les mœurs et coutumes locales.

Dimension culturelle du riz

Le présent paragraphe a pour objectif d'informer le lecteur sur la richesse des recettes culinaires africaines à base de riz. Il révèle que le riz a toujours joué un rôle important dans la société africaine où il est utilisé comme produit de consommation mais aussi, comme instrument de culte.

La dimension cultuelle du riz se reflète à travers les outils utilisés pour sa production et sa récolte (par exemple, le *Kadjandou* en Casamance, la *Daba* en Côte d'Ivoire et l'*Angady* à Madagascar), les offrandes faites lors de certaines cérémonies (mariages, baptêmes, décès), les boissons et recettes culinaires locales. Ces dernières sont souvent accompagnées de feuilles d'amarantes, de basilic et d'oseille de Guinée (*Hibiscus sabdariffa*) broyées avec du gombo (*Abelmoschus esculentus*), des aubergines africaines (*Solanum melongena*), du concombre (*Cucumis sativus*), du poivron (*Capsicum annuum*), des tomates (*Solanum lycopersicum*) et de *Nététou* (ou *Soumbala* au Mali). Le *Soumbala* est préparé à partir de gousses de néré (*Parkia biglobosa*). Celles-ci sont généralement pauvres en sel et en sucre mais riches en fer, en aluminium et en magnésium provenant des feuilles de l'arbre.

Le riz est présent lorsqu'on reçoit des hôtes de marque. On leur donne à manger des mets faits à base de riz local ; un riz sélectionné pour son goût et sa digestion facile, son parfum et sa coloration – riz à caryopses noirs ou rouges (Bèye et *al.*, 2015).

Offrandes de riz

Le riz est intimement lié aux cultures traditionnelles. Son rôle dans les offrandes détermine l'importance culturelle que lui vouent les peuples d'Afrique noire. Il entre dans les offrandes de plusieurs groupes ethniques. En Casamance (Sud du Sénégal), par exemple, chez le groupe ethnique Diola, le Roi d'Oussouye a la mission « divine » de préserver le patrimoine génétique de sa société qu'il stocke dans des cases royales « sécurisées ». Ledit patrimoine comprend une multitude de variétés - fruits de plusieurs générations de sélection. Il s'agit de variétés présentant des goûts différents et des valeurs nutritionnelles spéciales. Elles sont utilisées pour les cérémonies de mariages, de décès de dignitaires religieux et coutumiers et de circoncisions. Dans ce dernier cas, il semblerait que la consommation de ces riz facilite la cicatrisation de la plaie chez les jeunes circoncis.

D'après Snyder F.G, dans son article sur les sacrifices en Basse-Casamance (1973), selon l'importance du « *Boekin* » à qui l'on fait le sacrifice, de l'occasion et du but du sacrifice, les offrandes sacrificielles engagent toujours les Diolas dans ce qu'ils ont de plus précieux (bétail, riz ou vin de palme). Elle signale en outre que le riz est considéré dans cette société comme signe de richesse mais aussi, comme une offrande de choix qui doit être offerte sous forme de grains ou de farine mais, jamais, sous forme de gerbes (panicules).

Snyder informe que chez les Diolas Bandial (sur la rive sud du Fleuve Casamance), toute la production d'une rizière royale est destinée aux offrandes pour obtenir la pluie. C'est cette même rizière qui sera la première à être repiquée. Puis, au début de la récolte, chaque homme apporte du riz au *Boekin* de culture, avec du vin de palme, à l'annonce du desservant du *Boekin*. Celui qui y manquerait, ou entreprendrait ses récoltes avant d'en être autorisé, risquerait de voir ses rizières se dessécher, et d'être lui-même la proie du *Boekin*.

En Guinée Conakry, chez les Kissiens, l'usage du riz dans les cérémonies religieuses et son offrande aux divinités est une pratique courante. Le riz y symbolise la richesse, la prospérité et la paix. Selon Denise, P. (1954), après un malheur général tel qu'une épidémie, une épizootie, un incendie, une sécheresse prolongée durant l'hivernage, ou simplement lorsqu'on redoute un tel malheur survenu dans un village voisin, le devin, sur la demande des chefs de lignage ou du chef de village, interroge le sort obéissant aux indications reçues. Il ordonne que chaque habitant apporte une portion de chacune de ses provisions, à savoir : une poignée de riz, une poignée de fonio, quelques graines d'arachides, un épi de maïs et une touffe de coton. Le tout est réuni chez le chef, puis porté solennellement, soit sur la place publique, soit le plus souvent, au premier carrefour à la sortie du village.

Une autre forme d'offrande consiste à jeter des grains de riz sur les nouveaux mariés. Il s'agit d'une pratique qui a pour objectif de leur souhaiter la chance, le bonheur, la prospérité et, surtout, beaucoup d'enfants (exemple des Yacouba à Zouen-Hounien, une contrée de l'Ouest de la Côte d'Ivoire). En Guinée forestière, par exemple, notamment en pays Kpèlè, en plus des pratiques précitées, le riz immature est récolté, grillé et écrasé dans le mortier pour être transformé en tapioca de riz (appelé *Gbogolo*) consommé en période de soudure ou pour annoncer l'arrivée très prochaine des nouvelles récoltes de riz.

Au Bénin et au Ghana, le riz entre dans les offrandes faites à la mer. D'après Vido A.A. (2012), cette cérémonie rituelle, a été attestée par Nicolas Villault de Bellefond, un explorateur français du 17e siècle, qui note ceci : « Si un pêcheur reste quelques jours sans attraper de poisson, il se dit que le fétiche est fâché ». Alors, pour l'apaiser, il va trouver le prêtre pour lui demander de prier pour que le fétiche lui soit à nouveau favorable. Il se rend par la suite au bord de la mer avec ses épouses parées dans leurs plus beaux habits et tenant des branches de l'arbre du fétiche (*Iroko*), du riz, du mil et du maïs pour invoquer les esprits.

Il note que le riz a toujours été présent dans les offrandes faites aux défunts pour conjurer la mort. Il cite qu'au cours de son séjour à Ouidah en 1694, Thomas Phillips, capitaine britannique du vaisseau négrier Hannibal, avait remarqué la présence de riz dans les offrandes faites aux défunts. Il révéla que le riz faisait partie des nombreux produits qui accompagnaient les souverains de *Sahé* (ou *Savi* avec comme capitale économique Ouidah) dans leurs tombes, afin d'assurer leur alimentation quotidienne dans l'au-delà.

Vido A.A (2012) note, citant toujours Nicolas Villault de Bellefond, que les paysans s'assemblent parfois les dimanches autour de l'arbre fétiche au pied duquel ils versent du riz, du mil, des fruits, de la viande, du poisson, du pain et de l'huile de palme pour donner à boire et à manger à leurs fétiches.

De manière générale, il ressort que le riz est intimement lié aux cultures traditionnelles. Son rôle dans les offrandes détermine l'importance culturelle que lui vouent les peuples d'Afrique noire.

Recettes culinaires africaines à base de riz

Les recettes varient d'un pays à un autre et d'un groupe ethnique à un autre. Dans le présent livre, sont décrites quelques recettes culinaires africaines (sénégalaises, burkinabés, maliennes, guinéennes, tchadiennes, camerounaises, nigérianes, malgaches et ivoiriennes). Elles montrent la place du riz dans l'alimentation des populations africaines et la grande diversité des condiments qui les accompagnent. Ceux-ci augmentent la saveur des plats, mais en plus, ils jouent un rôle important en matière de santé humaine. Il importe, à cet effet, de rappeler que l'Africain consomme traditionnellement beaucoup de légumes-feuilles, de fruits-légumes, de légumineuses et d'herbes. Cette pratique, qui avait tendance à disparaître, est remise à l'ordre du jour.

Traditions culinaires sénégalaises

Le *Thiéboudieune* (Riz au poisson en Ouolof, une langue du Sénégal) est le plat national le plus connu à l'extérieur. Il est inscrit depuis 2021 au patrimoine culturel immatériel mondial de l'UNESCO. Il est traditionnellement cuit avec des légumes (manioc, citrouille, chou, carotte, navet, aubergine...), des feuilles d'oseille, du persil, de la purée de tomate, du piment et des oignons.

Photo 7 : Thiéboudieune

De nos jours, on y ajoute de l'ail, généralement, cuit entier. D'après Franck Dubus, Docteur en Pharmacie (2008), l'ail réduit le volume d'eau dans le corps, donc le volume sanguin et la pression artérielle. Il le recommande dans la prévention du diabète de type 2 car ses principaux actifs aident le foie à réguler l'excès de sucre dans le sang. Il agit sur les principaux facteurs de risques des maladies cardio-vasculaires et du diabète de type 2 avec une hypertension artérielle et un taux de cholestérol et de sucre trop élevé.

Dans un passé récent, en Casamance par exemple, le riz local de type *glaberrima* était cuisiné sans sel, ni huile. Il était consommé avec de petits poissons issus des étangs installés au bord de la mer accompagnés de feuilles-légumes et de condiments tels que le *Soumbala.* Ce plat nommé « *Beukeuheu* » en Diola est pauvre en sel et en sucres mais riche en fer, en aluminium et en magnésium provenant des feuilles et légumes.

D'autres recettes sont régulièrement consommées comme plats de résistance. Il s'agit notamment du *Riz gras*, du *Kaldou*, du *Soupkandja*, du *Mbaxal* et du *Daxin*.

Le *Riz gras* (cuisiné avec un peu d'huile) est très apprécié par les populations. Dans la composition de ce mets, on met des carottes, des oignons, du poivre, de l'ail et du persil.

Le *Kaldou* est cuisiné avec peu d'huile, des petits poissons, une pâte à base de feuilles d'oseille et une sauce citronnée ; ce qui en fait un plat léger et digeste pour le dîner.

Le *Soupkandja* est préparé avec de l'huile de palme, beaucoup de gombo, du poisson et de la viande, et du piment.

Le *Mbaxal* et le *Daxin* sont des plats pâteux agrémentés avec du persil, du laurier, de la coriandre et de la tomate.

En plus de ces plats destinés au déjeuner et au dîner, les populations consomment au petit déjeuner de la bouillie de riz (*Sombi* en Ouolof) accompagnée de lait caillé, de coco râpé, d'eau de fleur d'oranger, de muscade (*Myristica fragrans)* et de jus de tamarin ou de baobab à la place du sucre.

Traditions culinaires burkinabé et maliennes

Au Burkina Faso et au Mali, le riz est souvent accompagné de la sauce arachide aux feuilles de *Dah* (ou Oseille de guinée) et de *Moringa olifeira*. Il est très prisé par les peuples Mossis et Malinkés. Il arrive par ailleurs qu'il soit préparé avec des feuilles de baobab broyées.

Le riz est couramment consommé avec de la viande grillée, en particulier le mouton, le porc, la chèvre ou le bœuf. Les légumes les plus couramment utilisés sont : les tomates, les courgettes, les poireaux, les oignons, les betteraves, les citrouilles, les concombres, les choux, les oseilles, les feuilles d'amarantes (*Boulonbouli*) et les épinards et tubercules tels que l'igname et la pomme de terre.

Souvent, le *Dégué* est servi comme dessert. Il s'agit d'un mélange de petit grain de mil cuit à la vapeur et de lait caillé ou de yaourt.

Traditions culinaires béninoises

Au Bénin, le riz est bouilli jusqu'à ce qu'il soit réduit en pâte. Il est consommé avec plusieurs sauces dont l'une des plus répandues est la sauce gluante (Vido A.A, 2012). Celle-ci est composée en général de poissons fumés, cuits dans l'huile de palme avec des légumes qui fournissent un mucilage, le tout fortement épicé aux piments et aux herbes aromatiques (safran, laurier, menthe, basilic).

Il y a les boulettes faites à base de farine de riz (ou *Ablos*). Elles se consomment accompagnées de sauces feuilles (épinards à la tomate). Les *Ablos* sont préparés avec de la farine de riz ou de maïs. Ils sont fort appréciés en présence de sauces *Moyo* faites de tomates, d'oignons, de poivrons et de piments. En fait, la cuisine béninoise à base de riz a recours au gombo et à de nombreuses feuilles parmi lesquelles, on note : la corète potagère (*Corchorus olitorius* Linn.), l'*hibiscus* (*Hibiscus esculentus* Linn.) et le cléome (*Cleome pentaphylla* Linn.) accompagnées de tomates fraîches, d'oignon, d'ail, de crevettes séchées et écrasées, de champignons et de moutarde de néré.

Traditions culinaires tchadiennes

Au Tchad, le riz est consommé sous forme de pâte accompagnée d'une sauce aux feuilles de manioc et de patate. On y prépare en outre du riz aux légumes avec des carottes, des aubergines, des poireaux, des patates douces, des petits pois, de l'oignon et du persil (*Petroselinum crispum*). Les feuilles sont particulièrement riches en vitamines A et C. Le persil est utilisé comme diurétique. Il est efficace dans des cas d'obstruction de la vessie.

Le riz est souvent accompagné de sauces feuilles de coriandre et d'amarante. Sa farine est utilisée pour faire des beignets qui sont consommés autour du thé rouge. Parfois, il est utilisé comme boisson. Les enfants reçoivent l'eau de riz légèrement sucrée au goûter. Cette boisson aide à soulager les symptômes de la gastro-entérite et les maladies diarrhéiques ou à revigorer les enfants faibles.

Traditions culinaires ivoiriennes

En Côte d'Ivoire, le riz est cuisiné avec plusieurs feuilles issues, au total, de 26 espèces de légumes traditionnels. D'après Fondio et *al.* (2013), seules six espèces sont cultivées à grande échelle par les paysans. On note parmi celles-ci :

- à Abidjan : l'amarante (65 % des producteurs), la corète potagère (57 %), l'oseille de guinée (44 %), la célosie (44 %), la baselle (32 %) et le caya blanc (19 %) ;
- à Yamoussoukro : l'amarante (55 % des producteurs), l'oseille de guinée (34 %), la morelle noire (31 %), la baselle (26 %), le caya blanc (25 %) et la corète potagère (12 %).

Cette diversité s'explique par le fait qu'Abidjan est une ville cosmopolite, donc, accueillant des populations d'origines diverses, et dans laquelle cohabitent plusieurs cultures alors que Yamoussoukro est dominée essentiellement par le même peuple Baoulé.

La valeur nutritive de ces espèces est considérable. L'amarante est l'espèce qui renferme les teneurs les plus élevées en vitamine C, en magnésium, en fer, en calcium, en potassium et en phosphore. La célosie et la corète potagère font partie des plantes très riches en fibres solubles.

En termes de volumes commercialisés, Fondio fait le classement suivant : feuilles de patate, oseille de guinée, amarante, baselle et corète potagère (81 % du volume commercialisé). La morelle noire (ou fouet brou), la célosie (ou *Sôko*) et les feuilles de niébé, qui, ensemble, couvrent 13 % du volume commercialisé, constituent les légumes feuilles secondaires. Les feuilles de niébé occupent 13 % du volume des légumes feuilles commercialisés. Le groupe des légumes feuilles marginaux représente 6 % des légumes feuilles commercialisés. Ils sont constitués de feuilles d'aubergine, de taro, de caya blanc ou *Winwin* et d'épinard africain ou *Anango-brou* (*Talinum fruticosum*).

Les recettes ivoiriennes à base de riz sont nombreuses et très variées. On note : le riz à la sauce *Djoumble* (gombo sec), le riz à la sauce gombo frais, le riz à la sauce *Gouagouassou,* c'est-à-dire un ragoût de viandes diverses cuites avec une sauce de légumes (aubergine, gombo), le riz à la sauce *Gnangnan*. Les *Gnangnans* (*Solanum torvum*) sont de petites aubergines très amères, avec un goût de quinquina. Elles sont particulièrement recommandées en cas de paludisme.

Photo 8 : Aubergines africaines « Gnangnan »

Les aubergines contiennent une grande quantité d'antioxydants, surtout lorsqu'elles ont une couleur prononcée. Elles sont bien connues comme aliments anti-anémiques, laxatifs et diurétiques. Elles sont recommandées en cas de constipation, de goutte, d'hypertension ou d'hépatite ; d'où leur appellation de *Black magic.*

Le riz est servi avec des légumineuses. On note surtout au Nord de la Côte d'Ivoire (Korhogo, Ferkessédougou, Touba, Odienné) le riz à la sauce arachide, à la sauce de soja et au niébé, au pois cajan ou au haricot rouge. Il y a en outre le *Kédjénou* - une sauce très pimentée agrémentée avec des condiments. Ces repas sont importants pour l'organisme qui peut alors disposer des principaux acides aminés essentiels.

La valorisation de cette complémentarité riz / légumineuses est vivement conseillée car, de manière générale, les céréales manquent de lysine (un antiviral efficace pour le traitement de l'herpès et du zona) et les légumineuses, de méthionine (réputée pour renforcer les phanères, les cheveux et les ongles).

Notons que les légumineuses sont globalement formidables pour la santé. Elles sont riches en glucides complexes et en fibres alimentaires et pauvres en matières grasses (sauf l'arachide). Elles apportent des vitamines du groupe B ainsi que du magnésium, du fer, du calcium et du sélénium, un antioxydant indispensable pour ralentir le vieillissement de la peau. Elles sont une bonne source de protéines végétales.

Traditions culinaires camerounaises et nigérianes

Au Cameroun et au Nigéria, le riz est bouilli puis consommé accompagné de feuilles de *Ndolé (Vernonia amygdalina)* encore appelé épinard africain à cause de sa couleur et de sa texture. Ses feuilles sont consommées vertes ou séchées. Le plat est souvent mélangé avec de la pâte d'arachide, des plantains frits et du manioc.

Photo 9 : Banane plantain

Photo 10 : Banane plantain braisée, Cameroun

Vernonia amygdalina est bien connue comme plante médicinale. Il est largement consommé au Nigéria et dans plusieurs pays d'Afrique centrale par les diabétiques. Il est utilisé pour le traitement de la fièvre et des maux de tête.

La tribu Bétis au Cameroun a pour plat traditionnel le « *Nnam wondo* » qui est un mélange de riz avec de la pâte d'arachide cuisinée dans des feuilles de bananier.

À Yaoundé, c'est le riz végétarien dénommé « *Jollof Buéa* » qui est très apprécié. Il est fait à base de légumes frais agrémentés de lait de coco et, parfois, de feuilles d'Eru (épinard à feuilles minces).

Traditions culinaires malgaches

Une particularité de Madagascar est que le riz se consomme le matin, à midi et le soir.

Pour le petit déjeuner, des beignets à la farine de riz appelés *Mofo gasy à* la noix de coco ou natures sont servis à la famille. À midi, le riz est consommé avec différentes sauces parmi lesquelles la sauce aux feuilles de manioc pilées (riz *Ravitoto*).

Le riz *Ravitoto* est bien apprécié des populations pour son goût relevé avec beaucoup d'épices tels que le gingembre, le poivre, le girofle et la muscade. Il est souvent accompagné d'une boisson chaude nommée le *Ranon'ampango* qui est de l'eau récupérée de la croûte de riz du fond de la marmite. Elle a pour propriété de faciliter la digestion.

Pour le goûter des enfants, le riz est préparé avec du lait de vanille, une plante riche en protéines végétales, en calcium et en vitamines B2, B12 et D.

La vanille a une teneur faible en graisses saturées et ne contient pas de gluten. Elle entre régulièrement dans de nombreuses préparations médicinales comme :

- antidépresseur et anti-stress naturel ;
- antispasmodique - elle soulage l'aérophagie et les ballonnements,
- apéritive et digestive - elle stimule l'appétit et facilite la digestion.

La plante est connue pour ses propriétés stimulantes pour le système nerveux – un remède contre la fatigue physique et intellectuelle.

Le soir, il arrive souvent que le riz soit cuisiné dans du lait de coco coupé d'eau salée. Il est consommé avec une sauce enrichie de tranches de bananes et autres produits comme : l'oignon, l'ail, les tomates, la poudre de noix de coco, le curcuma, la coriandre, un peu de poivre et de la vanille.

Maïs

Assez bien répandu en Afrique subsaharienne, le maïs est une céréale facile à cultiver et dotée d'une grande faculté d'adaptation à différents écosystèmes. Il se caractérise par sa richesse en amidon qui est un glucide complexe. Il est consommé sous plusieurs formes : frais, bouilli ou grillé, réduit en farine et cuit sous forme de pâtes fermentées ou non, etc.

L'amidon de maïs est le principal constituant du grain de maïs (89 %). Il s'agit d'un glucide complexe constitué de deux polymères du glucose :

- l'amylose (hydrosoluble) - 20 à 30 %
- l'amylopectine (insoluble) - 70 à 80 %

Tableau 18 : Valeurs nutritionnelles de 100 g d'amidon de maïs

Éléments nutritifs	**Teneur moyenne**
Protéines (g/100 g)	0,43
Glucides (g/100 g)	89,6
Lipides (g/100 g)	0,25
Fibres (mg/100 g)	0,87
Fer (mg/100 g)	0,38
Magnésium (mg/100 g)	3,5
Sodium (mg/100 g)	10,2
Phosphore (mg/100 g)	56
Calcium (mg/100 g)	6
Sélénium (µg/100 g)	2,8
Vitamine B9 (µg/100 g)	1
Énergie (Kcal /100 g) Énergie (KJ/100 g)	364 1550

Source : Table Ciqual de l'ANSES

Sur le plan industriel, la production d'amidon est effectuée à partir du maïs. L'amidon est utilisé pour la préparation de sauces industrielles, d'entremets, de gâteaux, de potages, de charcuterie et de pâtes. Il peut être transformé pour la fabrication de glucose et de fructose qu'on trouve dans de nombreux produits alimentaires et non alimentaires.

Le maïs est connu sous plusieurs couleurs dues à la présence de deux types de pigments essentiels :

- le carotène : il donne le maïs jaune, le plus connu ;
- les anthocyanes : ils donnent des grains rouges, orangés, marrons, bleus, violets ou verts.

En cas d'absence de pigment, le maïs donne des grains blancs.

Recettes culinaires africaines à base de maïs

Le maïs fait partie des aliments de base dans plusieurs pays, notamment en Guinée, au Bénin et au Zimbabwe. Il joue un rôle majeur dans l'économie des pays, mais en plus, il est utilisé dans les pratiques religieuses et coutumières.

En Guinée, les groupes ethniques Peulhs et Malinkés rivalisent dans leurs façons de cuisiner la farine de maïs. Chez les Peulhs, lors des cérémonies de mariages, de baptêmes, de veuvages ou de sorties des enfants après leur circoncision, le *Latchirii* est régulièrement servi. Il s'agit de farine de maïs mélangée avec du lait et du sucre. Chez les Malinkés, la bouillie de maïs (*Nyon mooni* faite de petites boules) est souvent servie les matins lors du petit déjeuner ou les soirs à la rupture du jeûne durant le mois de Ramadan. La farine de maïs est également servie sous forme de pâte appelée *Kaba Tô* (*Too*) pouvant être accompagnée de différentes sauces, notamment la sauce gombo mélangée à de la pâte d'arachide et de poissons secs, et parfois de viande fumée.

Au Bénin, plus particulièrement dans le sud du pays, le maïs s'est substitué à la culture du mil et du sorgho. Il est la céréale la plus consommée généralement sous forme de pâte de maïs fermenté appelée *Akassa* qui est considérée comme la pâte la moins chère sur le marché. Elle est servie avec de la sauce *Moyo* préparée avec des tomates, de l'oignon, du piment émincé, des poissons, des escargots, des crabes et des crevettes (frites ou fumées).

L'*Akassa* est l'aliment recommandé aux parents après la naissance de jumeaux. Dans ce pays, les jumeaux sont célébrés comme des divinités et adorés par les populations. Durant leur jeunesse, ils sont nourris avec leurs parents avec des repas préparés à base d'huile de palme et de farine de maïs appelée *Ahouanzi* et accompagnés d'une sauce moutarde locale à forte odeur (*Afitin* en Fongbe ou *Irù* en Yoruba). On note une forte diversité de sauces tomates faites de poissons frais, d'arachide grillée et écrasée, et de légumes. Tout ceci est agrémenté par une sauce gluante faite de feuilles vertes nommée *Adémè*.

Au Zimbabwe, le plat le plus consommé est le *Sanza*. Il est préparé avec de la farine de maïs blanc. Il se mange sous forme de boule accompagnée de viande, de légumes verts et d'une petite sauce bien pimentée. Parfois, il est servi avec des vers *Mopane* qui sont des chenilles comestibles frites qui se consomment partout en Afrique australe (Afrique du Sud, Tanzanie, Botswana). Il s'agit de produits de la forêt riches en protéines forts prisés par les populations locales.

Photo 11 : Ravioli aux crevettes

À Madagascar, le *Van-Tan* ou Ravioli aux crevettes sautées, à la viande de bœuf ou de porc est servi avec une crème safranée, des fécules de manioc, et quelques brins de persil et de coriandre. Le plat est une des friandises de la ville portuaire de Tamatave.

Avantages de l'amidon de maïs

L'amidon est considéré comme un glucide complexe (ou glucide lent), dont la dégradation intestinale est lente, libérant ainsi du glucose (sucre simple qui peut passer dans le sang) à un rythme régulier.

Parmi les avantages de l'amidon de maïs, on peut noter (ameli.fr, 2021) :

- un faible indice glycémique se traduisant par une digestion lente et une libération lente du glucose qui n'est pas ici stocké sous forme de graisse. Il permet de disposer d'énergie pendant un long moment ;
- un apport énergétique important sous forme de glucides complexes qui se libèrent lentement ;
- une absence de gluten. Rappelons que les personnes présentant une faible tolérance au gluten connaissent souvent une digestion altérée. En outre, elles assimilent mal la majorité des nutriments (protéines, graisses, etc.), des minéraux et des vitamines (fer, calcium, vitamine D, vitamine B9 ou acide folique, etc.) ;
- l'utilisation de l'amidon de maïs permet de rendre les gâteaux plus légers ; l'idéal étant de faire moitié-moitié, c'est-à-dire de mélanger l'amidon de maïs

avec de la farine de blé pour que le gâteau tienne mieux grâce aux protéines de la farine de blé (l'amidon de maïs n'en contenant presque pas) ;

- une grande présence de vitamines du groupe B si peu présentes dans les aliments raffinés modernes et pourtant, si nécessaires à notre équilibre physiologique et neurologique et à la santé de la peau. Il renferme pareillement du magnésium et des carotènes ;
- une richesse en fibres dont il en contient cinq fois plus que le riz.

Selon Hongbete, F. et *al.* (2017), l'épi de maïs frais bouilli est l'un des aliments les plus consommés. Ses techniques de préparation diffèrent d'une région à une autre du Bénin. À Parakou par exemple, il est bouilli avec des spathes alors qu'à Cotonou, il est bouilli sans les spathes.

Les caractéristiques nutritionnelles du maïs frais bouilli révèlent une richesse en glucides totaux (63,4 à 64,6 % de matière sèche), en protéines (12,5 % de matière sèche), en minéraux (1,6 % de matière sèche) et en composés phénoliques (5,5 à 6,1 % de matière sèche).

Photo 12 : Salade au maïs

Mil et sorgho

Le mil (Pennisetum glaucum*)* et le sorgho (Sorghum bicolor*)* sont des céréales africaines adaptées aux températures chaudes. Ils sont cultivés partout en Afrique, depuis l'océan Atlantique à la Somalie, tout au long du Sahara au nord et en Forêt équatoriale, et en Afrique australe. Une fois décortiqués, ils sont directement utilisés sous forme de farines pour préparer des bouillies, des couscous, des pains, des galettes ou des gâteaux. Parfois, ils sont utilisés sous forme maltée et/ou fermentée dans la préparation de boissons alcoolisées et non alcoolisées (Gadaga et *al.*, 1999 ; Oi et Kitabatake, 2003 ; Diko et *al.*, 2006).

Photo 13 : Couscous au poisson

Il y a par ailleurs le sorgho nain ou « Teff ». Il est bien présent en Éthiopie où il constitue le repas principal. Il est une bonne source de protéines végétales, de vitamines et de minéraux. Il a une forte teneur en fibres et un bon pouvoir antioxydant. En plus, il est naturellement sans gluten.

Recettes culinaires africaines à base de mil et de sorgho

Les bouillies de mil et sorgho sont préparées à base de graines fermentées généralement pendant 24 à 48 h pour être consommées avec du lait, du jus de tamarin ou de banane. Ils se caractérisent par une grande diversité de couleurs :

- sorgho : blanc, jaune, rouge, brun ;
- mil : gris, blanc, jaune, brun, pourpre.

Le sorgho et le mil sont des céréales sans gluten. Ce sont des aliments énergétiques et nutritifs. L'amidon est leur principale forme de stockage des hydrates de carbone. Il est constitué d'amylopectine, polymère à chaînes ramifiées du glucose et d'amylose, polymère à chaîne droite. Sa digestibilité dépend beaucoup des méthodes de cuisson (cuisson à la vapeur, sous pression, floconnage, etc.). En effet, elles aident à accroître l'intensité de l'hydrolyse par les enzymes pancréatiques (McNeill et *al.*, 1975 ; Harbers, 1975).

La plupart des techniques traditionnelles de traitement sont laborieuses, monotones et appliquées à la main. Elles sont donc presque toujours confiées aux femmes. Les techniques traditionnelles couramment utilisées comprennent le décorticage (généralement par pilage suivi de vannage et parfois, de tamisage), le maltage, la fermentation, le rôtissage, le floconnage et le broyage. Il s'agit de méthodes simples mais qui impliquent beaucoup de main-d'œuvre et donnent des produits de qualité médiocre.

Composition des amidons de mils et sorghos

La teneur en amidon du mil varie entre 62,8 et 70,5 %, celle des sucres solubles de 1,2 à 2,6 % et de l'amylose de 21,9 à 28,8 % (Jambunathan et Subramanian,

1988). Quant à la teneur en amidon du sorgho, elle s'échelonne entre 56 et 73 % (Jambunathan et Subramanian, 1988). Elle est constituée pour environ 70 à 80 % d'amylopectine ; les 20 à 30 % restants sont de l'amylose (Dentherage, McMasters et Rist, 1955). Les particularités physico-chimiques de l'amidon de mil influent sur la texture des préparations alimentaires à base de mil. D'une façon générale, sa capacité d'absorption d'eau est difficile mais elle croît avec la température, ce qui permet la solubilisation de l'amylose et de l'amylopectine pour former une solution colloïdale (ou stade de gélatinisation).

La température de gélatinisation de l'amidon du grain est influencée par des facteurs génétiques et environnementaux (Freeman, Kramer et Watson, 1968). Plus elle est élevée, plus grande est la stabilité des réseaux cristallins dans les molécules d'amidon, d'où une gélatinisation et une viscosité plus faible. Plus la viscosité de l'amidon est importante, plus l'amidon est accessible aux enzymes digestives, donc hyperglycémiant (Kouamé et *al.*, 2015 ; Yéboué, 2018). De plus, selon Boudries-Kaci (2017), l'amidon de sorgho et des mils possèdent une plus grande viscosité comparé à des amidons d'autres origines botaniques. L'amylose, composant linéaire de l'amidon, a une plus grande tendance à la rétrogradation. Certaines caractéristiques des amidons du sorgho et du mil sont présentées dans le tableau 19. Les teneurs en sucres solubles du sorgho et des mils sont indiquées dans le tableau 20.

La nature chimique de l'amidon, en particulier la teneur en amylose et en amylopectine, est un autre facteur qui influe sur sa digestibilité. On a signalé que celle-ci était plus grande dans le sorgho à faible teneur en amylose, c'est-à-dire le sorgho cireux que dans le sorgho normal, le maïs et le mil chandelle (Hibberd et *al.*, 1982).

La plasticité de la pâte de farine de sorgho tient essentiellement à la gélatinisation de l'amidon lorsque la pâte est préparée dans une eau chaude ou bouillante. Le caractère collant de la farine cuite est fonction du degré de gélatinisation de l'amidon. Le *porridge* (bouillie) préparé à partir de l'endosperme dur du sorgho est moins collant que celui préparé à partir de grains comportant une plus forte proportion d'endosperme farineux (Cagampang, Griffith et Kirleis, 1982). La pâte préparée dans l'eau froide présente peu d'adhésivité et est difficile à bien aplatir au rouleau. Autrement dit, la modification de l'amidon lorsque la pâte est préparée dans l'eau chaude détermine ses propriétés d'aplatissement au rouleau (Desikachar et Chandrashekar, 1982). La présence de tanin dans le grain contribue à la mauvaise digestibilité de l'amidon dans certaines variétés de sorgho (Dreher, Dreher et Berry, 1984). Davis et Hoseney (1979) révèlent que les tanins isolés du grain de sorgho inhibent une enzyme X-amylase et qu'en outre ils se lient aux amidons du grain plus ou moins fortement.

Tableau 19 : Caractéristiques des amidons isolés du sorgho et des mils

Graine	Amylose (%)	Température de gélatinisation (°C)		Capacité de liaison dans l'eau (%)	Gonflage à 90 °C (%)	Solubilité à 90 °C (%)	Viscosité (unités amylographiques Brabendur)			
		initiale	finale				à 93 °C-95 °C	après maintien à 95 °C	refroidi à 35 °C ou 50 °C	après maintien à 35 °C ou 50 °C
Sorgho	24,0	68,5	75,0	105	22	22	600	400	580	520
Sorgho (cireux)	1,0	67,5	74,0	-	49	19	380	290	390	350
Mil chandelle	21,1	61,1	68,7	87,5	13,1	9,16	460	396	568	536
Millet commun	28,2	56,1	61,2	108,0	12,0	6,89	688	520	826	1 203
Millet des oiseaux (a)	-	53,5	59,5	128,5	11,2	4,65	840	620	1 100	1 220
Millet des oiseaux (b)	17,5	55,0	62,0	-	9,8	4,80	1 780	1 540	2000	-
Millet indigène	24,0	57,0	68,0	-	12,0	5,50	300 [a]	270	390	-
Eleusine	16,0	64,3	68,3	-	11,4	6,50	1 633	1 286	1 796	-

[a] *La viscosité maximale a été obtenue à 83,5 °C.*

Sources : Rooney et Serna-Saldivar, 1991 ; Leach, 1965 ; Horan et Heider, 1946 ; Subramaniam et al., 1982 ; Beleia, Varriano et Hoseney, 1980 ; Yabez et Walker, 1986 ; Lorenz et Hinze, 1976 ; Wankhede, Shehnaj et Raghavendra Rao, 1979b ; Paramahans et l'aranalhan, 1980.

Tableau 20 : Composition en sucres solubles du sorgho et des mils (en grammes pour 100 g de matière sèche)

Graines	Nombre de cultivars	Sucre total	Sucrose	Glucose + fructose	Raffinose	Stachyose
Sorgho normal (a)	10	2,25 (1,3-5,2)	1,68 (0,9-3,9)	0,25 (0,06-0,74)	0,23 (0,10-0,39)	0,10 (0,04-0,21)
Sorgho normal (b)	-	1,34	0,61	0,52	0,15	0,06
Sorgho sacchareux	-	2,21	0,81	0,95	0,39	0,06
Sorgho à haute teneur en lysine	-	2,57	0,94	1,13	0,39	0,11
Mil chandelle	9	2,56 (2,16-2,78)	1,64 (1,32-1,82)	0,11 (0,08-0,16)	0,71 (0,65-0,84)	0,09 (0,06-0,13)
Eleusine	3	0,65 (0,59-0,69)	0,22 (0,20-0,24)	0,16 (0,14-0,19)	0,07 (0,06-0,08)	-
Millet des oiseaux	1	0,46	0,15	0,10	0,04	-
Millet commun	6	-	0,66	-	0,08	-

Sources : Subramanian, Jambunathan et Suryaprakash, 1980 ; Murty et al., 1985 ; Subramanian, Jambunathan et Suryaprakash, 1981 ; Wankhede, Shehnaj et Raghavendra Rao, 1979 ; Becker et Lorenz, 1978.

Teff

Le Teff est nommé « Sorgho nain ». Il est une céréale au même titre que le blé, le riz ou le maïs.

Recettes culinaires à base de Teff

Le Teff est préparé sous forme de grandes crêpes couvertes de diverses sauces nommées « *Injera* », principal repas d'Éthiopie et d'Érythrée où il est régulièrement consommé dans le *Beyaynetu*, une grande assiette.

Le Teff est une alternative très intéressante à certaines céréales comme le blé et l'avoine qui contiennent du gluten. Il est très digeste. Il est une excellente source de fibres alimentaires, de protéines végétales, de fer et d'antioxydants.

Photo 14 : Injera, plat Éthiopien et Érythréen

Composition des amidons du Teff

D'après Léa Zubiria (2021), le Teff contient en outre du manganèse nécessaire pour la protection contre les dommages causés par les radicaux libres. Il est riche en phosphore, le deuxième minéral le plus abondant dans le corps humain. Il est une composante importante des os et des dents. Il est présent dans les molécules d'ADN et d'ARN et est donc nécessaire à la croissance.

Enfin, le Teff fournit du calcium nécessaire pour la formation des os et des dents et le maintien de la pression sanguine et de la contraction des muscles (dont le cœur). Il contient davantage de zinc, de magnésium et de cuivre.

L'autre aspect intéressant du Teff est sa teneur en composés phénoliques dont l'acide férulique est le composé phénolique majeur dans la céréale de Teff. Il détient l'acide protocatéchique, l'acide gentisique, l'acide vanillique, l'acide syringique et coumarique qui ont une activité antioxydante élevée (Léa Zubiria, 2021).

Tableau 21 : Valeurs nutritionnelles et caloriques du teff

Nutriments	Grains de Teff, cuits (100 g/125 ml)
Calories	101 Kcal
Lipides	0,65 g
Protéines	3,87 g
Glucides	19,86 g
Fibres	2,8 g
Fer	2,05 mg
Calcium	50 mg
Manganèse	2,8 mg
Phosphore	120 mg

Source : passeportsante.net, 2021

Fonio

Le fonio (Digitaria exilis*)* est une céréale répandue surtout en zone de savane du Sénégal au Lac Tchad. Mais il est surtout cultivé au Burkina Faso, au Mali, en Côte d'Ivoire et en Guinée, dans le Fouta-Djalon. Ses graines, une fois décortiquées, sont moulues pour donner de la farine qui entre dans la composition de nombreuses recettes locales : pains, beignets et gâteaux. Le fonio est consommé sous forme de couscous.

Composition chimique du fonio décortiqué

La composition chimique du fonio décortiqué est globalement voisine de celle des autres céréales même si elle est légèrement moins riche en protéines.

Le fonio est surtout prisé pour l'absence de gluten qui en fait une céréale recommandée pour les personnes souffrant de la maladie cœliaque ou qui sont allergiques au blé. Il fait l'objet d'une attention particulière pour ses fortes teneurs en acides aminés soufrés, notamment la méthionine et la cystine nécessaires à l'organisme pour un métabolisme normal. Il est bien apprécié pour le foie grâce à sa forte teneur en antioxydants, en fer, en zinc, en cuivre, en magnésium, en manganèse, en vitamines du complexe B et en fibres.

Photo 15 : Plat de fonio

Ses grains entiers sont intéressants pour avoir des impacts positifs sur les risques de maladies cardio-vasculaires, de diabète de type 2 (avec ses éléments insulino-sécréteurs), de constipation, de surpoids et de cancers notamment colorectaux.

Le fonio est significativement plus riche que le riz blanc en thiamine (vitamine B1), riboflavine (vitamine B2), calcium, phosphore et fer.

Tableau 22 : Composition du fonio comparé à d'autres céréales

Constituants	Fonio décortiqué	Riz cargo	Sorgho	Mil	Maïs	Blé
Glucides	**85 %**	86 %	84 %	83 %	83 %	82 %
Protides	**10 %**	10 %	11 %	12 %	11 %	14 %
Lipides	**3,5 %**	2,5 %	3,5 %	4 %	4,5 %	2 %
Cendres	**1 %**	1,4 %	1,2 %	1,2 %	1,3 %	2 %

Source : https ://www.earths-goodness.com/products/

Tableau 23 : Valeurs nutritives du fonio

Constituants	50 g (1/4 tasse non cuit)
Calories	180 Kcal
Lipides	0,5 g
Protéines	4 g
Glucides	40 g
Fibres	1 g
Fer	0,8 mg

Source : https ://www.earths-goodness.com/products/

Photo 16 : Beignets au fonio

Avantages du fonio pour le diabétique

L'indice glycémique (IG) du fonio est relativement faible (66) comparativement par exemple à celui du riz blanc (73).

Au fil des ans, de nombreuses études scientifiques ont démontré qu'un régime à faible IG avait un impact positif sur la santé notamment la diminution du risque de diabète de type 2, le contrôle de la glycémie et du cholestérol, le contrôle du poids et la diminution du risque cardio-vasculaire.

Place des racines et tubercules dans l'alimentation des populations africaines (manioc, igname, pomme de terre, patate douce)

Manioc

Le manioc (*Manihot esculanta)* est devenu de nos jours l'aliment de base dans plusieurs pays Africains, notamment en Côte d'Ivoire, au Cameroun, au Gabon, en Guinée Équatoriale et en Île Maurice. Il est souvent cultivé sur de petites parcelles en vue d'une consommation domestique locale sous forme de tubercules frais ou de dérivés séchés. Il est de plus en plus commercialisé par les agriculteurs sur les marchés des centres urbains où il sert à l'alimentation du bétail et à la production d'alcool industriel. Ses feuilles constituent une source importante de protéines à la fois pour les humains et le bétail (Coursey, 1983 ; Lutaladio, 1983).

Composition chimique et valeurs nutritives du manioc

La racine de manioc apparaît comme un aliment essentiellement énergétique. Elle est riche en amidon peu encombré d'indigestibles glucidiques et assez bien pourvue en acide ascorbique. Elle est moyennement riche en lipides, en sels minéraux, en vitamines et, surtout, en protides.

Selon Bigwood-Adriaens et Busson (ORSTOM, 1970), seulement une partie de l'azote contenu dans le manioc est sous forme protidique. Les acides aminés sont très mal équilibrés car seulement 25 % d'entre eux sont essentiels. Cette indigence du manioc tant quantitative que qualitative accentue le déséquilibre des régimes alimentaires. Si l'on peut considérer le manioc comme un aliment précieux pour ses avantages agronomiques, il ne faut pas ignorer qu'en tant que ration alimentaire pauvre en protéines, elle est gravement déséquilibrée.

L'écorce est mieux pourvue en principes nutritifs que le cylindre central, surtout, si l'on tient compte de sa grande richesse en eau et de ses teneurs acceptables en protéines, en fer, en thiamine et en niacine.

En plus de la racine, l'écorce interne du manioc se consomme dans certains pays, notamment au Gabon en période de disette et au Cameroun chez les Fangs, peuple de l'extrême sud du pays (Walker A., 1951).

Les feuilles de manioc sont riches en valeurs nutritives particulièrement en fer, en vitamine A, en protéine et en calcium. Elles contiennent beaucoup de fibres alimentaires efficaces dans la lutte contre la constipation car elles facilitent le transit intestinal. Elles permettent d'éviter les ballonnements. Les feuilles sèches de manioc renferment jusqu'à 36,8 % de protéines, l'amarante ou la baselle - 25 % alors que les haricots en grains secs n'en contiennent que 23,3 %.

Les feuilles de manioc sont consommées partout en Afrique subsaharienne mais sous différentes appellations :

- *Mpondu Saka-Saka* en République démocratique du Congo ;
- *Ngunza* ou *Ngoundja* en République centrafricaine ;
- *Matapa* au Mozambique, *Martaba* aux Îles Comores ;
- *Haaco-Bantara*, *Banankou-Fida*, *Thia-chiyo* ou encore *Manan-Na* en Guinée.

Il existe généralement deux types de manioc, le manioc amer et le manioc doux.

Le **manioc amer**, avant d'être apte à la consommation, doit subir plusieurs traitements complexes dans le but de supprimer sa toxicité par l'élimination des minotroxosides. Cela se fait par son épluchage (rejet de la fêlure de substances toxiques), son immersion prolongée dans de l'eau pendant toute une journée pour dissoudre les glucosides et après par son broyage et son séchage sur le feu ou au soleil. Ensuite, on procède à sa cuisson ; ce qui permet d'éliminer l'acide cyanhydrique contenu en son sein et qui peut provoquer de graves intoxications mortelles. Ce traitement du manioc est à l'origine du *Medua-me-mbong*, un repas prisé par les peuples Ewondos du centre-sud du Cameroun.

Le **manioc doux**, quant à lui, peut être consommé cru, après simple épluchage ou après avoir été bouilli.

Qu'il soit doux ou amer, le manioc est traditionnellement utilisé sous forme de farine après séchage au soleil et sous forme de bâton après cuisson étuvée.

D'après Busson et Bergeret (1958), la composition de leurs protides en amino-acides est beaucoup mieux équilibrée que celle des protides de la farine de tubercule.

Tableau 24 : Composition chimique du manioc (pour 100 g de partie comestible)

	Racine	Écorce	Feuilles
Nombre d'échantillons analysés	5	4	-
Calories	165 (158-180)	114 (114-117)	59
Humidité (g)	58,3 (54,4-62,7)	70,2 (69,6-71,7	83,8
Protides (g)	0,63 (0,46-0,84)	2,54 (2,10-3,48)	7,4
Lipides (g)	0,2 (0,1-0,3)	0,3 (0,2-0,3)	1,3
Glucides totaux (g)	40,1 (38,5-44,1)	26,1 (25,3-27,0)	6,2
Indigestibles glucidiques (g)	0,8 (0,8-0,8)	2,4 (2,0-2,9)	-
Cendres (g)	0,7 (0,6-0,9)	0,9 (0,6-1,4)	1,3
Calcium (mg)	17 (16-21)	67 (55-82)	260
Phosphore (mg)	51 (30-97)	23 (13-31)	74
Calcium/phosphore	0,34 (0,17-0,60)	2,91 (1,99-5,48)	3,5
Fer	0,6 (0,2-0,8)	5,8 (1,8-14,0)	2
Thiamine (mg)	0,04 (0,03-0,05)	0,22 (0,19-0,23)	-
Riboflavine (mg)	0,02 (0,02-0,03)	0,04 (0,04-0,04)	-
Niacine (mg)	0,67 (0,54-0,81)	1,0 (0,89-1,09)	-
Acide ascorbique (mg)	25 (21-28)	20 (16-25)	242

Source : Pele J. et Le Berre S. (1966)

Recettes de semoule de manioc en Côte d'Ivoire

En Côte d'Ivoire, la culture du manioc a connu un grand développement par l'augmentation de la production, surtout dans la région d'Abidjan où elle a une importance alimentaire considérable. On trouve le manioc généralement sur le marché sous forme de racines destinées par la suite à des préparations culinaires.

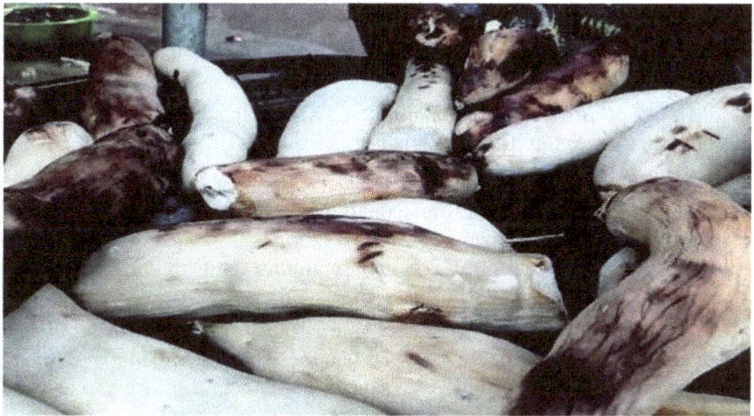

Photo 17 : Manioc braisé

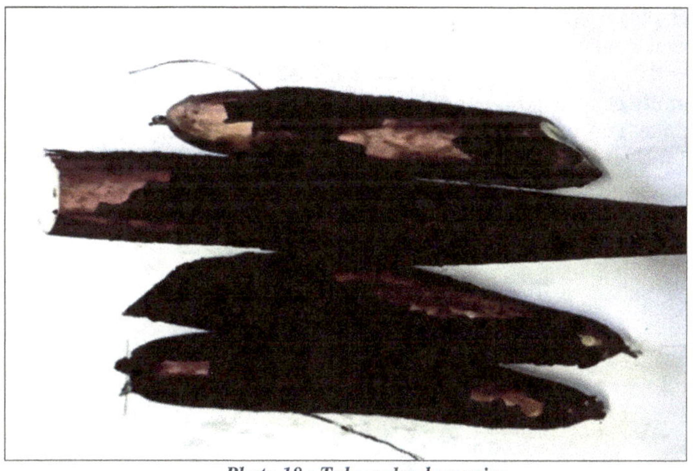

Photo 18 : Tubercules de manioc

Le manioc se consomme essentiellement sous les différentes formes suivantes : Attiéké, Placali, Foutou et Konkoundé.

- **l'Attiéké :** il est un mets traditionnel de la gastronomie ivoirienne obtenu par cuisson à la vapeur de semoule de pulpe de manioc fermentée. Il s'agit d'un aliment à forte teneur en calories, au goût aigrelet, souvent accompagné de poissons ou de poulets braisés et de crudités, d'une sauce claire ou sauce graine (issue des noix de palme) selon les préférences. Originaire du sud de la Côte d'Ivoire, l'Attiéké est traditionnellement produit par les femmes Adioukrou de Dabou et les Ébriés d'Abidjan des localités d'Adjamé, d'Abobodoumé, d'Anono, de Blokosso, etc.

On distingue globalement quatre types d'Attiéké :

- l'*Attiéké Aboudjama :* il se présente en gros grains. Il est destiné à la consommation familiale ;
- l'*Attiéké Ministre* ou *N'Thonien :* il est *l'Attiéké* haut de gamme servi lors des cérémonies familiales, religieuses et les Fêtes de génération ;
- l'*Attiéké Aite :* il ressemble à des grains de sable ;
- l'*Attiéké Garba :* il est le plus connu à l'étranger. Il est accessible aux populations à faibles revenus grâce à sa fabrication facile qui dure à peine six bonnes heures (contre 72 heures minimum pour les autres) et à son coût moindre.

- **le Foutou manioc :** il s'agit de manioc pilé associé souvent avec de la banane plantain pour former une pâte lisse jaune semblable à du pain. Il se consomme accompagné de diverses sauces notamment, la sauce graine avec du poisson. Sa cuisson est facile et ne dure que 10 à 15 mn ;
- **le Placali :** une autre forme de recette préparée à partir de la pâte de manioc mais plus souple que le *Foutou.* Il se prépare en pilant dans un mortier la pâte de manioc en quelques minutes avant de la retirer et d'ajouter de l'eau pour délayer. Ensuite, à l'aide d'un tamis, on passe au crible la pâte dans la marmite et on dépose le résidu obtenu pendant 30 mn à 1 h pour qu'il se décante. Puis on le remet dans la marmite et on le met au feu. Plus tard, on le remue avec une spatule tout en veillant à ce qu'il n'y ait pas de grumeaux. Une fois prêt, le *Placali* est servi le plus souvent avec la sauce gombo ou la sauce *Djoumgblé.*

Photo 19 :Vente du Placali au banco 2, Yopougon, Abidjan

- **le Konkoundé :** une farine de manioc cuite à l'eau bouillante sous forme de pâte plus compacte que le *Placali* mais de couleur souvent noirâtre. Cette coloration est la conséquence de son exposition régulière au soleil avant sa conservation. Il est beaucoup plus consommé à l'Ouest de la Côte d'Ivoire par l'ethnie Yacouba qui en fait des recettes avec des sauces gluantes (*Kplala*, gombo ou lianes de certains arbres).

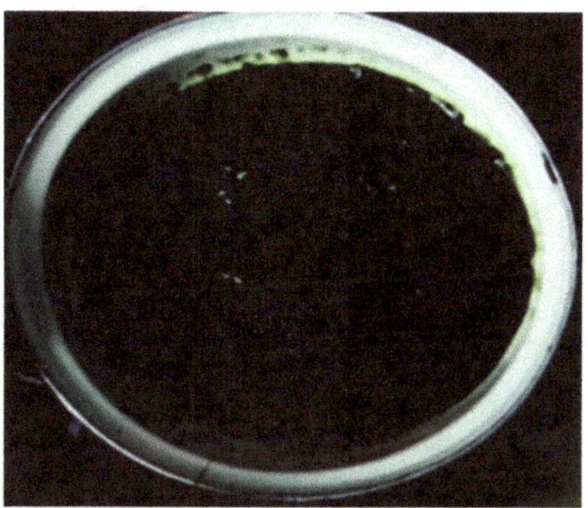

Photo 20 : Sauce feuilles gluantes au Kplala

Recettes à base de semoule de manioc en Guinée

En Guinée, la forme de préparation la plus répandue dans tout le pays est le *Tô* ou le *Torry* qui est une pâte de manioc bouilli. Le manioc peut en plus être préparé et pilé (*Manan-Guélen*) ou braisé (*Manan-Mon*).

Le **Manan-Guélen** est une forme de semoule obtenue à partir de manioc épluché, bouilli puis pilé. Il est consommé en Guinée forestière sous forme de boules avec de la sauce faite à base de liane ou de gombo accompagnée de viande de brousse séchée ; ce qui donne un parfum spécifique à la sauce. Il est préparé à la demande du chef de famille, surtout quand il reçoit des étrangers. Il fait l'objet d'un commerce intense tenu par les femmes sur les places publiques.

Le **Manan-Mon :** il s'agit de manioc braisé très sollicité par les ouvriers sur les chantiers de construction, dans les gares routières et les quartiers populaires. C'est une denrée accessible et très commercialisée en Guinée forestière.

Photo 21 : Pâte de Tô

Tableau 25 : Composition en µg pour 100 g de matière sèche de manioc

Constituants	Thiamine	Riboflavine	Niacine
Farine avant cuisson	60	103	793
Pâte après cuisson	58	98	863
Pourcentage de différence	-3	-5	+9

Source : Annales de nutrition et de l'alimentation, vol. 25 (1971)

Recettes de semoule de manioc au Cameroun

Au Cameroun, le bâton de manioc ou *Bobolo* est un mets très prisé. Il se prépare en 10 étapes comme suit : 1) Tremper les racines de manioc dans de l'eau pendant 3 à 5 jours. Quand elles sont molles, enlever les fibres de la pulpe ; 2) Laisser fermenter pendant 1 jour pour égoutter ; 3) Mettre la pulpe émiettée dans des sacs de jutes bien fermés sur lesquels on pose des objets lourds pour laisser passer l'excédent d'eau ; 4) Écraser finement la pâte ; 5) Emballer dans des feuilles et attacher avec des fibres de bambous ou des ficelles alimentaires ; 6) Prélever la pâte de manioc et la rouler pour obtenir des bâtonnets de 7 à 9 cm de longueur et 2 à 3 cm de diamètre selon les envies ; 7) Déposer la pâte de manioc sur la longueur de la feuille généralement doublée, laisser 2 cm à chaque extrémité, rabattre, rouler puis ficeler ; 8) Mettre les bâtons ainsi obtenus dans une casserole avec juste un peu d'eau et un couvercle au fond ou bien des feuilles de bananier ; 9) Cuire à la vapeur pendant 1 h à 1h30 et 10) Conserver dans un réfrigérateur ou congélateur pendant plusieurs mois (Camerdish, 2024).

Photo 22 : Bâtons de manioc « Bobolo »

Les bâtons de manioc peuvent être facilement transportés d'une localité à une autre pour leur commercialisation. Ils constituent l'aliment de choix des voyageurs. Au moment d'être consommés, ils sont dépouillés de leurs enveloppes. Ils se présentent alors sous une forme translucide, élastique et ferme. Cette même nourriture est faite avec des méthodes de préparation identiques au Congo et en RDC sous les appellations de *Chikwangue* et de *Mangbèré*, en République centrafricaine.

Autres recettes de semoule de manioc en Afrique de l'Ouest et du Centre

Ces recettes comprennent : le gari et les biscuits de manioc.

- le **gari :** c'est un manioc râpé, fermenté puis séché. Il constitue la principale denrée alimentaire au Nigéria. Il est très apprécié dans l'Ouest du Cameroun, au Togo et au Bénin. Il s'agit d'une semoule finement granulée, issue de tubercules de manioc décortiqués, lavés puis râpés. La pulpe obtenue est mise dans des sacs puis pressée pendant une bonne semaine, comprimée entre des planches pour extirper le suc. Par la suite, elle est tamisée afin d'éliminer les fibres et les gros morceaux mal écrasés, déshydratée et enduite d'huile de palme avant d'être passée au feu doux, jusqu'à l'obtention d'un produit granulé de couleur crème à saveur acidulée.

  Le gari peut se conserver pendant plusieurs mois. Il est souvent consommé froid après l'avoir fait gonfler dans de l'eau sucrée ou, quelques fois, dans du lait. Il peut pareillement être consommé sous forme de *Tô* préparé avec de l'eau chaude et accompagné de sauce ;
- les **biscuits de manioc :** le manioc est essentiellement consommé en Île Maurice sous forme de biscuits, le plus souvent aromatisés à la cannelle, à la crème anglaise, à la noix de coco ou encore au sésame (Kouassi Jules, 2015).

Igname

L'igname est un tubercule des pays tropicaux généralement rencontré en Afrique de l'Ouest et du Centre où elle est intégrée dans les mœurs et coutumes (Bénin, Burkina Faso, Cameroun, Côte d'Ivoire, Ghana, Nigéria, Mali, Togo). Elle est célébrée régulièrement par différents groupes ethniques.

Au Nigéria, chez les Igbos, les cérémonies de mariages ou de baptêmes sont célébrées autour de plats d'ignames. Toutes les autres nourritures sont secondaires car l'igname reste et demeure ici l'aliment de base.

En Côte d'Ivoire, en début de chaque année, les peuples Akans rendent hommage à ce tubercule nourricier qui, semble-t-il, a sauvé le peuple Ashanti lors de son exode de l'ancien Ghana vers la Côte d'Ivoire. La fête rassemble tout le groupe Akan autour du souverain pour rendre grâce aux ancêtres, fêter la fin de l'année et prier pour bien entamer la nouvelle année. C'est un moment de grande réjouissance pour l'abondance des récoltes.

L'igname est considérée comme un produit noble dont la consommation nécessite des sacrifices. Ainsi chez les Abbey, la consommation des récoltes d'ignames doit être précédée par une fête dirigée par les Chefs de villages, les Représentants du Conseil supérieur des Rois et Chefs traditionnels et les Chefs de terres. Des offrandes rituelles (ou libations) sont alors faites à l'adresse des divinités. Les cérémonies de mariages sont précédées de séances de purification. À cet effet, des repas de noces sont préparés avec de l'igname accompagnés de gibiers, de poissons et d'huile de palme.

L'igname est omniprésente dans toutes les grandes cérémonies notamment durant les cérémonies rituelles. À ces occasions, des ignames sont offertes aux invités de marque (Coursey, 1967 ; Gbedolo, 1991).

Dans les grands centres urbains, l'igname est de nos jours de plus en plus consommée sous forme de cossettes bien appréciées au Bénin, au Togo et au Nigéria (appelées *Amala* ou *Télibo*). Elles s'obtiennent à partir de petits tubercules épluchés, précuits et séchés au soleil ou de pâte préparée à partir de farine d'igname.

Plusieurs recettes à base d'ignames sont recensées. On note par exemple :

- l'*Akpéssi :* recette faite à base d'igname ou de banane plantain accompagnée d'une sauce d'aubergines africaines, de poisson fumé et de tomate ;
- le Ragoût d'igname à la viande de bœuf ;
- l'Igname bouillie aux feuilles de taro ;
- le *Foutou igname* consommé surtout chez les Baoulés au Centre, à l'Est et au Nord de la Côte d'Ivoire. Il s'obtient en préparant une pâte d'igname pilée accompagnée souvent de sauce aubergine.

Propriétés chimiques

L'igname a une composition voisine de celle de la pomme de terre avec une richesse plus grande en matières azotées. Elle est constituée d'eau (50 - 80 %) et de glucides (90 %) de la matière sèche dont le constituant principal est l'amidon. Certaines ignames récoltées avant maturité ou issues de plantes sauvages non domestiquées peuvent avoir un goût amer provenant de la présence de tanins ou de substances toxiques (raphide d'oxalate ou dioscorine) mais, comme pour la pomme de terre, elles sont éliminées à la cuisson.

Propriétés nutritionnelles

Comme le dit l'adage, « l'igname fait l'homme ». Qu'elle soit aérienne ou souterraine, l'igname, à l'instar des autres tubercules alimentaires, est un produit à forte valeur nutritionnelle et diététique, riche en amidon, sels minéraux, protéines et vitamines. Elle apparaît comme l'un des tubercules les plus intéressants en matière d'apports nutritionnels. Elle est riche en vitamine C qui favorise le métabolisme, en vitamines B2 (thiamine) et B3 (niacine) permettant l'assimilation des glucides, de fer et la coloration spécifique du sang.

D'après Ousmane Badiane (2023) dans son article sur les multiples bienfaits de l'igname pour la santé, l'igname est une excellente source de fibres (4 % contre 2 % dans la pomme de terre et 1 % dans le riz), de vitamines (notamment B1, B6, C), de minéraux comme le cuivre, le manganèse, le phosphore, le potassium et des antioxydants.

L'igname est par excellence un aliment énergétique, le plus riche de tous les tubercules en protéines. Mais elle est pauvre en matières grasses.

Selon Bell et Favier (1979), sur la base d'une consommation moyenne de 215 g d'igname par personne par jour, l'igname pourrait satisfaire en moyenne :

- 6 % des besoins énergétiques d'un adulte ;
- 6 % des besoins en protéines ;
- 10 % des besoins en calcium ;
- 16 % des besoins en phosphore ;
- 7 % des besoins en fer ;
- 12 % des besoins en thiamine.

Aliment à féculent ou à hydrates de carbone, contenant peu de lipides, la consommation de l'igname doit être nécessairement accompagnée de viande, de poissons ou de sauces afin d'obtenir un régime alimentaire équilibré.

Propriétés médicinales

Les propriétés médicinales de l'igname sont connues des sociétés traditionnelles. Au Mexique par exemple, l'igname était utilisée du temps des Aztèques comme analgésique locale et pour le traitement des rhumatismes (passeportsante.net, 2010).

De manière générale, en Amérique centrale, l'igname est utilisée pour lutter contre les troubles des menstrues, soulager les états nauséeux de la femme enceinte, faciliter les accouchements ou pour prévenir les fausses couches. En Chine et au Belize en Amérique centrale, elle sert à soigner les infections.

D'après la diététicienne Léa Zubiria (2014), l'action des fibres ou des stérols ou l'action combinée de ces composés diminuerait l'absorption des gras dans l'intestin. La consommation quotidienne de près de 400 g d'igname (environ 5 portions), pendant 30 jours diminuerait le taux de cholestérol total sans avoir d'effet sur le LDL et le HDL (passeportsante.net, 2014).

En 1940, la plante a suscité beaucoup d'intérêt, lorsque Russell Marker a découvert qu'elle était riche en diosgénine et en dioscine, des composés qu'il pourrait assez facilement transformer en DHEA, en progestérone et en œstrogène, des hormones qui, à l'époque étaient très difficiles à produire. Cette découverte a permis la fabrication industrielle de la pilule contraceptive. Depuis les années 1990, des suppléments et des crèmes à base d'ignames sont apparus sur le marché. Aujourd'hui, c'est l'igname qui sert de matière première à la DHEA, réputée pour ses effets anti-vieillissement ou du moins, le ralentissement de la dégénérescence du corps humain (passeportsante.net, 2010).

Plusieurs espèces d'ignames contiennent de petites quantités variables de sapogénines (diosgénine) et d'alcaloïdes (dioscorine). Toutes les sapogénines importantes de l'igname sont des structures stéroïdales et sont très proches de la cortisone. L'industrie pharmaceutique les utilise comme matière première pour la fabrication des médicaments corticostéroïdes qui servent d'anti-inflammatoires, de stimulants métaboliques et d'antidépresseurs (Asiedu, 1991). L'igname peut être utilisée en association avec le soja qui est connu pour son activité œstrogène-like. Cependant, il s'avère que les phytohormones ne sont pas exemptes d'effets secondaires, elles sont donc contre-indiquées dans un certain nombre de situations (Pharmashopi, 2024).

L'igname contient des composés antioxydants, tels que les vitamines C et E ainsi que divers phytonutriments. Il s'agit d'antioxydants qui aident à neutraliser les radicaux libres dans le corps, réduisant ainsi les risques de maladies chroniques comme les maladies cardiaques et certains types de cancer.

Pomme de terre

La pomme de terre est un légume considéré comme un féculent en raison de sa richesse en amidon. Elle représente une bonne source d'énergie. Elle offre de bonnes teneurs en vitamine C et en minéraux qu'il faut préserver en la cuisinant sans matières grasses. La cuisson est nécessaire pour l'assimilation de l'amidon mais il est recommandé de la consommer avec la peau.

La pomme de terre est source de vitamine C et de vitamines du groupe B, notamment les vitamines B1 et B3. Elle comporte une quantité importante de minéraux : potassium, phosphore, magnésium et de nombreux oligo-éléments : fer, zinc, cuivre, manganèse. Les fibres sont peu abondantes (1 g pour 100 g contre 2,5-3,5 g pour les légumes verts).

La peau et la chair de la pomme de terre varient de la couleur jaune pâle au violet ou rose. La chair renferme 77 % d'eau contre plus de 90 % pour les légumes verts. Elle a un taux en glucides 3 à 5 fois plus important que les autres légumes frais. Elle est essentiellement constituée d'amidon à 90 % et de petites quantités de glucose, saccharose et fructose ; les protéines étant bien représentées. Les lipides en revanche ne sont présents qu'à l'état de trace. Les pommes de terre rouges et violettes renferment des antioxydants : flavonoïdes (anthocyanines), lutéine et zéaxanthine.

Qualités nutritionnelles de la pomme de terre

La pomme de terre présente un profil nutritionnel riche et varié, avec tous les avantages d'un féculent, et des fibres, des vitamines et des minéraux. C'est un aliment diététique qui s'intègre bien dans les régimes hypocaloriques.

Moyennement calorique (85 Kcal dans 100 g), la pomme de terre se rapproche des autres féculents comme le riz.

Tableau 26 : Apports nutritionnels moyens de la pomme de terre

Valeurs énergétiques	
Types	**Quantités (g)**
Glucides	19
Protides	2,0
Lipides	0,1
Énergie	85 Kcal
Vitamines	
Vitamines	**Quantité (µg)**
B1	0,09
B2	0,03
B3	1,50
B6	0,2
C	13
Minéraux	
Minéraux	**Quantité (mg)**
Potassium	564
Magnésium	27
Fer	0,80
Autres	
Fibres	**Quantité (mg)**
Fibres	1,5

Source : Soud SW. Creff AF. & ANC Tec et Doc, 2001

Sa teneur en glucides totaux est de 19 g dans 100 g de pomme de terre cuite avec la peau, fournissant subséquemment de l'énergie sur la durée, en la faisant rapprocher de la famille des féculents. Mais c'est aussi un légume, puisqu'elle est majoritairement constituée d'eau à 80 %. La pomme de terre sèche se compose de 80 % d'amidon, 7 % de fibres, 3 % de protéines et 10 % de minéraux et vitamines.

Pour un adulte, en dehors d'un régime hypocalorique, on estime qu'il faut en moyenne 250 – 300 g de pomme de terre non pelées pour se faire plaisir lors d'un repas. Cette quantité couvre une bonne partie des besoins nutritifs de l'organisme, soit :

- 15 % des fibres ;
- 40 - 50 % des acides aminés ;
- 56 % du potassium ;
- 19 % du magnésium ;
- 20 % du fer ;
- 28 % du cuivre ;
- 50 % du manganèse ;
- 35 % de la vitamine C.

Selon l'Étude Individuelle Nationale des Comportements Alimentaires 2 (INCA2 de l'ANSES), la pomme de terre primeur officiellement commercialisée entre février et juillet, contiendrait 2 fois plus de vitamine C que la pomme de terre de conservation ; soit 40 mg pour 100 g au lieu de 20 mg pour 100 g. Les exemples de la Guinée et du Rwanda sont cités dans l'ouvrage.

En Guinée, les tubercules viennent en deuxième position après le riz en tant qu'aliment de base des populations. La place de la pomme de terre dans la consommation des ménages diffère selon les régions, la période et les habitudes alimentaires. La culture de la pomme de terre est surtout pratiquée sur les plateaux du Fouta-Djalon où sa production connaît une forte progression. Elle est considérée aujourd'hui comme une source de revenus importante pour les paysans producteurs de cette région. L'essentiel de la production commercialisée est écoulé sur les marchés urbains du pays.

La croissance régulière des volumes et le contexte économique national et sous-régional favorable ont permis depuis quelques années l'apparition et l'intensification progressive des flux à l'exportation vers les pays voisins, essentiellement le Sénégal, la Guinée-Bissau et la Sierra Léone.

On cultive plusieurs variétés, dont entre autres : Trinité, Bintje, Nicola, Désirée, Maradona, Spunza, Mundial, Ajiba, et Élodie. Parmi ces différentes variétés, les plus appréciées sont Nicola et Spunza. La variété Nicola se conserve plus facilement ; ce qui justifie son adoption par une grande majorité des producteurs (USAID Guinée, 2006).

Sur le plan local, la consommation de la pomme de terre se fait de diverses manières : sous forme de bouillie avec la peau accompagnée d'œufs préparés et de légumes frais (tomate, oignon) et sous forme de frites, surtout, lors des grandes cérémonies de mariages ou de baptêmes et lors des grandes rencontres festives.

Au Rwanda, la pomme de terre est cultivée sur 166 000 ha par an. Son rendement est supérieur à 9,7 tonnes à l'hectare. En plus de la consommation intérieure, le Rwanda exporte une grande quantité de sa production de pomme de terre vers certains pays voisins comme le Burundi, la RDC et l'Ouganda.

On cultive plusieurs variétés de pommes de terre au Rwanda (Ngunda, Gikungu, Urizero, Nderera). Elles ont été obtenues à travers la culture in-vitro et ont été diffusées dans certaines parties du pays pour la lutte contre la famine.

La pomme de terre se prête à plusieurs types de cuisson et de recettes (poêlées, vapeur, en purée, au four ou en potage) qui facilitent son intégration dans l'alimentation quotidienne des populations.

Encadré 5 : Comment cuire la pomme de terre ?

L'amidon (glucides complexes présents dans les végétaux) confère à la pomme de terre les qualités d'un féculent ; elle fournit de l'énergie à l'organisme sur la durée et favorise la satiété. Les fibres ralentissent la digestion des glucides et prolongent dans le temps leur efficacité, et donc, facilitent un bon transit.

En plus de l'amidon et des fibres, la pomme de terre contient plusieurs vitamines et micro-éléments :

- les vitamines du groupe B (B1, B2, B3, B6) utiles pour les échanges nerveux ;
- la vitamine B1 qui joue un rôle essentiel dans la transmission nerveuse et la transformation des glucides en énergie ;
- la vitamine C qui renforce le système de défense immunitaire ;
- le potassium, le fer et le magnésium qui facilitent le passage de l'amidon dans la paroi intestinale.

Une cuisson d'au moins 20 minutes à l'eau ou à la vapeur est nécessaire. Elle est importante car elle modifie l'index glycémique (IG), autrement dit le temps d'assimilation des glucides par l'organisme après la digestion. Une cuisson courte permet de limiter les pics glycémiques liés à la transformation de l'amidon. Il est préférable d'éviter les cuissons à une température très élevée comme dans le cas des fritures ou les cuissons trop longues (au four et à l'eau pour les purées). Dans le cas échéant, l'association avec les légumes verts et les protéines (viande, œufs et poisson) permet de diminuer l'IG du repas.

Pour préserver l'ensemble des vitamines et des minéraux, il est préférable de faire cuire la pomme de terre avec la peau car l'épluchage diminuerait la quantité de vitamines et de minéraux tout en favorisant leur dissociation dans l'eau. Seule la vitamine C, qui est très fragile, est mieux préservée. Trois cents grammes (300 g) de pomme de terre cuite couvriraient 25 % des AJR (Apports Journaliers Recommandés). La pomme de terre pelée contient entre 30 et 50 % de minéraux de plus que la pomme de terre épluchée, le chrome disparaît même avec la peau.

Source : Nadine Ker Armel, 2017

Patate douce

La patate douce est un légume riche en glucides consommé en tant que féculent. Elle est une source d'énergie, de protéines végétales, de vitamine C et de potassium. Elle est calorique (93,2 Cal/100 g) du fait de la présence d'amidon. Elle renferme des acides phénoliques (acide chlorogénique) et des flavonoïdes (catéchines). Ces composés antioxydants protègent les cellules du corps des dommages causés par les radicaux libres.

Elle est riche en vitamines du groupe B, potassium et manganèse. En revanche, elle n'apporte pas de lipides.

La patate douce contient de l'amidon, un glucide complexe qui, comme les fibres alimentaires, n'est pas digéré par les enzymes intestinaux humains et n'est pas absorbé par l'intestin grêle.

Tableau 27 : Valeurs nutritionnelles et caloriques de la patate douce

Nutriments	Teneur moyenne
Énergie	77,0 Kcal
Eau	80,13 g
Protéines	1,37 g
Glucides	17,72 g
Lipides	0,14 g
Fibres alimentaires	2,5 g

Source : https ://www.lanutrition.fr/patate-douce-bouillie#proteines

Les feuilles de patate douce sont riches en protéines, bêta-carotène, calcium, phosphore, fer et vitamine C. En général, plus les feuilles sont foncées, plus elles contiennent de la vitamine A. Elles sont riches en composés phénoliques et contiennent des anthocyanines. La FAO classe les feuilles de la patate douce comme un des dix principaux légumes antioxydants (santé éducation, 2021).

Conclusion

La bonne connaissance des traditions culinaires et des valeurs des condiments qui les accompagnent est capitale pour les populations dans la recherche d'une alimentation équilibrée.

Avec le développement des maladies liées à la malbouffe, il importe de faire un retour aux sources pour en tirer les meilleures recettes pour le bénéfice de la santé humaine. L'ouvrage donne à ce propos une multitude d'informations utiles sur les denrées alimentaires disponibles dans les pays et les différents mets qu'on peut en faire.

Quelques conseils pratiques sont délivrés aux lecteurs pour les aider, en fonction de leurs besoins nutritionnels, à choisir les aliments les mieux adaptés à leurs corps et à leurs environnements.

CHAPITRE 4 : LÉGUMES

Introduction

Les légumes représentent toute une diversité de plantes jouant un rôle fonctionnel et peu énergétique (légumes-fruits, légumes-feuilles, légumes-fleurs, légumes-bulbes, légumes-racines, légumes-secs). Ils sont largement consommés en Afrique, généralement comme compléments alimentaires.

Caractéristiques des légumes

Les légumes sont faibles en calories mais riches en fibres. Ils recèlent presque toutes les vitamines et tous les minéraux dont le corps a besoin. Ils aident à réduire le risque de nombreuses maladies chroniques, notamment le diabète, les maladies cardiaques, les accidents vasculaires cérébraux (AVC) et certains cancers. Manger des légumes peut aider à perdre, sinon à mieux gérer le poids et à améliorer la santé intestinale.

Légumes-fruits

Les légumes-fruits sont consommés en tant que légumes et en tant que fruits. Ils sont nombreux et comptent parmi eux : des solanacées (tomates, piments, aubergines, morelles, etc.), des cucurbitacées (courges, courgettes, melons, pastèques, concombres, etc.) et des légumineuses (pois, fèves, haricots, soja, etc.). Le melon par exemple se consomme comme fruit (au dessert) ou comme légume (en hors-d'œuvre).

Photo 23 : Diversité de légumes dans un supermarché d'Abidjan

Les légumes-fruits sont essentiellement pourvus de beaucoup d'eau. Certains parmi eux contiennent plus de 90 % de leur poids en eau ajoutés à des vitamines et des fibres. Ils sont par moments une alternative idéale, désaltérante. Les teneurs en eau sont élevées : concombre (97 %), laitue (95,8 %), tomate (94,6 %), courgette (94,1 %), fraise (91,6 %), melon (91,1 %), pastèque (91,1 %), pamplemousse (89,8 %) et citron (89,2 %).

Les légumes-fruits peuplent les jardins potagers. Ils ne font pas partie des éléments nutritifs essentiels, mais ils peuvent avoir des effets positifs sur la santé. En effet, ils détiennent plusieurs substances phytochimiques telles que : le bêta-carotène, le lycopène, la lutéine, le resvératrol, les anthocyanidines et les isoflavones. Les couleurs rouge, bleu et violet des fruits rouges proviennent principalement des composés phytochimiques polyphénoliques appelés anthocyanes.

Piment (Capsicum) : il appartient à la famille des Solanacées. Il est cultivé partout en Afrique. Ses couleurs varient selon les variétés : jaune, orange ou rouge foncé. Il est consommé cru ou cuit comme légume, condiment ou épice. Ainsi, suivant l'usage qu'on en fait, on distingue le piment légume qui désigne la plante maraîchère dont les fruits sont consommés tels quels ou après une préparation culinaire (piment fort ou poivron), du piment épice cultivé de façon industrielle et destiné à la production de poudre (Hamza, 2010).

Le piment cru possède une valeur nutritive proche de celle de son très proche cousin le poivron, parfois surnommé piment doux. Peu calorique, peu sucré, riche en eau et en fibre, c'est un véritable allié des régimes minceur (AgriShop, 2024).

Ses fruits renferment des flavonoïdes, des hétérosides, des capsicosides, des pigments caroténoïdes et une essence aromatique. Selon la variété, les piments les plus forts sont ceux qui ont le taux le plus élevé de capsaïcine, la principale substance qui confie à la plante leurs saveurs brûlantes. La famille des piments est aussi caractérisée par une teneur élevée en vitamine C.

D'après Santé Magazine (2024), le piment est très riche en micronutriments. Il contient notamment de nombreux minéraux et oligo-éléments, tels que le fer, le cuivre, le manganèse, le magnésium et le phosphore.

Côté vitamines, c'est la vitamine C qui prime, avec une teneur trois fois supérieure à celle de l'orange. Elle contient également de la vitamine B6, qui contribue à la fabrication des globules rouges, et de la vitamine K, qui collabore à la coagulation sanguine. Sa jolie couleur rouge est liée à la présence en quantité très intéressante de bêta-carotène et en lutéoline, deux pigments antioxydants.

Enfin, le piment possède une grande variété d'antioxydants, dont la concentration augmente au fur et à mesure de son mûrissement. On y trouve notamment de la capsaïcine, de la quercétine, ainsi que des flavonoïdes et des alpha-tocophérols. La capsaïcine est d'ailleurs responsable de plusieurs bienfaits santé du piment. Ce composé chimique est celui qui donne une saveur piquante aux piments forts et très forts. C'est elle qui est responsable de la sensation de chaleur et de brûlure sur les papilles lors de l'ingestion de plats pimentés. Plus il y a de capsaïcine dans un aliment, plus celui-ci brûle la bouche.

Tableau 28 : Composition et valeur nutritionnelle du piment frais

Nutriments	Teneur pour 100 g
Eau	87,9 g
Protéines	1,87 g
Glucides - dont sucres - dont amidon - dont fibres alimentaires	7,7 g 5,3 g 2,3 g 1,65 g
Lipides : - dont acides gras saturés - dont acides gras monoinsaturés - dont acides gras polyinsaturés	0,32 g 0,031 g 0,018 g 0,17 g

Source : Magazine santé, 2024

Photo 24 : Piments locaux

Melon (Cucumis melo) : c'est un fruit délicieux et rafraîchissant qui offre de nombreuses propriétés nutritionnelles.

Tout comme le concombre, il est composé d'environ 90 % d'eau, ce qui en fait un excellent choix pour rester hydraté, surtout pendant les saisons chaudes. Sa teneur en calories est faible. Environ 100 grammes de melon contiennent seulement 30 calories. Le melon est riche en vitamines A et C. La vitamine A est essentielle pour la santé des yeux et la fonction immunitaire alors que la vitamine C joue un rôle clé dans le soutien du système immunitaire, la santé de la peau et la protection contre le stress oxydatif.

Le melon est riche en potassium, un minéral qui aide à réguler la pression artérielle et à maintenir l'équilibre hydrique dans le corps. Il contient également des antioxydants, tels que le lycopène et le bêta-carotène, qui aident à protéger les cellules contre les dommages causés par les radicaux libres.

Tableau 29 : Valeurs nutritionnelles pour une portion de 100 g de melon

Nutriments	Teneur moyenne	Répartition nutritionnelle
Protéines	0,84 g	9,1 %
Lipides	0,19 g	2,1 %
Glucides	8,16 g	88,8 %
Cendres	0,65 g	-
Énergie	34 Kcal	-

Source : https ://www.lanutrition.fr/melon

Photo 25 : Melon

Pastèque (Citrullus lanatus) : c'est un fruit délicieux et composée d'environ 82 % d'eau. Cela en fait l'un des meilleurs fruits pour s'hydrater en périodes de chaleur. Le maintien de l'hydratation est essentiel pour la santé, car même un niveau relativement bas de déshydratation peut engendrer de la fatigue, des maux de tête et des crampes musculaires.

La pastèque a une faible densité calorique, ce qui signifie qu'une grande tranche de pastèque a un apport calorique relativement faible. Elle est riche en composés appelés caroténoïdes, dont le bêta-carotène qui se transforme en provitamine A essentielle pour la santé des yeux et de la peau. Elle contient aussi du sucre, des fibres et des nutriments essentiels comme les vitamines A, B6 et C, des antioxydants, des lycopènes, des acides aminés, et du potassium. Le lycopène aide à réduire les risques de certains cancers et de maladies chroniques telles que le diabète de type 2.

Les graines de la pastèque sont riches en protéines, en magnésium, en vitamine B et en bonnes graisses ainsi qu'en citrulline et arginine ; deux acides aminés qui renforcent le tonus vasculaire et régulent la tension artérielle en faisant élargir les vaisseaux sanguins.

Tableau 30 : Valeurs nutritionnelles et caloriques de 100 g de pastèque

Nutriments	Teneur moyenne
Calories	30 Kcal
Protéines	0,6 g
Glucides	7,6 g
Sucres	6,2 g
Lipides	0,2 g
Fibres	0,4 g
Vitamine C	8,1 mg
Vitamine A (bêta-carotène)	569 UI
Potassium	112 mg
Magnésium	10 mg
Lycopène	4,5 mg
Glucides	7,6 g
Sucres	6,2 g

Source : Doreen Pinel, 2020

Photo 26 : Pastèque

Tomate (Solanum lycopersicum) : elle fait partie des légumes les moins énergétiques avec son apport de 18,40 Kcal pour 100 g alors que l'apport moyen des légumes frais est de 35,26 Kcal.

Grâce à sa richesse en vitamines A, C et E, mais également en calcium, en potassium et en lycopène, la tomate empêche le mauvais cholestérol de s'attacher aux parois des vaisseaux sanguins, ce qui entraîne leur hypertrophie, et l'augmentation de la tension artérielle. Elle est très riche en lycopène ; un composé qui lui donne sa couleur rouge, et qui permet de prévenir l'apparition de certains cancers comme le cancer du sein, de la prostate, de l'estomac ou encore du côlon (Mélanie P., 2017).

Tomates fraîches

Le tableau 31 apporte, pour chaque composant, des données sur leurs teneurs moyennes et les quantités minimales et maximales de nutriments contenues dans 100 g net de tomates crues.

Photo 27 : Tomates

Tableau 31 : Composition nutritionnelle de la tomate

Composants	Quantité (grammes)	Min – Max (grammes)
Eau	94,1	88 - 96,6
Protéines	0,86	0,5 - 1,3
Lipides	0,26	0,07 - 0,8
Glucides	2,26	NC
Fibres	1,2	0,7 - 3,2
Acides organiques	0,39	NC

NB: Composition moyenne donnée à titre indicatif : les valeurs sont à considérer comme des ordres de grandeur, susceptibles de varier selon les variétés, la saison, le degré de maturité, les conditions de culture, etc. Les données sur les polyphénols sont issues de la base Phenol-Explorer 3.0. Toutes les autres données sont issues de la Table de composition nutritionnelle des aliments Ciqual (2017) - ANSES, exceptées celles de l'équivalent Vitamine A qui correspond à la division de la teneur en Bêta-carotène par 6.

Tomates cuisinées

Le tableau 32 présente l'apport énergétique de 100 grammes de Panzani sauce cuisinée aux tomates fraîches et les nutriments qui entrent dans sa composition (protéines, glucides, sucres, matières grasses/lipides, acides gras saturés, fibres alimentaires, sodium, sels minéraux et vitamines).

Tableau 32 : Composition nutritionnelle - tomates cuisinées aux tomates fraîches

Composants	Quantité	% AJR
Énergie	245 KJ	
Protéines	1,3 g	3 %
Glucides	6,3 g	2 %
Lipides	2,7 g	4 %
Sodium	409 mg	17 %

Source : InformationsNutritionnelles.fr, 2012

Utilisations culinaires des tomates

La tomate est généralement utilisée sous forme de tomate fraîche et sous forme de sauce cuisinée. On note :

- avec la tomate fraîche : idéale pour les salades, les salsas, les garnitures et les plats froids ;
- avec la sauce cuisinée Panzani : utilisée pour accompagner des pâtes, des pizzas, des plats mijotés ou comme base pour des sauces.

Bon à savoir : La tomate peut être responsable d'un syndrome d'allergie orale.

Concombre (Cucumis sativus) : très peu calorique, le concombre affiche un apport en énergie de 13,6 Kcal pour 100 g. Il contient peu de glucides (2,4 g/100 g) soit deux fois moins que la moyenne des légumes (4,48 g/100 g). Un concombre pèse en moyenne 300 à 500 g soit un apport calorique total de 41 à 68 Kcal (Mignonac A., 2019). Avec un faible apport calorique, il est idéal pour ceux qui cherchent à maintenir ou à perdre du poids. Il peut être consommé en grande quantité sans ajouter beaucoup de calories à votre alimentation. Son jus a des propriétés dépuratives intéressantes si l'on fait un régime minceur.

Grâce à sa teneur en fibres, le concombre peut favoriser une bonne digestion et aider à prévenir la constipation. Il est riche en eau (96 %), très utile pour l'hydratation de l'organisme. Il contribue aux apports en vitamines (C, K, B5, B6 et B9) et en minéraux (phosphore, potassium, sodium, magnésium, calcium). Rappelons que la vitamine B9 (ou acide folique) est très intéressante pour les femmes enceintes (Florence F., 2022).

Le concombre contient des antioxydants, tels que les flavonoïdes et les tanins, qui aident à combattre le stress oxydatif et à réduire le risque de maladies chroniques. Il est souvent utilisé dans des masques et des soins de beauté pour apaiser et hydrater la peau.

Le tableau 33 présente l'apport énergétique en calories de 100 grammes de concombre et les nutriments qui entrent dans sa composition (protéines, glucides, sucres, matières grasses/lipides, acides gras saturés, fibres alimentaires, sodium, sels minéraux et vitamines).

Le concombre a un effet rafraîchissant sur le corps, ce qui en fait un excellent choix pour les salades.

Les Apports Journaliers Recommandés (AJR) / Valeurs nutritives de référence (VNR) sont indiqués ci-dessous pour une portion de 100 g.

Tableau 33 : Apports Journaliers Recommandés (AJR) du concombre

Composants	Teneur moyenne	% AJR
Énergie - Calories	12 Kcal	1 %
Énergie - kilojoules	50,4 KJ	
Protéines	0,59 g	1 %
Glucides	1,63 g	1 %
Lipides	0,19 g	0 %
Fibres	0,7 g	3 %

Source : Table de composition nutritionnelle des aliments Ciqual, 2013

Légumes-feuilles

Plusieurs légumes-feuilles sont utilisés dans les plats traditionnels. Ils font l'objet de campagnes de sensibilisation expliquant les bienfaits de leur cuisson rapide pour mieux préserver les vitamines et leurs valeurs nutritionnelles.

Ils sont d'origines diverses (lianes, tubercules ou arbres). On note parmi eux les feuilles de *Moringa olifeira* et de manioc. Ils sont très appréciés particulièrement en périodes de disettes ou de soudures. Les feuilles de manioc, par exemple, renferment des teneurs importantes en protéines (36,8 %), l'amarante ou la baselle (25 %), et les haricots en grains secs (23,3 %) (Spore 106, 2006).

Les légumes-feuilles sont souvent consommés crus, en salade avec un assaisonnement destiné à en relever le goût. Ils sont cuisinés et préparés de diverses manières. On note : le *Ndolé* à base de feuilles de *Vernonia* et d'arachide au Cameroun, le *Saka-Saka* préparé avec des feuilles de manioc au Congo. Dans les îles du Pacifique, les feuilles d'amarante, de manioc ou d'hibiscus sont associées avec du lait de coco pour la préparation des *Laplap* (plat national du Vanuatu).

En Tanzanie, les feuilles de *Solarium villosum*, une morelle très appréciée, se vendent deux fois plus cher que celles de l'amarante.

Autrefois exploitée uniquement par les populations rurales, la culture des légumes-feuilles s'est beaucoup plus répandue dans les zones urbaines. D'après l'Institut international pour l'agriculture tropicale (IITA), en 1998, les légumes verts traditionnels étaient les plus cultivés par les familles pauvres. Leur production annuelle au Cameroun tournait autour de 93 600 tonnes dont 21 549 tonnes de *Vernonia*. Au Sénégal par exemple, les légumes-feuilles contribuent au budget familial de certains agriculteurs à hauteur de 50 à 85 % (Spore, 2004).

En Afrique subsaharienne, ces plantes alimentent les marchés locaux et régionaux. Par exemple les feuilles de la liane *Gnetum africanum* (connue sous le nom de *Nkumu* au Gabon, *Okok / Eru* au Cameroun, *Mfumbua / Koko* au Congo et en République centrafricaine (RCA) ou encore *Afang* au Nigéria) sont à l'origine d'un important commerce entre le Cameroun et le Nigéria. Elles sont de plus en plus expédiées en Europe et en Amérique du Nord, fraîches, séchées ou parfois surgelées. Elles servent de recettes culinaires en Afrique centrale pour leur richesse en éléments nutritifs où elles sont souvent utilisées comme additifs aux sauces et aux soupes, pour servir les aliments de base tels que le riz, le couscous, le *Foufou* et le *Foutou* (Tabuna H., 2000). Selon Santé et nutrition (2020), les légumes-feuilles sont faiblement caloriques, mais très riches en fibres, en fer, en calcium, en Oméga 3, en protéines, en vitamines C et K ou bien encore en acide folique. L'épinard en est un exemple pour ses qualités gustatives et nutritionnelles. Il est probablement le légume le plus riche en acide folique (vitamine B9).

Sept bonnes raisons de manger des légumes-feuilles :

1) ils possèdent une quantité importante d'antioxydants ;
2) ils possèdent des vertus laxatives et diurétiques ;
3) ils luttent contre les méfaits du vieillissement ;
4) ils réduisent le risque des maladies cardio-vasculaires ;
5) ils améliorent la résistance des os ;
6) ils rafraîchissent la mémoire ;
7) ils sont le meilleur atout de ceux qui surveillent leur ligne.

Photo 28 : Épinard

Feuilles de baobab (Adansonia digitata L.) : elles sont riches en protéines. Elles contiennent des tanins catéchiques et de la vitamine C. Elles donnent une sauce gluante qui est surtout recommandée pour les personnes souffrant d'anémie ou de dysenterie. Elles sont en outre utilisées comme diurétiques.

Plant de Chrysanthellum : il se rencontre dans les jardins potagers des hauts plateaux du Burkina, du Cameroun et du Rwanda. Il est riche en flavonoïdes, saponosides et divers polyphénols. Il améliore la résistance capillaire favorisant, de la sorte, un meilleur retour veineux.

Il est réputé pour ses propriétés sur le système vasculaire en soutenant la bonne circulation sanguine. Il diminue la sensation de jambes lourdes et fatiguées. Il est utilisé au Burina Faso pour soigner les maux de reins.

Amarante (Amaranthus cruentus L.) : plus connue comme une plante qui ne flétrit pas. En effet, elle a la réputation de ne pas se faner, et pour cette raison, elle symbolise l'immortalité.

Elle est riche en acides aminés essentiels et, surtout, en lysine. Elle contient de nombreux minéraux et oligo-éléments plus particulièrement le fer, le magnésium et le calcium (Arkopharma, 2020).

Oseille de guinée (Hibiscus sabdariffa) : on la rencontre partout en Afrique de l'Ouest, et surtout, en Guinée dont elle porte le nom - Oseille de Guinée (ou Dah).

Elle est riche en pigments verts liés à la chlorophylle. C'est d'ailleurs la championne de la teneur en ce puissant antioxydant qui prévient les maladies cardio-vasculaires et certains cancers, en plus de protéger la vision.

Ses feuilles sont utilisées comme laxatifs. Elles sont riches en vitamine C, provitamine A, potassium, magnésium et fer. Elles ont un effet positif pour la régularisation de la tension artérielle.

Gombo (Abelmoschus esculentus) : il se cultive dans les vergers de l'Afrique de l'Ouest et du Centre. Il a une forte concentration de vitamine A.

Il est bénéfique pour renforcer le muscle cardiaque et augmenter donc les sécrétions des glandes sexuelles, que ce soit chez l'homme ou la femme. Il entre dans la composition de produits pharmaceutiques divers utilisés comme pectoral contre les rhumes et les affections de la poitrine. Il a un bon niveau de magnésium et est riche en fibres ; le gombo est un bon laxatif atténué par ses propriétés antispasmodiques.

Selon Guiro, A.T. (2010), la consommation de gombo a un effet hypocholestérolémiant qui se traduit par une baisse très marquée du cholestérol. Il souligne en outre son effet hypotenseur remarquable.

Photo 29 : Gombo

Corète (Corchorus olitorius) : ses feuilles sont utilisées en cuisine dans de nombreux pays d'Afrique et du Moyen-Orient. Elle accompagne souvent le *Placali* et la sauce graine pour la rendre gluante.

Elle est connue comme plante diurétique et fébrifuge, tonique et purgative, adoucissante et laxative. Elle est un remède contre les maux de dents, les cystites et la constipation. Elle soigne la dysurie (difficulté à uriner) et les douleurs généralement associées à ce type de pathologie. Elle est riche en protéines végétales, lipides, sels minéraux (calcium, phosphore, potassium, fer, sodium, eau, magnésium), en vitamines (B1, B2, B3, B6) et en acides aminés (aspartique, glutamique, psalmique, stéarique). Elle joue un rôle important dans la protection du cœur et la lutte contre l'anémie. Elle assure la solidité du squelette et la dureté des dents. En outre, elle améliore la vue.

Mâche (Valeriana locusta L.) **:** servie crue ou cuite, en salade ou en soupe, elle se prête à de nombreuses recettes faciles et rapides. Elle se consomme sans modération car elle a des propriétés antioxydantes et elle couvre une bonne partie de nos besoins en carotène, en vitamine C et en vitamine B9. Elle apporte à l'organisme du fer, du calcium, des acides gras polyinsaturés Oméga 3.

***Gnetum africanum* :** c'est une liane de la forêt tropicale du Bassin du Congo. Il est un légume vert comestible très riche en protéines. Il est consommé cru ou finement haché. On l'ajoute dans les soupes et les ragoûts (Atipo M., 2018).

Légumes-fleurs

Il s'agit des plantes potagères dont les fleurs sont comestibles. Ils font partie des nombreuses fleurs comestibles que nous consommons de façon quotidienne à travers nos différentes recettes de cuisine. Ils sont riches et variés. On note parmi eux les choux-fleurs et les brocolis, les herbes aromatiques telles que la verveine citronnelle fort appréciée pour son odeur. Leur consommation aurait des effets anticancérigènes.

Chou-fleur (Brassica oleracea L.) : il est cultivé pour ses inflorescences. Elles sont enserrées dans des grandes feuilles fermes, légèrement dentelées. Les feuilles peuvent être cuisinées par exemple en potages.

Le chou-fleur comme les choux pommés pousse sur une courte tige. Il peut être consommé cru ou légèrement cuit afin qu'il conserve le maximum de ses qualités. Il est riche en vitamines A, B1, B2 et C. Il contient beaucoup de vitamine C et des sels minéraux comme le calcium, le magnésium et le potassium. Il est bien indiqué pour lutter contre les maladies cardio-vasculaires.

Brocoli (Brassica oleracea var. italica) : sa saveur et sa texture sont proches de celles du chou-fleur. C'est un légume de la famille des choux. Sa cuisson se fait plus à la vapeur préservant de la sorte les nutriments que la cuisson à l'eau bouillante. Il est souvent préparé en salade assaisonnée à la vinaigrette.

Le brocoli, tout comme les choux, est peu calorique. Il est une excellente source de vitamines B, C, E et K, et de fibres. Rappelons que la vitamine K et le calcium sont indispensables pour une bonne croissance osseuse chez les enfants et pour prévenir l'ostéoporose chez les adultes.

Le brocoli est un super-aliment efficace contre les crampes musculaires et l'apparition des cancers du sein et de la prostate. Il protégerait la vue et la santé des yeux grâce à la présence de lutéine et de zéaxanthine dans les légumes vert foncé comme le brocoli. Il contient d'autres nutriments essentiels tels que le phosphore qui assure la solidité des os et des dents. Il est très concentré en vitamine C. Il peut en apporter 100 % des apports journaliers recommandés pour 100 g. Cette vitamine est essentielle pour soutenir le système immunitaire en favorisant les défenses naturelles contre diverses attaques comme les virus et les bactéries. Il s'agit d'un puissant antioxydant capable de piéger les radicaux libres produits par l'organisme en cas d'agression externe (pollution, stress, rayonnement, tabac, alcool, produits chimiques) ou interne (réactions chimiques de synthèse ou de dégradation de certaines molécules, inflammation, respiration cellulaire).

Le brocoli est riche en fibres, en particulier, en fibres solubles. Celles-ci aident à réduire le taux de cholestérol et le taux de glucose dans le sang, alors que les fibres insolubles facilitent la digestion et favorisent la satiété.

Il importe de relever que le brocoli contient du sulforaphane important pour protéger la paroi gastrique en limitant la prolifération de certaines bactéries. Le sulforaphane agit aussi sur les voies respiratoires et est donc particulièrement recommandé aux personnes fumeurs et asthmatiques.

Tableau 34 : Apports moyens pour 100 g de brocoli

Composants	Teneur moyenne
Fibres	2,9 g
Glucides	1,7 g
Protéines	4 g
Lipides	0,5 g

Source : passeportsante, 2021

Sept bonnes raisons de manger des légumes-fleurs

1) ils sont riches en vitamines, en minéraux et en antioxydants ;
2) ils améliorent la pression artérielle et la fonction rénale ;
3) ils préviennent et luttent contre le cancer ;
4) ils améliorent la santé visuelle ;
5) ils prennent soin de notre cerveau ;
6) ils préviennent et contrôlent le diabète ;
7) ils améliorent la santé osseuse.

Source : santeetnutrition, 2021

Légumes-bulbes

Un légume-bulbe est un légume dont on ne consomme que les bulbes, c'est-à-dire la partie de la plante qui contient ses réserves en nourriture. On l'utilise généralement pour parfumer les plats. Parmi ces légumes, on note l'ail et l'oignon.

Ail (Allium sativum L.) : il appartient à la famille des alliacées. Il est souvent utilisé pour diverses raisons et peut être consommé sous plusieurs formes : cru, cuit, frais, hydraté, sec, en purée ou, encore, sous forme d'extrait d'huile ou de teinture.

Comme la plupart des légumes et fruits, l'ail aurait un effet très bénéfique dans la prévention de certains cancers. Pour mieux bénéficier des effets de l'ail, il serait préférable de le consommer frais ou cru. En effet, sa cuisson et la forte chaleur peuvent détruire l'allicine, principal composé de l'ail, et certains éléments sulfurés et ses antioxydants.

Selon l'*American Heart Association* (2020), la consommation régulière de fruits et légumes permet de prévenir les risques de maladies cardio-vasculaires. L'ail fait partie de la liste de ces aliments. Il présente un certain effet cardioprotecteur au même titre que les noix, le soja, les légumineuses et le thé.

On le considère comme ingrédient vedette dans le monde des remèdes naturels. Effectivement, il est utilisé pour traiter une multitude de pathologies médicales, nutritionnelles, orthopédiques, etc.

Photo 30 : Ail

Différentes formes d'utilisation de l'ail

Son utilisation est simple. Il peut être consommé en comprimés appelés comprimés d'ail ou sous forme de gousses. En pareil cas, il est conseillé de le laisser macérer dans un verre d'eau pendant la nuit pour ensuite le prendre le lendemain matin.

L'ail est utilisé dans les recettes culinaires. Il est associé aux ingrédients pour donner une odeur agréable aux sauces.

En Guinée, par exemple, il est écrasé et malaxé avec l'huile de beurre de karité puis vendus aux voyageurs, cultivateurs, chasseurs et personnes victimes de crises d'hypertension. Ces derniers louent ses propriétés dans la dilatation des artères et la prévention des risques de thrombus.

Tableau 35 : Composition d'une portion d'ail (3 g/1 gousse)

Composants	Teneur moyenne
Calories	4 Kcal
Protéines	0,2 g
Glucides	1,0 g
Lipides	0,0 g
Fibres alimentaires	0,1 g

Source : Santé Canada. Fichier canadien sur les éléments nutritifs, 2005.

Oignon (Allium cepa L.) : c'est une plante potagère de la famille des Liliacées. Il a une racine bulbeuse constituée de plusieurs couches enveloppées les unes dans les autres. Cette enveloppe est couverte d'une ou de plusieurs fines pellicules de couleur blanche, jaune ou rouge. Il se distingue par son gros bulbe, sa saveur et son odeur très forte.

Bien que généralement consommé en petites quantités, l'oignon présente de nombreux atouts nutritionnels dont sa richesse en vitamine C. Il contient de nombreux minéraux et oligo-éléments aux propriétés immunitaires et antioxydantes. Il est connu pour certaines de ses actions bénéfiques pour la santé, notamment :

- **l'action diurétique :** il aide à éliminer l'eau et les électrolytes de l'organisme au travers de l'urine grâce notamment, à la présence de glucides particuliers (les fructoses) dans le bulbe ;
- **l'action hypoglycémiante :** il s'oppose à une élévation excessive du taux de sucre dans le sang grâce à certains constituants soufrés et une amine spécifique - la diphénylamine ;
- **l'action bactériostatique :** frais, il s'oppose à la prolifération microbienne, et peut même jouer un rôle antibactérien ;
- **l'action bénéfique pour le système cardio-vasculaire :** la consommation quotidienne d'oignons crus permet de diminuer l'agrégation plaquettaire sanguine. Il protège contre les risques de formation de caillots et d'obstruction des vaisseaux.

Photo 31 : Oignon

Tableau 36 : Valeurs nutritionnelles de 100 g d'oignon

Constituants	Teneur moyenne
Protides	1,3 g
Glucides	7,1 g
Lipides	0,2 g
Calories	34 Kcal

Source : Journaldesfemmes, 2021

Sept bonnes raisons de manger des légumes-bulbes

1) ils sont riches en antioxydants et faibles en calories ;
2) ils diminuent les risques de cancer ;
3) ils régulent le vieillissement des cellules ;
4) ils protègent des maladies cardio-vasculaires ;
5) ils ont des vertus antimicrobiennes et antiallergiques ;
6) ils font baisser le taux de cholestérol ;
7) ils améliorent la fluidité du sang.

Source : santeetnutrition, 2021

Légumes-racines

Les légumes-racines sont une catégorie de légumes dont les parties souterraines (racines ou tiges) sont consommées. Parmi eux, on note la carotte et la betterave.

Carotte (Daucus carota L.) : elle appartient à la famille des Opiacées, c'est une plante qui possède de longues racines comestibles.

La carotte est de couleur orangée dans la plupart des cas. Elle est source de plusieurs vitamines qui sont bénéfiques pour le maintien de l'organisme en bonne santé. Elle peut être utilisée sous plusieurs formes selon les besoins et les résultats attendus. C'est ainsi qu'on peut trouver des produits cosmétiques à base de carotte pour la santé de la peau qu'elle débarrasse des dermatoses pour lui donner un bel éclat. On peut aussi avoir la carotte dans nos assiettes pour une consommation crue ou associée à d'autres ingrédients destinés à agrémenter le plat. La carotte consommée crue serait beaucoup plus bénéfique car elle garde en son sein la plupart de ses valeurs nutritives.

La couleur foncée de la carotte provient de ses très nombreux pigments. Ils contribueraient à prévenir plusieurs maladies, dont les maladies cardio-vasculaires et certains cancers.

Tableau 37 : Valeurs nutritives de la carotte

Constituants	Carotte crue 18 cm à 22 cm/72 g	Carotte bouillie égouttée, en tranches ½ tasse (125 ml)/80 g	Jus de carotte en conserve ½ tasse (125 ml)/125 g
Calories	30 Kcal	29 Kcal	49 Kcal
Protéines	0,7 g	0,6 g	1,2 g
Glucides	6,9 g	6,8 g	11,6 g
Lipides	0,2 g	0,2 g	0,2 g
Fibres alimentaires	1,8 g	2,2 g	1,0 g
Charge glycémique : Faible			
Pouvoir antioxydant : Modéré			

Sources : Santé Canada. Fichier canadien sur les éléments nutritifs, 2010

Photo 32 : Carotte

Grâce au bêta-carotène, la lutéine et le zéaxanthine, tous composants de la caroténoïde, la carotte tout comme la majeure partie des légumes possède des effets antioxydants pour neutraliser les radicaux libres et lutter contre les cancers et les maladies du cœur.

En outre, la vitamine E qu'elle contient aide à lutter contre le vieillissement de la peau par le renouvellement de ses différentes couches et la vitamine A pour la bonne vision.

Pour mieux assimiler les caroténoïdes des carottes, il serait préférable de les prendre avec une source de gras (huile, fromage, noix) car ils sont des composés liposolubles (donc solubles seulement dans le gras).

Betterave (Beta vulgaris L.) : c'est une plante dont les feuilles et les racines sont comestibles. Elle appartient à la famille des Amaranthacées.

Elle est surtout cultivée pour ses racines charnues et la production de sucre et de légumes destinés à l'alimentation humaine, de plantes fourragères pour les animaux, et depuis quelque temps, de carburant pour le bioéthanol.

Elle est une excellente source de vitamines : vitamine A, vitamines du groupe B (B1, B2, B3,B6, B9) ainsi que vitamines E, K et C. Elle est également riche en minéraux et oligo-éléménts (calcium, phosphore, potassium, fer, magnésium, soufre). Sa racine contient des composés phénoliques et ses feuilles, des caroténoïdes. Elle aide à éliminer des toxines du corps.

Tableau 38 : Valeurs nutritives de la betterave

Constituants	Betterave crue, 72 g (125 ml)	Betterave bouillie, égouttée, 90 g (125 ml)	Feuilles de betterave, crues, 40 g (250 ml)
Calories	31 Kcal	40 Kcal	9 Kcal
Protéines	1,2 g	1,5 g	0,9 g
Glucides	6,9 g	9,0 g	1,7 g
Lipides	0,1 g	0,2 g	0,1 g
Fibres alimentaires	1,4 g	1,8 g	1,5 g
Charge glycémique : Faible			
Pouvoir antioxydant : Élevé			

Source : Santé Canada. Fichier canadien sur les éléments nutritifs, 2010.

Légumes secs

Les légumes secs sont des légumineuses à grosses graines (niébé, pois, lentilles, haricots). Ils contiennent peu de lipides et zéro gluten. Ils sont riches en glucides complexes (amidon à faible indice glycémique), en fibres, en vitamines (notamment B9 ou acide folique) et en minéraux comme le calcium, le zinc, le phosphore et le fer. De plus, leurs matières grasses comportent des acides gras essentiels.

Enfin, leur caractère roboratif donne plus rapidement une sensation de satiété. Ces différentes caractéristiques nutritionnelles les rendent indispensables dans les régimes végétariens. C'est pourquoi, ils sont recommandés dans le cadre de la pratique de certains sports endurants. Ils apportent plusieurs bénéfices santé pour les consommateurs, notamment (Pulse Canada, 2002 ; Martine Champ, 2014) :

- un **indice glycémique** peu élevé qui convient particulièrement aux diabétiques et aide à la prévention chez les sujets sains ;
- une **diminution des risques** de maladies cardio-vasculaires (MCV) car la consommation régulière de légumineuses à graines peut entraîner une diminution du cholestérol et des triglycérides dans le sérum (deux facteurs importants de MCV) ;
- une **caractéristique antioxydante** ;
- un **rôle protecteur** contre le risque de cancer du côlon.

La consommation de légumes secs peut permettre d'atteindre un bon niveau de rassasiement (pendant les repas) et de satiété (entre les repas), évitant ainsi les grignotages entre les repas. Ils sont trop souvent de densité nutritionnelle faible ; ce qui permet de bien lutter contre le surpoids et l'obésité.

Les légumes secs contiennent du fer qui aide à transporter l'oxygène à travers le corps. Pour améliorer sa mobilisation, il est conseillé de les associer avec une source de vitamine C comme les agrumes et certains légumes tels que le poivron. Ils sont économiques et faciles à conserver tout en maintenant leurs qualités nutritionnelles. Leur principal problème est qu'ils font souvent l'objet d'attaques par les parasites, notamment les charançons et les bruches.

Tableau 39 : Composition chimique de la graine de niébé

Éléments constitutifs	Quantité
Eau	9,80 %
Protéines	23,30 %
Lipides	1,24 %
Glucides	62,20 %

Source : Ouédraogo N.O.G, 1996

Sept bonnes raisons de manger des légumes secs

1) ils sont riches en minéraux, vitamines, protéines et fibres ;
2) ils protègent le cœur et aident à lutter contre le diabète ;
3) ils renforcent les os et les dents ;
4) ils préviennent les états de stress, d'anxiété ou de dépression ;
5) ils stimulent les défenses de l'organisme ;
6) ils apportent beaucoup d'énergie et ne font pas grossir ;
7) ils améliorent la digestion et luttent contre la constipation.

Source : santeetnutrition, 2021

Conclusion

Autrefois, régulièrement consommés en Afrique, les légumes tendent à disparaître de notre assiette, surtout dans les centres urbains. La raison est que les productions ne sont pas suffisantes par rapport aux demandes des populations. D'autre part, ils coûtent chers. Or, ils font partie des aliments les plus recommandés aux adultes.

Les nutritionnistes préconisent de consommer chaque jour plusieurs portions de légumes. En effet, ils sont une bonne source de vitamines, principalement hydrosolubles (vitamine C, provitamine A ou bêta-carotène, ou encore vitamines du groupe B). Ils sont particulièrement riches en potassium et en calcium qu'on trouve dans les choux, en magnésium, en fer et en cuivre présents dans les légumes-feuilles, notamment l'épinard ou en soufre dans les choux, les oignons, l'ail, les poireaux, les navets et les radis.

Les légumes sont généralement riches en nutriments et en antioxydants nécessaires pour améliorer la santé et aider à combattre plusieurs maladies telles que le diabète, les maladies cardiaques, les accidents vasculaires cérébraux et certains cancers. De plus, ils ont une faible teneur en calories ; ce qui peut être efficace pour la gestion du poids et de l'obésité.

CHAPITRE 5 : HERBES ET PLANTES AROMATIQUES, CONDIMENTAIRES ET MÉDICINALES

Introduction

Le présent chapitre couvre les herbes et plantes qui sont cultivées depuis des siècles pour leurs parfums. Elles embaument les plats et les maisons. Elles sont utilisées en médecine et en phytothérapie grâce à leurs arômes et huiles essentielles qu'elles exhalent.

Caractéristiques des plantes aromatiques (coriandre, basilic, thym, girofle, citronnelle, menthe verte, persil)

Les plantes aromatiques sont cultivées selon les besoins pour leurs feuilles, leurs tiges, leurs bulbes, leurs racines, leurs graines, leurs fleurs, leurs écorces, etc. Parmi elles, on note particulièrement la coriandre, le basilic, le thym, le gingembre et l'ail.

Elles apportent du goût et des saveurs bien particulières aux préparations culinaires. Elles sont riches en antioxydants et en plusieurs minéraux tels que le fer qui entre dans la fabrication de nouvelles cellules, d'hormones et de neurotransmetteurs. Il est à noter que le fer contenu dans les végétaux n'est pas aussi bien absorbé par l'organisme que le fer contenu dans les aliments d'origine animale. Toutefois, l'absorption du fer des végétaux peut être favorisée par la consommation de certains nutriments comme la vitamine C.

Les plantes aromatiques peuvent être consommées sous différentes formes. Les feuilles des plantes sont consommées comme assaisonnements sous formes fraîches, séchées ou en infusion. Elles sont ajoutées aux plats, aux desserts et, même, aux jus de fruits. Elles apportent un goût délicieux aux préparations. De plus en plus, on fait recours aux huiles essentielles extraites de ces plantes pour leurs propriétés médicales, notamment en aromathérapie. Elles sont exploitées couramment en cuisine, en parfumerie et dans la cosmétique.

Consommées en petites portions, les herbes aromatiques fournissent peu de nutriments. Cependant, lorsqu'elles sont consommées en grandes quantités, elles peuvent s'avérer intéressantes d'un point de vue nutritionnel.

Coriandre (Beta vulgaris L.) : c'est une herbe aromatique qui a un apport intéressant en vitamine C de 27 mg pour 100 grammes. Elle constitue un bon antioxydant et, en même temps, un bon anticoagulant. Elle aide à la synthèse du collagène utilisé pour garder une peau et des gencives en bonne santé.

On retrouve la coriandre en graines (qui une fois moulues donnent une épice), ou en feuilles fraîches. Les feuilles sont une excellente source de vitamine K nécessaire pour la fabrication de protéines permettant au sang de coaguler et de bêta-carotène. En infusion, elles facilitent la digestion. Quant aux graines, elles contiennent des composés capables de favoriser et stimuler la production d'insuline, ce qui a pour effet de réguler le taux de sucre dans le sang. Elles sont riches en acide phénolique et en flavonoïdes, éléments actifs formidables pour le renforcement de l'immunité. Les flavonoïdes sont un pigment se trouvant dans de nombreuses plantes. Ils ont des bienfaits pour le cœur et des propriétés anticancéreuses.

Tableau 40 : Que vaut une « portion » de coriandre ?

Constituants	Feuilles de coriandre crues, 8 g (125 ml)	Feuilles de coriandre déshydratées, 1 g (5 ml)	Graines de coriandre, 2 g (5 ml)
Calories	2	2	5
Protéines	0,2 g	0,1 g	0,2 g
Glucides	0,3 g	0,3 g	1,0 g
Lipides	0,0 g	0,0 g	0,3 g
Fibres alimentaires	0,2 g	0,1 g	0,8 g

Source : passeportsante, 2020

Basilic (**Ocimum basilicum L.**) **:** c'est une herbe aromatique antioxydante à potentiel hypoglycémiant. Il a une teneur calorique très faible de 34,8 Kcal/100 g. Il est riche en eau, en antioxydants, en calcium, en phosphore et magnésium ainsi qu'en potassium nécessaire pour la fabrication de protéines participant à la coagulation du sang. Il joue un rôle important dans la formation des os.

Le basilic frais est caractérisé par une très grande richesse en antioxydants dont le bêta-carotène, l'acide folique et la vitamine C. Il est une source fort appréciable de fer, essentiel pour le transport de l'oxygène et la formation des globules rouges dans le sang. Il joue un rôle dans la fabrication de nouvelles cellules, d'hormones et de neurotransmetteurs. Il a des vertus digestives et, conséquemment, est utilisé contre les ballonnements et les aigreurs d'estomac. Il est réputé pour être un excellent tonique digestif car il facilite la sécrétion des sucs. Il agit au niveau du foie et favorise la sécrétion de la bile permettant de mieux digérer les graisses. Il a la capacité d'augmenter l'activité antibactérienne de certains médicaments dans le traitement de certaines infections pour combattre les rhumes, la toux et les problèmes respiratoires mineurs. Il offre une protection contre les infections urinaires.

Le basilic contient une huile essentielle riche en camphre utilisée en infusion comme antigrippal. Il est traditionnellement utilisé pour soulager les troubles digestifs tels que les ballonnements, les crampes abdominales, les gaz et les nausées. Son arôme apaisant est souvent exploité en aromathérapie pour réduire le stress, l'anxiété et la tension mentale.

Photo 33 : Basilic

Tableau 41 : Valeurs nutritionnelles et caloriques du basilic pour 100 g de basilic frais

Constituants	Teneur moyenne
Énergie	34,8 Kcal
Eau	91,7 g
Protéines	3,35 g
Glucides	2,55 g
Lipides	0,47 g
Fibres alimentaires	3,47 g

Source : Catherine Conan, 2021

Thym (Thymus vulgaris L.) : c'est un bon antiseptique, antifongique et antibiotique contre les virus, les bactéries et les champignons. Il est utilisé contre la toux, les infections respiratoires et certaines affections intestinales. Il est un anti-infectieux à large spectre et un bon stimulant de l'immunité.

Particulièrement renommé pour ses puissantes propriétés immuno-stimulantes et protectrices de l'organisme, il est une plante à forte action désinfectante de l'air, des poumons et des intestins. Il soulage les inflammations de la sphère bucco-pharyngée et les caries dentaires. On l'utilise pour divers soins dentaires et les bains de bouche. Il diminue les sécrétions nasales ou rhinorrhées. Il a des propriétés spasmolytiques. Il soulage les dérèglements intestinaux tels que les diarrhées, les ballonnements, les flatulences et les colopathies diverses.

Le thym est pareillement efficace contre les pathologies dermatologiques, notamment : les dermatites, la gale, l'herpès, le zona, la varicelle, les mycoses, les plaies et les piqûres d'insectes. Il sert à combattre un large éventail de maladies de la peau y compris les infections fongiques. Il apaise les rougeurs de la peau et soulage les coups de soleil et les petites blessures.

Il est utilisé contre les affections buccales et dentaires (caries, mauvaise haleine, stomatites, aphtes et gingivite). On lui reconnaît quelques propriétés anti-âge et antioxydantes ou pour soulager les affections ostéoarticulaires telles que les rhumatismes et l'arthrose.

Les composants du thym sont assez nombreux, en particulier dans ses huiles essentielles :

- thymol : un anti-infectieux puissant ;
- géraniol : un antifongique et antiviral pour la peau ;
- linalol : un antifongique pour les affections de type candidose et un vermifuge.

Les huiles essentielles contiennent différents composants, et en particulier, le paracymène applicable comme antalgique sur la peau ou utilisé en inhalation comme antalgique et le bornéol, un analgésiant et anesthésiant.

Le thym est riche en huiles essentielles, en phénols et en flavonoïdes connus pour leurs propriétés antioxydantes. Il est une source importante de vitamine C, de calcium, de manganèse et de vitamine K.

Il est recommandé aux personnes allergiques aux plantes de la même famille que le thym comme la menthe ou sous traitement anti-coagulant de prendre les huiles essentielles avec précaution afin de limiter les apports de vitamine K présente dans cette plante. Il en est de même pour les femmes enceintes.

Girofle (Syzygium aromaticum L.) : il est plus connu sous le nom de « clou de girofle », il a une saveur tonique fort appréciée en cuisine. Il détient des propriétés médicinales réputées pour soulager de nombreux maux. Il aide la digestion mais est, en même temps, un anti-inflammatoire, antiseptique, antioxydant et anesthésiant.

- **Propriétés antiseptiques :** il permet de désinfecter les plaies. Il peut être employé comme remède contre les douleurs dentaires et la mauvaise haleine. Il suffit parfois de placer un clou de girofle entre deux dents pour être rapidement soulagé grâce à son action anesthésiante. Il est efficace contre les virus hivernaux tels que la grippe (Futura science, 2022).
- **Propriétés anti-inflammatoires :** il soulage les douleurs musculaires ou les rhumatismes. C'est un anesthésiant local, notamment pour les douleurs dentaires.
- **Propriétés antibactériennes :** le clou de girofle a une action antibactérienne et antivirale. Il apaise les infections urinaires (calculs rénaux ou cystites) et atténue divers maux d'estomac tels que l'aérophagie. Très bon anesthésiant local, il est utile pour soulager la toux des affections virales. Il redonne de l'énergie et aide à lutter contre la fatigue ; c'est un antidépresseur.

Le clou de girofle est très riche en eugénol, molécule entrant dans la composition de la plupart des bains de bouche prescrits pour soigner une affection buccale qu'elle soit dentale ou gingivale.

Selon l'Escop (*European Scientific Cooperative on Phytotherapy*, 2020), on pense trop peu souvent au girofle comme tonique général. Pourtant, il est excellent pour redonner un coup de fouet à l'organisme et pour combattre les asthénies physiques ou mentales. D'ailleurs, son effet dopant lui vaut une réputation d'aphrodisiaque remontant à l'Antiquité.

Citronnelle (Cymbopogon citratus) : c'est une plante à usages multiples (en infusion et en décoction), en usage interne et externe, et en huile essentielle. Son odeur rappelle celle du citron. Son huile essentielle aromatique est employée en parfumerie et en cosmétologie.

Photo 34 : Citronnelle

Elle a des propriétés antibactériennes, antispasmodiques, anti-inflammatoires et anti-malaria. Elle aide à chasser les moustiques. Elle est par ailleurs utilisée contre :

- **les troubles digestifs :** elle stimule les fonctions de l'estomac et active la digestion. Elle soulage l'inflammation du côlon et réduit les flatulences, les ballonnements et les crampes d'estomac ;
- **le diabète :** grâce à son effet hypoglycémiant, la citronnelle favorise la réduction du taux de sucre dans le sang ;
- **la fatigue, le stress ou les angoisses :** elle est réputée pour sa vertu sédative sur le système nerveux et son un effet relaxant ;

les douleurs articulaires : administrée en cataplasme ou en huile essentielle, elle atténue les douleurs musculaires ou articulaires (rhumatisme, tendinite ou arthrite).

Bon à savoir : Pour son utilisation, on devra bien filtrer les préparations, les décoctions ou les infusions. En effet, la plante contient des microfilaments qui peuvent causer des lésions dans les voies digestives.

Menthe verte (Mentha) : c'est une herbe aromatique de cuisine et de thé. Réputée pour ses capacités à relâcher les muscles et à traiter les problèmes digestifs, elle a des vertus antiseptiques et tonifiantes. Elle stimule la sécrétion biliaire et la transpiration.

Photo 35 : Menthe verte

Elle est une bonne source de manganèse. Elle a un bon pouvoir antioxydant utile pour la prévention des dommages causés par les radicaux libres ou l'apparition de maladies cardio-vasculaires, de certains cancers et d'autres maladies liées au vieillissement. Elle agit comme cofacteur de plusieurs enzymes qui facilitent une douzaine de différents processus métaboliques. Elle est utilisée dans les plats et desserts pour son odeur agréable et fraîche. Elle est une source de fer autant pour la femme que pour l'homme.

Il mérite de rappeler que l'utilisation d'eau chaude est intéressante pour favoriser une bonne extraction des composants de la plante et leur rapide assimilation par le corps. Mais il n'est pas recommandé de trop chauffer l'eau pour les raisons suivantes :

- certains des composants comme la vitamine C sont détruits à plus de 60 °C ;
- les polyphénols (flavonoïdes) et les arômes des thés le sont autant au-delà de 100 °C, voire parfois même à 80 °C pour les meilleures variétés.

Selon Lydia Gautier (2011), sommelière du thé, « plus les thés montent en gamme, moins l'eau doit être chaude ». Boire de l'eau à la menthe, c'est d'abord pour s'hydrater. C'est en outre pour apporter des éléments nutritifs en plus, notamment des vitamines, des minéraux, des oligo-éléments et des principes actifs de plantes traditionnelles ou de médicaments.

La menthe favorise la digestion et la santé cardio-vasculaire. Par ailleurs, elle très peu calorique et, donc, convient bien pour la lutte contre l'obésité.

Tableau 42 : Valeurs nutritionnelles et caloriques de la menthe

Constituants	Menthe poivrée fraîche, 15 ml/2 g	Menthe verte fraîche, 15 ml/6 g	Menthe verte séchée, 15 ml/2 g
Calories	5,0	3,0	5,0
Protéines	0,1 g	0,2 g	0,3 g
Glucides	0,2 g	0,5 g	0,8 g
Lipides	0,0 g	0,0 g	0,1 g
Fibres alimentaires	0,1 g	0,4 g	0,5 g

Source : Léa Zubiria, 2021

Persil (Petroselinum crispum) : c'est une herbe aromatique très consommée en Afrique. On le retrouve pratiquement dans tous les plats servis froids, bouillis ou cuits. Il rehausse les goûts en relevant les saveurs des plats pour lesquels il est considéré comme herbe « passe-partout ».

Très peu calorique, il a un fort pouvoir antioxydant et pourrait contribuer à la régulation du glucose sanguin. Il constitue un diurétique naturel. Il aide à maintenir une haleine fraîche. Il est riche en plusieurs éléments minéraux tels que le phosphore, le calcium, le fer et le soufre.

Consommé sous forme déshydratée, le persil peut être une bonne source de potassium, de magnésium, de manganèse et de fer.

Rappelons que le fer est essentiel au transport de l'oxygène et à la formation des globules rouges dans le sang. Il prévient l'anémie et soulage les infections urinaires. Quant au manganèse, il agit comme cofacteur de plusieurs enzymes et participe à la prévention des dommages causés par les radicaux libres.

Photo 36 : Feuilles de persil

Le persil est aussi riche en vitamines K et C. La vitamine K est nécessaire pour la synthèse de protéines qui jouent un rôle dans la coagulation du sang, autant dans la stimulation que dans l'inhibition de la coagulation sanguine. Elle est pareillement utile à la formation des os.

Quant à la vitamine C, en plus de ses propriétés antioxydantes, elle contribue à la santé des os, des cartilages, des dents et des gencives. De plus, elle protège contre les infections, favorise l'absorption du fer contenu dans les végétaux et accélère la cicatrisation.

La vitamine C est un puissant antioxydant qui piège les radicaux libres produits par notre organisme en cas d'agressions internes (réactions chimiques de synthèse ou de dégradation de certaines molécules, inflammation, respiration cellulaire) ou externe (pollution, stress, rayonnement, tabac, alcool, produits chimiques).

Tableau 43 :Valeurs nutritionnelles et caloriques du persil

Constituants	Déshydraté, 15 ml (1 g)	Frais, 15 ml (4 g)
Calories	4,0 kcal	1,0 kcal
Protéines	0,3 g	0,1 g
Glucides	0,7 g	0,2 g
Lipides	0,1 g	0,0 g
Fibres alimentaires	0,4 g	0,1 g

Source : passeportsante.net, 2021

Caractéristiques des plantes revitalisantes (moringa, curcuma, néré)

Moringa olifeira **:** c'est une plante exceptionnelle par sa densité nutritionnelle en vitamines A, C, B et en éléments minéraux, dont le calcium. Il sert d'aliment de base partout en Afrique tropicale et subtropicale afin de pallier les carences nutritionnelles des jeunes enfants. Il tient à la disposition de l'Homme ses feuilles, ses fleurs, ses graines, ses racines et ses fruits riches en nutriments pour soigner de nombreuses maladies. C'est pourquoi, il est surnommé « Arbre de la vie » ou « Arbre aux miracles », *Mouroum* en Île Maurice, *Ananambo* à Madagascar et *Nébéday* » au Sénégal en référence à son appellation anglaise « Never die » ou « Ne meurt jamais » en français car n'est que peu affecté par des conditions climatiques difficiles comme la sécheresse.

Le *Moringa* est vendu sous forme de poudre, de gélules, de tisane ou bien encore en vrac avec les feuilles séchées. Celles-ci sont une source d'acide ascorbique qui contribue à la bonne sécrétion d'insuline. Elles sont efficaces dans la réduction des taux de lipides et de glucose dans le corps. Elles aident à baisser le taux de sucre dans le sang et le cholestérol tout en améliorant la protection contre les dommages causés aux cellules du corps humain. Selon la revue *Diabetemagazine.fr (2022),* le *Moringa* agit à différents niveaux :

- en inhibant les enzymes amylase et glucosidase ;
- en augmentant l'absorption du glucose dans les muscles et le foie ;
- en freinant l'absorption intestinale du glucose ;
- en accroissant la sécrétion et la sensibilité à l'insuline.

Il est intéressant de noter que ses feuilles contiennent certains nutriments comme la vitamine A, les vitamines B1, B2, B6, B12, l'acide pantothénique, les vitamines C et E, les protéines, le potassium, le calcium et le fer. La vitamine A (antioxydant) permet de convertir le bêta-carotène ; ce qui réduit le risque de cécité.

La vitamine B12, ingérée régulièrement, est efficace dans le traitement de la neuropathie. À fortes doses, la vitamine C contribue à réduire les complications ophtalmiques telles que le cataracte et autres lésions oculaires. Elle empêche l'accumulation de sorbitol et la glycosylation des protéines, deux facteurs aggravants dans les complications oculaires. La vitamine E, excellent antioxydant, réduit le stress et améliore les activités connexes du transport du glucose. Enfin, le magnésium et la vitamine B6 contribuent à un bon fonctionnement du métabolisme du glycogène.

D'après la revue *Diabetemagazine* (2022), les feuilles du *Moringa* possèdent un large spectre d'actions biologiques : antioxydant, analgésique, anti-cancéreux, hypotenseur, radio-protecteur et immuno-modulateur. Elles ont une utilisation traditionnelle dans la gestion du diabète et le maintien d'une glycémie stable. L'extrait de feuilles de *Moringa* en poudre aide à contrôler le taux de lipides dans le sang et à lutter contre la formation de plaques dans les artères.

La forte concentration de polyphénols dans les feuilles et les fleurs de *Moringa* en fait un excellent supplément pour protéger le foie contre les attaques naturelles quotidiennes (oxydation, toxicité, dommages, etc.).

Son fruit contient une vingtaine de graines, chacune étant composée d'environ 40 % de lipides. C'est donc, dans ces dernières, qu'on extrait par pression à froid l'huile de *Moringa* (Moringa and Co, 2020). Celle-ci possède de nombreuses vertus : adoucissantes, antalgiques cutanées, cicatrisantes,... Elle est bénéfique pour la peau, les cheveux et les muqueuses.

Photo 37 : Arbre et fruits du Moringa

L'écorce du *Moringa* serait intéressante contre les calculs urinaires et ses racines, pour les douleurs articulaires, le paludisme et l'asthme. Quant aux graines, elles mènent une importante activité antioxydante et anti-inflammatoire. Elles sont efficaces lorsqu'on les utilise sous forme de crème. Elles ont un bon effet protecteur de la peau, du cuir chevelu et des cheveux contre les radicaux libres, par activation des systèmes antioxydants des kératinocytes.

Tableau 44 : Valeurs nutritionnelles du moringa

Constituants	Pourcentages
Protéines	25 %
Glucides	40 %
Lipides	8 %
Fibres	15 %
Vitamine C	850 mg
Vitamine A	14300 UI
Calcium 2100 mg | Magnésium 405 mg | Soufre 740 mg | Fer 27 mg | Potassium 1300 mg | Sélénium 2,6 mg	

UI : Unité Internationale
Source : Bénédicte Moulin, 2021. Naturopathe agréée FENA et Nutritionniste

Curcuma (Curcuma longa) : c'est une épice utilisée comme complément alimentaire contenant des curcuminoïdes (constitués à environ 90 % de curcumine). Il s'agit d'antioxydants très puissants qui pourraient expliquer les indications médicinales traditionnelles de la plante *Curcuma longa*, notamment pour le traitement de troubles inflammatoires. Aux curcuminoïdes s'ajoutent les vitamines C et E dont le curcuma regorge.

Le curcuma facilite le transit intestinal et l'assimilation des graisses ; ce qui en fait un pigment bienvenu dans notre alimentation habituelle. Le curcuma n'est cependant pas recommandé en cas de traitement anticoagulant, car il fluidifie le sang.

Les curcuminoïdes, la curcumine, les flavonoïdes et les composés phénoliques du curcuma sont de puissants antioxydants naturels. Les principes actifs du curcuma contribuent à réguler le taux de triglycérides sanguins et, donc, à réduire la pression sanguine et l'indice de masse corporelle. La curcumine favorise aussi, mais différemment, la santé cérébrale. Avec l'âge, la mémoire peut être altérée par le développement de « déchets » ou « plaques » dans le cerveau. Constituées d'amas de protéines qui s'attachent au tissu cérébral, ces plaques interrompent la signalisation cellulaire.

Le curcuma teinte la nourriture en jaune orangé vif. Il a des effets notoires sur l'excès de radicaux libres et leurs méfaits sur les articulations. Ces derniers sont certes indispensables à l'organisme. Toutefois, ils deviennent néfastes lorsqu'ils sont présents en trop grand nombre. L'élimination de leur excès permet un meilleur fonctionnement de l'organisme. Associé à de l'Oméga 3, il permet d'améliorer l'absorption des principes actifs de la plante par l'organisme.

La prise de curcuma peut favoriser la circulation sanguine, la régénération des tissus conjonctifs (muscles, articulations, tendons, ligaments) et la convalescence à la suite d'une blessure articulaire.

Le curcuma est une plante riche avec des principes actifs reconnus pour leurs effets anti-inflammatoires (rhumatisme, arthrose, lumbago, tendinites). Il possède des propriétés régénérantes utilisées à la suite d'un traumatisme (effort physique intense, par exemple), d'un accident ou d'une blessure. Il améliore la circulation sanguine ; ce qui contribue à accélérer et à améliorer la cicatrisation. Il est par ailleurs réputé pour contrer les symptômes de la fibromyalgie, une maladie caractérisée par des douleurs chroniques des muscles et des tendons, une fatigue et des troubles du sommeil, des symptômes dépressifs et des troubles anxieux. La maladie apparaît plus fréquemment chez les femmes autour de la ménopause.

Le curcuma aide à traiter les troubles digestifs, les ulcères de l'estomac et du foie ou à soulager les maladies inflammatoires comme l'arthrite rhumatoïde ou l'arthrose, par exemple.

Selon Natura Force (2021), la racine de curcuma est réputée pour ses bienfaits sur le poids. Elle empêche l'accumulation des graisses par l'organisme. En même temps, elle favorise leur déstockage et donc, leur élimination par le foie. Le curcuma augmente la sécrétion de bile au cours du processus digestif. Conséquemment, les aliments sont mieux digérés.

Le curcuma soulage les problèmes de peau comme l'eczéma ou le psoriasis, les mycoses, les boutons, l'acné et les démangeaisons. Son efficacité est renforcée en cas d'association avec du poivre.

Le magnésium et la vitamine B6 contenus dans le curcuma ont des effets relaxants et apaisants sur l'organisme. Ils aident à améliorer le bien-être général ainsi que l'humeur des personnes.

Néré (Parkia biglobosa) : il est un arbre de la famille des Mimosaceae qu'on trouve du Sénégal au Soudan.

Il est connu pour ses gousses pleines d'une farine jaune un peu sucrée qui entre dans la préparation de bouillies et de boissons. Ses graines sont noires. Elles sont cuites, fermentées, compactées puis vendues sur les marchés en boulettes pour assaisonner la nourriture. On les appelle *Dawa-dawa ou Iru* au Nigéria, *Soumbala* au Mali, au Burkina Faso, en Côte d'Ivoire et en Guinée, *Afitin* au Bénin et *Nététu* au Sénégal.

Le *Néré* apporte la totalité des acides aminés essentiels à l'organisme, du fer et de la vitamine C indispensables pour limiter les risques de scorbut.

Photo 38 : Gousses de néré

Conclusion

Les herbes et plantes aromatiques sont utilisées comme additifs alimentaires. Elles dégagent des parfums agréables. Elles servent pour la plupart à aromatiser des boissons, des sauces et des vinaigrettes. Elles sont très agréables à déguster dans des salades, des crudités, des viandes et poissons (persil, thym, basilic, coriandre). Elles sont des alliées de taille pour les sportifs, en particulier, le curcuma en ce qui concerne la récupération physique après l'effort.

Certaines plantes comme le *Moringa* et le curcuma sont recommandées comme plantes médicinales pour leurs effets dans la gestion du diabète et le maintien d'une glycémie stable. Elles sont en outre considérées comme « super-aliments » grâce à leurs utilisations multiples et diversifiées et leur fort pouvoir antioxydant efficace contre les maladies cardio-vasculaires et certains cancers.

CHAPITRE 6 : FRUITS

Introduction

Généralement, les fruits contiennent plus de 80 % d'eau, ce qui les rend à la fois hydratants et diurétiques. Cela leur confère un faible apport calorique, à quelques exceptions près, comme la banane. Cette caractéristique est particulièrement importante à prendre en compte pour ceux qui souhaitent éviter de prendre du poids.

Place des fruits dans l'alimentation humaine

Les fruits jouent un rôle clé dans l'élimination des déchets et des toxines de l'organisme. Ils sont riches en fibres, en vitamines et en sels minéraux, et les nutriments qu'ils contiennent exercent une action minéralisante et tonique sur le corps.

Ils sont très nombreux. Donc, ne sont traités dans l'ouvrage que ceux consommés en grandes quantités : ananas, mangue, papaye, banane, fruits déshydratés, agrumes (orange, pamplemousse, mandarine, citron) et fruits tropicaux (corossol, grenade, kiwi, mangoustan).

Ils sont une source abondante de polyphénols, de caroténoïdes et de flavonoïdes, qui jouent un rôle crucial dans la lutte contre le stress oxydatif. Ils contiennent également de la cellulose, de la pectine et, dans certains cas, du potassium, qui ont un impact positif sur la flore intestinale et la réduction d'absorption des graisses dans l'organisme. Ils sont riches en sucres, principalement sous forme de fructose, un sucre facilement assimilable.

Caractéristiques des fruits

Les fruits fournissent des minéraux essentiels tels que le potassium, le magnésium (comme dans la banane), le manganèse, le calcium et le fer (Serfaty-Lacrosnière, 2017). De plus, ils contiennent la plupart des vitamines du groupe B (à l'exception de la B12), ainsi que les vitamines antioxydantes C et E, et le bêta-carotène.

Les fruits possèdent plusieurs composants bénéfiques qui jouent des rôles essentiels dans le bon fonctionnement de l'organisme. Voici un aperçu détaillé de leurs propriétés :

- **les minéraux :**
  - le potassium et le sodium : ils sont cruciaux pour réguler la répartition de l'eau dans le corps. Ils aident à maintenir l'équilibre hydrique des organes ;
  - le magnésium : il contribue à l'équilibre du système nerveux et joue un rôle clé dans la régulation du rythme cardiaque. Il est également impliqué dans de nombreuses réactions enzymatiques et aide à réduire le stress et l'anxiété ;

- le calcium : bien connu pour son rôle dans la construction et le maintien des os, il est essentiel pour la santé osseuse. Cependant, il est important de noter que la teneur en calcium des fruits est généralement inférieure à celle des produits laitiers, qui sont souvent considérés comme une source principale de ce minéral.

Photo 39 : Vente de fruits au marché de Gesco, Abidjan

- **les vitamines :**
  - la vitamine C : elle est connue pour stimuler le système immunitaire, ce qui aide l'organisme à mieux se défendre contre les infections. Elle joue un rôle crucial dans l'assimilation du fer, favorisant ainsi la prévention de l'anémie.

    De plus, elle possède des propriétés antioxydantes, protégeant les cellules des dommages causés par les radicaux libres ;
  - la vitamine B9 (acide folique) : elle est fondamentale pour le métabolisme des protéines et est essentielle à la production de matériel génétique. Elle est particulièrement importante pendant la grossesse, car elle contribue au développement sain du fœtus et à la prévention des malformations congénitales ;
  - le bêta-carotène : il est un pigment antioxydant responsable de la couleur orange et jaune de nombreux fruits et légumes. Il aide à protéger les tissus de l'organisme contre les dommages oxydatifs.

    Il peut aussi être converti en vitamine A dans le corps, une vitamine essentielle pour la vision, la croissance et le bon fonctionnement du système immunitaire.

- **les fibres :**
  - elles sont indispensables pour un transit régulier et un bon équilibre du cholestérol sanguin. Elles impliquent un effet de satiété et favorisent le développement de la flore intestinale (protection contre les agressions, réduction de l'absorption des graisses, limitation de l'augmentation du taux de sucre dans le sang, etc.). Elles ont la particularité d'être le seul élément à ne pas être digéré ;
  - elles favorisent une libération lente du sucre dans le sang afin que celui-ci ne génère pas de pics d'insuline nocifs.

Ananas (Ananas comosus) : c'est un fruit tropical cultivé à grande échelle en Côte d'Ivoire, au Bénin et au Nigéria. Il est composé à 85 % d'eau et à 15 % de monosaccharides (glucose, saccharose, fructose). Cette teneur en eau en fait un bon hydratant et rafraîchissant.

Photo 40 : Tranches d'ananas

L'ananas est riche en micro-éléments tels que le calcium, le potassium, l'iode, le zinc, le cuivre, le magnésium, le manganèse et le fer. Il contient de l'acide citrique, tartrique et malique, ainsi qu'un certain nombre d'acides organiques et de plusieurs vitamines : A, B, B2, B12, E, C, PP et bêta-carotène. En outre, il renferme des enzymes végétales et des fibres alimentaires. Celles-ci, en plus de leurs propriétés bénéfiques, favorisent la santé digestive et contribuent à une libération plus lente du sucre dans le sang, ce qui peut être bénéfique pour la régulation de la glycémie.

L'ananas est par ailleurs riche en manganèse, qui a un effet bénéfique sur le squelette osseux, et en potassium, qui contribue au fonctionnement normal des systèmes nerveux et cardio-vasculaires.

L'ananas est un fruit à faible teneur en calories (50 Kcal pour 100 grammes de produit) avec :

- 13,12 g de glucides ;
- 0,54 g de protéines ;
- 0,12 g de graisses.

Ses teneurs en vitamine C et en bêta-carotène sont très intéressantes, car protégées par son écorce épaisse. Excellente source de manganèse et de vitamine C, l'ananas est surtout connu pour sa substance active, la broméline (ou bromélaïne), très appréciée pour ses propriétés anti-inflammatoires, anti-thrombotiques, antiplaquettaires et fibrinolytiques, permettant de dissoudre les caillots sanguins.

D'après Cirelli, MG. (1964), l'ananas est utile pour les personnes souffrant de thrombose et de thrombophlébite, ainsi que de maladies des reins et des vaisseaux sanguins. Il favorise la circulation sanguine en aidant à éliminer les dépôts de graisse dans les vaisseaux sanguins. Par conséquent, il peut être considéré comme un aliment préventif contre les crises cardiaques et les AVC.

L'ananas est également une bonne source de cuivre, élément nécessaire à la formation de l'hémoglobine et du collagène (protéine servant à la structure et à la réparation des tissus) dans l'organisme, ainsi qu'à la défense du corps contre les radicaux libres. Il a la capacité de réduire les douleurs articulaires et musculaires, et il aide à prévenir le développement de l'athérosclérose et les perturbations du pancréas. Il est efficace contre les maladies inflammatoires telles que l'amygdalite, la sinusite, la pneumonie, la pleurésie et la pyélonéphrite. Le jus extrait de ses feuilles est utilisé comme vermifuge.

Les polyphénols, les flavonoïdes et les composés phénoliques présents dans l'ananas ont la propriété de lier les radicaux libres. Ils possèdent des propriétés antioxydantes et peuvent contribuer à prévenir l'apparition de plusieurs maladies (cancers, maladies cardio-vasculaires et diverses maladies chroniques liées au vieillissement des cellules).

L'ananas est aussi une bonne source de vitamines B1 (thiamine) et B6 (pyridoxine). La vitamine B1 participe à la transmission de l'influx nerveux et favorise une croissance normale. Quant à la vitamine B6, elle joue un rôle dans le métabolisme des protéines et des acides gras ainsi que dans la synthèse des neurotransmetteurs (messagers dans l'influx nerveux). Elle contribue à la fabrication des globules rouges, leur permettant de transporter davantage d'oxygène.

La pyridoxine est en outre nécessaire à la transformation du glycogène en glucose, contribuant ainsi au bon fonctionnement du système immunitaire. Cette vitamine joue enfin un rôle dans la formation de certaines composantes des cellules nerveuses et dans la modulation des récepteurs hormonaux.

Tableau 45 : Composants contenus dans 100 g de jus d'ananas

Composants	Quantité (g)	Min – Max (g)
Eau	85,9	82,5 - 91,6
Protéines	0,52	0,3 - 0,74
Lipides	0,24	0,05 - 0,4
Glucides	11	NC
Fibres	1,33	1,2 - 1,5

Source : Catherine Conan, Diététicienne, 2021

Mangue (Mangifera indica L.) : elle est très appréciée pour sa saveur sucrée et sa texture tendre et juteuse. Elle se consomme en dessert, en nature, en salade de fruits, en tarte, en *smoothie* (boisson à base de purée de fruits et de légumes mixés), en jus, en sorbet ou en mousse. Son indice glycémique (IG) est de 50.

Elle est riche en minéraux et en vitamines, particulièrement en vitamine C (37 mg pour 100 g, soit 46 % des apports journaliers recommandés - AJR), en vitamines du groupe B et en polyphénols, qui sont des substances antioxydantes protégeant les cellules du corps contre les dommages causés par les radicaux libres. De ce fait, elle protège l'organisme contre le développement de plusieurs maladies liées à l'âge, telles que les maladies rénales, pulmonaires ou encore les troubles dégénératifs. D'après le *World Academy of Sciences* (2024), c'est la mangiférine, un composé du fruit, qui possède de nombreuses propriétés thérapeutiques.

La mangiférine est un xanthonoïde présent dans les feuilles de l'arbre. Elle a pour effet direct de défendre les cellules du cœur contre les dommages potentiels. Elle aide à réduire la fatigue et renforce le système immunitaire. La mangue est également pourvue en provitamine A, le bêta-carotène (4 000 microgrammes/100 g), un pigment qui intervient dans la vision des couleurs. Elle prévient la dégénérescence des photorécepteurs, notamment la DMLA (dégénérescence maculaire liée à l'âge), qui touche les personnes âgées. Elle est excellente pour les yeux.

De plus, elle est une bonne source de vitamines du groupe B, de fer (1 mg/100 g) qui prévient l'anémie, particulièrement chez les femmes après les règles et pendant la grossesse, et de cuivre (0,100 mg/100 g) qui stimule la production des hématies et des globules rouges. On note également des minéraux essentiels tels que le sodium, le magnésium et le calcium.

La mangue contient des fibres digestives, dont la pectine qui aide à réduire le taux de mauvais cholestérol, et du potassium qui favorise le contrôle du rythme cardiaque et le maintien d'une pression artérielle normale. Elle constitue un bon diurétique, surtout après la consommation d'infusions aux racines de manguier. Grâce à sa forte teneur en eau (83 %), elle prévient la déshydratation. Elle aide à la digestion et facilite le transit avec la présence de fibres (1,8 g). Elle est un bon laxatif efficace contre les problèmes de constipation.

Photo 41 : Fruits de bouillie de mangues en Haute-Guinée

La mangue est effectivement un fruit fascinant et bénéfique pour la santé, surtout si l'on veut perdre du poids. Avec seulement 64 calories pour 100 grammes, elle est hypocalorique et riche en fibres, ce qui en fait un excellent choix pour une alimentation équilibrée. Sa richesse en vitamine C contribue à renforcer le système immunitaire de l'organisme et à favoriser la production de globules rouges.

Il est intéressant de noter que la mangue peut être intégrée dans le régime alimentaire des diabétiques, à condition de la consommer avec modération. Ses propriétés anti-inflammatoires peuvent apporter un soulagement pour ceux qui souffrent d'asthme ou d'arthrite. En outre, elle joue un rôle bénéfique pour le foie en stimulant les sécrétions biliaires et en purifiant les voies gastriques et hépatiques.

La mangue aide à soulager les dents et les gencives douloureuses. Son écorce est efficace en traitement contre les hémorroïdes. Elle est un excellent vermifuge dont l'amande peut être utilisée pour éliminer les parasites intestinaux (Éric Mallet, 2019). Cependant, il est important de rester vigilant, notamment pour les personnes prenant des médicaments anticoagulants, car la mangue peut interférer avec ces traitements.

En somme, la mangue est un fruit délicieux et nutritif à savourer avec précaution pour en tirer tous les bienfaits !

Tableau 46 : Valeurs nutritionnelles et caloriques de 100 g de mangue

Constituants	Teneur moyenne
Calories	73,9
Protéines	0,63 g
Glucides	14,3 g
Lipides	0,3 g
Fibres alimentaires	1,6 g
Charge glycémique	Faible
Pouvoir antioxydant	Élevé

Source : Léa Zubiria, 2021

Papaye (Carica papaya L.) : elle est le fruit du papayer, une herbe géante qui se rencontre dans la plupart des écologies d'Afrique sauf dans le désert. Il s'agit d'un fruit remarquable, tant pour ses bienfaits nutritionnels que pour ses multiples usages. Elle est délicieuse dans les salades de fruits, en compote ou en confiture, et elle se marie parfaitement avec un filet de jus de citron pour une touche de fraîcheur. Avec un apport calorique d'environ 45 Kcal pour 100 g, elle est idéale pour ceux qui cherchent à maintenir ou à perdre du poids. Sa richesse en vitamines A et C, et en minéraux comme le potassium, le calcium et le magnésium, en fait un excellent choix pour renforcer le système immunitaire et soutenir la santé cardio-vasculaire.

La papaye a des propriétés anti-inflammatoires et peut aider à réduire le risque de certaines maladies, comme le cancer du côlon et de la prostate. En cosmétique, elle est prisée pour ses effets exfoliants doux permettant d'éliminer les cellules mortes de la peau.

Sa chair est juteuse et orangée mais lorsqu'elle n'est pas mûre, elle est blanchâtre laissant échapper une substance blanchâtre, le latex qui contient de la papaïne.

La papaïne est une enzyme utilisée dans l'industrie agro-alimentaire pour attendrir la viande et empêcher la gélatine de prendre. Cette propriété dissolvante lui vaut, d'ailleurs, la réputation de faire disparaître les cors et les durillons. Elle est, par ailleurs, valorisée en médecine et dans des industries de traitement de cuir, de soie, de laine et dans les brasseries. Quant au latex-même, on l'utilise, notamment, pour la fabrication de chewing-gum et la confection de gants médicaux (www.biomediteraneen, 2020). Il peut être associé à une allergie à certains aliments. Il est donc recommandé aux personnes allergiques au latex d'effectuer des tests d'allergie alimentaire. Parmi les autres aliments considérés comme potentiellement associés à l'allergie au latex, on compte l'avocat, la banane, le marron, le kiwi, l'abricot et le fruit de la passion (Léa Zubiria, 2021).

La papaye est chargée de fibres, ce qui lui confère un faible pouvoir rassasiant. Celles-ci adoucissent les selles et préviennent la constipation. Elles améliorent la digestion et favorisent un bon transit intestinal. Elle est souvent utilisée comme complément alimentaire pour soulager les brûlures d'estomac et favoriser une bonne digestion.

Photo 42 : Papaye mûre

Tableau 47 : Valeurs nutritionnelles et caloriques de 100 g de papaye

Composants	Teneur moyenne
Calories	39 Kcal
Protéines	0,61 g
Glucides	9,81 g
Lipides	0,14 g
Fibres alimentaires	1,8 g
Charge glycémique : Modérée	

Source : https://www.lanutrition.fr/papaye

Bon à savoir : il est important de noter que, bien que la papaye soit bénéfique, elle peut provoquer des réactions allergiques chez certaines personnes, notamment celles qui sont allergiques au latex. Il est donc conseillé de faire preuve de prudence.

Banane (Musa acuminata) : elle est un fruit exceptionnel, riche en nutriments et bénéfique pour la santé. Sa teneur élevée en potassium aide à réguler la pression artérielle, ce qui est essentiel pour maintenir une bonne santé cardio-vasculaire. De plus, son effet énergisant en fait un excellent choix après le sport, permettant une récupération rapide.

En tant que fruit à forte densité nutritionnelle, elle est idéale pour ceux qui cherchent à perdre du poids, car elle est riche en fibres et en amidon résistant ; ce qui favorise la satiété et aide à éviter les envies de grignotage d'aliments plus caloriques. Elle est donc très rassasiante et permet de ne pas craquer sur des bombes caloriques (Lise Lafaurie, 2019).

Photo 43 : Banane dessert

Les antioxydants présents dans la banane jouent également un rôle important dans la prévention de certaines maladies, notamment le cancer colorectal. Leurs propriétés anti-acides et anti-ulcéreuses protègent la muqueuse de l'estomac, contribuant à la santé digestive.

Tableau 48 : Valeurs nutritionnelles de la banane

Composants	Banane, pulpe, crue : teneur pour 100 g	Fruits : moyenne des aliments
Protéines	0,98 g	1,0 g
Glucides	19,6 g	16,9 g
Fibres alimentaires	1,9 g	3 g
Lipides	0,25 g	0,5 g
Eau	75,8 g	77 g

Source:https://sante.journaldesfemmes.fr/fiches-nutrition/2531310 banane-bienfaits-sante-calo rie-proprietes/

En plus de cela, la banane est une source de bêta-carotène, de magnésium et de vitamines du groupe B, ce qui en fait un aliment complet pour le bien-être général. Elle est particulièrement bénéfique pour les femmes enceintes et les enfants en soutenant leur croissance et leur développement. Elle est conseillée aux diabétiques à condition de ne pas en consommer de grandes quantités (1 banane par jour suffit).

En résumé, les bienfaits de la banane incluent la perte de poids, le contrôle de la glycémie, l'abaissement du taux de cholestérol et le maintien d'une bonne santé. C'est un fruit polyvalent qui mérite une place dans notre alimentation quotidienne !

Fruits déshydratés, fruits séchés

Les fruits déshydratés sont une excellente option pour ceux qui cherchent à bénéficier d'une bonne concentration de nutriments. En retirant l'eau des fruits, on obtient des petites bombes nutritionnelles riches en bêta-carotène, vitamines B, calcium, potassium, magnésium, fer et fibres. Cela en fait un choix idéal pour les sportifs, car ils fournissent une source d'énergie rapide et aident à la récupération physique.

Il est intéressant de noter que ces fruits peuvent également être bénéfiques pour les femmes en début de ménopause qui ressentent de la fatigue et une perte de masse osseuse. Les bonnes graisses, comme les Oméga 3 et 6 présentes dans certains fruits déshydratés, contribuent à la santé globale et peuvent aider à combattre l'anxiété.

Deux méthodes principales sont utilisées pour la déshydratation des fruits: à l'air libre et à basse température.

À l'air libre, on fait le séchage des fruits au soleil à température avoisinant les 35 °C. À basse température, les fruits sont placés au four (ou dans un déshydrateur) avec une température de séchage basse (entre 50 et 70 °C pour un four). Les deux méthodes sont bonnes mais elles provoquent la perte de vitamine C.

Comparés aux fruits frais, les fruits déshydratés sont plus riches en glucides et en potassium, des vertus nutritionnelles recherchées par les sportifs : énergie, lutte contre les crampes, etc.

En résumé, les fruits déshydratés, comme l'ananas, la papaye, la banane, la mangue, le melon, la pastèque et le coco, sont une option saine et pratique, mais il est conseillé de les consommer avec modération en raison de leur concentration en glucides.

> Bon à savoir : Il importe de noter que si les fruits déshydratés sont riches en glucides (sucres), les fruits secs le sont en lipides (graisses). Les glucides sont facilement brûlés alors que les lipides sont stockés.

Caractéristiques des agrumes (orange, pamplemousse, citron, mandarine)

Les agrumes désignent l'ensemble des fruits comprenant les oranges, les citrons, les mandarines et les pamplemousses. On les rencontre partout en Afrique selon les préférences et à toutes les saisons. Leur richesse en flavonoïdes, qui sont des antioxydants puissants, en fait des alliés précieux pour l'organisme. En agissant en synergie avec la vitamine C, ces composés aident à lutter contre le vieillissement cellulaire et à renforcer le système immunitaire. Rappelons que la vitamine C est efficace dans la lutte contre la fatigue, le froid et le stress. Elle intervient aussi dans la formation des hormones surrénales dont le cortisol et participe à réduire considérablement la dépression et l'angoisse.

Avec une composition d'environ 85 % d'eau, les agrumes sont des fruits particulièrement juteux et désaltérants. Ils sont en outre riches en minéraux comme le calcium et le potassium qui contribuent à la solidité des os et à la réduction de la rétention d'eau. Quant aux flavonoïdes, ils sont utilisés pour fabriquer des médicaments protecteurs des veines et des vaisseaux sanguins. On les accompagne souvent avec des composés aromatiques issus des pelures d'agrumes pour des actions protectrices des veines et des capillaires ou pour faire baisser la pression artérielle. Ils permettent de lutter contre les radicaux libres, responsables du vieillissement de la peau et de nombreuses pathologies.

Les agrumes contiennent des polyphénols. Ils mènent une véritable activité anticancéreuse pour empêcher la prolifération des tumeurs notamment au niveau de l'œsophage, de l'estomac et du côlon.

En plus de leurs bienfaits pour la santé, les agrumes jouent un rôle important dans l'industrie de la parfumerie. Ils sont souvent utilisés dans les industries de parfumerie comme matières premières. Ils sont à l'origine des Eaux de Cologne grâce à leur fraîcheur et leur tonalité acidulée.

D'après le site Olfastor (2018), qui a pour ambition d'approfondir les connaissances sur l'art du parfum, les parfums regroupent souvent plus d'un agrume comme dans « L'Eau des Merveilles » d'Hermès, ou encore dans « Ô de Lancôme », de Lancôme où les notes de tête conjuguent le citron, le petit grain, la bergamote et la mandarine. Les notes agrumes ont par ailleurs trouvé leurs places au sein de fragrances masculines comme dans « Eau Sauvage » de Christian Dior ou dans « Chrome » d'Azzaro.

Les notes agrumes peuvent en outre se retrouver au sein de parfums floraux comme dans « L'air du Temps » de Nina Ricci (floral-épicé) ou dans « Aroma Blue » de Lancôme (floral-jasmin). On pourra retrouver les agrumes dans des parfums orientaux comme dans « Bois Rouge » de Tom Ford (oriental-boisé) ou dans des parfums boisés comme le célèbre « 1 Million » de Paco Rabanne (Eden Parfumerie Communauté, 2022).

La consommation des agrumes rend encore plus belle et plus ferme la peau. Elle permet la synthèse du collagène, une protéine présente dans diverses structures du corps telles que la peau, les cartilages, les tendons, les ligaments, les tissus osseux, les muscles et les tissus conjonctifs. Le collagène est largement responsable de l'élasticité et de la résistance de la peau. Sa dégradation entraîne le vieillissement de celle-ci et l'apparition de rides.

La pelure d'agrume apporte du potassium qui contribue à contrôler la pression artérielle et du limonène, un composé phytochimique qui peut, d'une part, avoir des propriétés anti-cancérigènes et, d'autre part, combattre les brûlures d'estomac.

Tableau 49 : Composition chimique des agrumes pour 100 g de matière comestible

Constituants	Unité	Espèces			
Énergie	Kcal	47,00	39,00	32,00	43,00
Énergie	KJ	203,00	165,00	130,00	184,00
Eau	G	88,00	86,00	89,00	8,900
Fibres alimentaires	G	1,90	2,00	1,00	0,60
Glucides disponibles	G	10,60	8,50	8,00	9,80

Source : Feinberg et al., 1991 in Bounouala, 2001
Khen Ouissam 2014, Érosion génétique des espèces agrumicoles

Orange (Citrus sinensis) : elle est un fruit remarquable, tant pour son goût que pour ses bienfaits pour la santé.

Avec un apport énergétique modéré de 45 Kcal pour 100 g, elle est principalement composée de glucides surtout de saccharose, ce qui permet une excellente assimilation. Elle est pauvre en lipides et en protéines. Elle justifie parfaitement sa bonne réputation vitaminique : un fruit moyen (150 à 180 g net) couvre pratiquement la totalité de l'apport quotidien recommandé en vitamine C qui est de 80 mg pour l'adulte. Elle constitue donc une excellente source de vitamine C, de vitamines du groupe B et de provitamine A (Sodea, 2015).

L'orange contient des fibres solubles qui favorisent la digestion et aident à réguler le cholestérol et les triglycérides dans le sang. En plus de ses vitamines, l'orange est une source de minéraux essentiels comme le calcium, le potassium et le magnésium ainsi que d'antioxydants qui aident à prévenir les maladies cardio-vasculaires et certains types de cancers. Elle est bénéfique pour la santé osseuse grâce à ses caroténoïdes.

Elle contient des fibres solubles qui aident à stimuler et à réduire les troubles de digestion. Elle est un bon allié pour réguler le taux de cholestérol et de triglycérides dans le sang. Sa chair fournit de surcroît des minéraux et des oligo-éléments : calcium, potassium, phosphore, magnésium, fer et cuivre, et des composés antioxydants - flavonoïdes et caroténoïdes qui stimulent la production de cellules osseuses et l'absorption de calcium.

Ainsi, manger des oranges participe à la prévention des maladies cardio-vasculaires et limite les risques d'athérosclérose et de cancers de la bouche, du pharynx et du tube digestif grâce à ses antioxydants.

La vitamine C stimule le système de défense de l'organisme en activant la formation des anticorps et l'activité phagocytaire des globules blancs. Elle intervient dans la biosynthèse de l'adrénaline et des corticoïdes, les hormones du stress. Elle joue en outre un rôle important dans la synthèse cellulaire notamment des tissus conjonctifs, des os et des cartilages, et dans l'absorption du fer – ensemble de processus dont le bon déroulement renforce les défenses de l'organisme.

L'orange est naturellement stimulante pour l'organisme et pas seulement pour son action vitaminique. En effet, ses acides organiques naturels excitent les sécrétions digestives et facilitent une bonne assimilation des aliments. D'où l'intérêt d'un jus d'orange pris en apéritif et l'explication de la bonne tolérance habituelle d'une orange prise en dessert, même après un repas copieux. Par ailleurs, l'orange participe au rééquilibrage du milieu interne. Ceci est bon à savoir car lorsque l'alimentation est trop riche en viande et aliments de ce type, cela a un effet acidifiant marqué sur l'organisme.

L'orange, malgré sa saveur acidulée, possède une action inverse alcalinisante, ce qui peut aider à compenser les effets acidifiants d'une alimentation riche en viande. Ses acides organiques se combinent dans l'organisme avec les minéraux et libèrent des bases capables de compenser les déchets acidifiants en excès. Elle a donc une action ré-équilibrante (Sodea, 2015).

Un autre aspect intéressant est son effet alcalinisant sur l'organisme, ce qui peut aider à compenser les effets acidifiants d'une alimentation riche en viande. En somme, intégrer des oranges dans son alimentation est une excellente manière de prendre soin de sa santé tout en se régalant !

Tableau 50 : Valeurs nutritionnelles pour 100 g d'orange

Composants	Quantité
Protéines	1,1 g
Lipides	0,36 g
Glucides	7,92 g
Eau	86,9 g
Fibres	2,2 g

Source : Kurowska E. M : HDL-cholesterol-raising effect of orange juice in subjects with hypercholesterolemia. Am J Clin Nutr. 2000

Le mot de l'Expert

1) L'orange est un fruit qui facilite l'élimination des graisses du corps grâce à sa teneur en vitamine B.
2) La vitamine B est un excellent élément pour éliminer les excès de lipides et de sucres présents dans le sang au travers de l'urine.
3) Une orange moyenne couvre la moitié des besoins quotidiens en vitamine C chez les sportifs.
4) L'orange provoque un inconfort chez certaines personnes causant des brûlures d'estomac et des douleurs, notamment chez les patients atteints de gastrite ou d'intolérance aux agrumes.

Pamplemousse (Citrus maxima) : c'est un fruit rafraîchissant très riche en vitamine C. Ses composés en antioxydants, appelés limonoïdes, sont efficaces pour la lutte contre certains cancers (surtout digestifs) et des voies aériennes supérieures.

Il est recommandé pour brûler les graisses chez des personnes ayant un taux de cholestérol et de triglycérides sanguines très élevé, mais également, pour les personnes obèses ou ayant un IG élevé. Pour ces dernières, il joue un rôle dans la prévention de l'hyperglycémie et la réduction de la résistance de leur foie à l'insuline.

Photo 44 : Salade fraîcheur au pamplemousse

Les pamplemousses contiennent des quantités élevées de bêta-carotène. Les fruits de couleur rouge et rose contiennent du lycopène, un autre composé de la famille des caroténoïdes dont les propriétés antioxydantes sont élevées.

Le pamplemousse est riche en potassium, un minéral souvent utilisé pour la santé cardiaque. Il contribue à la réduction du risque d'hypertension artérielle et de décès par maladie cardiaque. L'extrait de ses pépins, utilisé comme pâte ou en bain de bouche, nettoie les impuretés de la bouche. Il soulage les boutons et démangeaisons du cuir chevelu. Il est pareillement intéressant pour l'hygiène des pieds contre les boutons et champignons.

Le pamplemousse est déconseillé lors d'utilisation de certains médicaments (traitement du cancer, de la dépression, de l'hypercholestérolémie, de l'hypertension artérielle, des reflux gastro-intestinaux et de problèmes cardiaques). En effet, ils peuvent entrer en interaction avec le pamplemousse, surtout la peau blanche sous l'écorce du fruit (albédo), dans laquelle se retrouvent en majorité les substances qui agissent sur les médicaments.

Selon Bailey DG et *al.* (2012), le plus dangereux, c'est qu'il peut suffire d'un seul verre de jus de pamplemousse pour faire une hémorragie du système digestif, des troubles rénaux, des problèmes de respiration ou entraîner la mort.

Tableau 51 : Valeurs nutritives du pamplemousse

Constituants	Pamplemousse, ½ fruit moyen (10 cm diamètre)/128 g	Jus de pamplemousse, 1 tasse (250 ml)/260 g
Calories	41	100
Protéines	0,8 g	1,4 g
Glucides	10,3 g	23,4 g
Lipides	0,1 g	0,3 g
Fibres alimentaires	2,3 g	1,4 g
Charge glycémique : Faible		
Pouvoir antioxydant : Élevé		

Source : Santé Canada. Fichier canadien sur les éléments nutritifs, 2010

Le mot de l'Expert
Le jus de pamplemousse est efficace pour le traitement du paludisme grâce à la présence de quinine, un alcaloïde naturel utilisé contre le lupus, l'arthrite et les crampes nocturnes aux jambes.

Citron (Citrus limon) : c'est un fruit aux propriétés intéressantes pour la santé telles qu'une forte action antibactérienne et antivirale. Il renferme beaucoup de substances nécessaires pour le renforcement du système immunitaire et la lutte contre les infections, notamment : l'acide citrique, le calcium, le magnésium, la vitamine C, les bio-flavonoïdes, la pectine et le limonène. L'acide ascorbique (vitamine C) qui est contenu dans le citron a des effets anti-inflammatoires. Il s'utilise en complément pour traiter l'asthme et d'autres problèmes respiratoires. Il améliore la capacité d'absorption du fer par l'organisme.

Il sert à cicatriser les blessures. Il est un nutriment essentiel pour garder les os en bonne santé, de même que le tissu connectif et le cartilage.

Le citron est riche en vitamine C ; il est donc très utile pour combattre le rhume. Il est riche en potassium qui est un bon stimulant pour le cerveau et le système nerveux. Il sert également à contrôler la tension artérielle.

Le jus de citron favorise l'élimination des déchets et des toxines et aide à combattre les agents qui occasionnent la rétention de liquides dans le corps humain. Ceci est typique des cas d'hypertension. Grâce à sa composition atomique similaire à celle de la salive et de l'acide chlorhydrique des sucs digestifs, il stimule le foie à produire de la bile, un acide nécessaire à la digestion.

Le jus de citron a des capacités diurétiques et filtrantes. Il contient de grandes quantités d'eau pour un nettoyage naturel du corps. Il combat la fatigue musculaire en éliminant l'acide lactique accumulé dans les tissus des muscles grâce à l'acide ascorbique qu'il contient. Il soulage les symptômes de l'indigestion comme les brûlures de l'estomac, le ballonnement abdominal ou la constipation.

Il est utilisé pour la prévention des pathologies de l'articulation comme la goutte, qui est due à l'accumulation anormale de l'acide urique dans les articulations après dégradation des lipides.

Le citron est l'un des aliments les plus alcalinisants pour le corps. Il est lui-même acide, mais dans le corps il devient alcalin (l'acide citrique ne produit pas d'acidité dans le corps, une fois métabolisé). Il contient autant d'acide citrique que d'acide ascorbique, tous deux des acides faibles qui sont facilement métabolisés dans le corps et qui font que le contenu minéral du citron puisse alcaliniser le sang (nutrition.fr, 2017).

Photo 45 : Citron

Les états pathologiques ne surviennent que lorsque le pH du corps est acide. Ainsi, boire de l'eau citronnée régulièrement peut servir à éliminer l'acidité totale du corps, comme l'acide urique dont l'excès est l'une des principales causes des accès douloureux et des inflammations articulaires.

Les propriétés amincissantes du citron sont bien connues et appréciées. C'est un excellent détoxifiant et anti-inflammatoire qui a de surcroît des propriétés antioxydantes grâce à sa haute teneur en vitamine C.

Le citron peut provoquer des brûlures d'estomac et des reflux gastro-œsophagiens lorsqu'il est consommé en grandes quantités (douleurs abdominales, nausées, vomissements). Il permet cependant l'évacuation du trop-plein d'eau (rétention) et de sel de l'organisme. Il faut donc boire suffisamment d'eau pour combler les effets de ce phénomène.

Tableau 52 : Valeurs nutritionnelles pour 100 g de citron

Composants	Teneur moyenne
Énergie	29 Kcal
Protéines	1,1
Lipides	0,3
Glucides	9,32
Fibres	2,8
Eau	88,98

Source : Le Figaro santé, 2020

Le mot de l'Expert
Boire le matin du jus de citron, dilué dans un verre d'eau, permet d'éliminer certains déchets. Il aide à se débarrasser des lourdeurs dues à la consommation de certaines nourritures grasses. On peut en outre associer le jus du citron au jus de gingembre pour traiter l'asthme et certains troubles des voies aériennes.

Mandarine (Citrus reticulata) : en plus de sa bonne saveur, elle est très parfumée. C'est pour cela qu'elle est utilisée dans la fabrication de parfums et de liqueurs. Son zeste est très riche en flavonoïdes. Il conserve son parfum même une fois sec.

La mandarine est un fruit antioxydant riche en caroténoïdes, en vitamines A et E, bénéfiques pour la peau. Elle contient beaucoup de vitamine C efficace pour stimuler le système immunitaire pour faire face aux virus sources de grippe ou de rhume, ou pour la prévention de certains cancers, notamment du côlon, et des maladies cardio-vasculaires. Elle est riche en fibres et en sels minéraux (calcium, potassium, phosphore, fer, magnésium, sélénium et brome).

Elle est considérée comme modératrice du système nerveux central car aidant à réduire les insomnies, les angoisses et les troubles de la digestion. Elle est un puissant calmant et relaxant, et est réputée pour aider à apaiser le stress et les angoisses et pour favoriser un sommeil réparateur. Son albédo a des propriétés antioxydantes et anti-inflammatoires qui semblent jouer un rôle important dans la prévention de certains cancers, notamment celui du côlon et des maladies cardio-vasculaires.

L'huile essentielle de mandarine est utilisée dans de nombreuses préparations médicinales et cosmétiques à usage interne et externe. Elle est par ailleurs valorisée en cuisine comme agent aromatisant dans la préparation de desserts et en parfumerie sous la forme d'un parfum qui a une odeur unique dans la production de produits d'élite.

Tableau 53 : Valeurs nutritionnelles de la mandarine pour 100 g

Composants	Teneur moyenne
Énergie	53 Kcal
Protéines	0,81 g
Lipides	0,31 g
Glucides	13,34 g
Fibres	1,8 g
Eau	85,17 g

Source : LaNutrition.fr, 2020

Le mot de l'Expert
Comme la plupart des agrumes, les mandarines sont déconseillées en cas de troubles gastriques et ne doivent pas être associées à certains médicaments, tels que les anti-inflammatoires ou l'aspirine.
L'huile essentielle de mandarine, photosensibilisante, est contre-indiquée pour les femmes enceintes ou allaitantes, les jeunes enfants ou encore les personnes allergiques ou asthmatiques.
Les personnes souffrant de diabète doivent limiter leur consommation en raison du fructose qu'elle contient.

Caractéristiques de quelques fruits forestiers et fruits exotiques (mangoustan, corossol, grenade, sapotille, kiwi, *Saba senegalensis*, safou, jujube)

Mangoustan (Garcinia mangostana) : il se rencontre surtout en Côte d'Ivoire et en République démocratique du Congo où il se consomme nature ou dans des salades de fruits. Il a un léger arôme et un goût aigre-doux. Il est utilisé pour agrémenter des boissons et des sorbets maison.

Il est apprécié pour sa richesse en polyphénols dont les xanthones et les tanins qui lui confèrent une astringence de sa coque contre les insectes, les champignons, les virus, les bactéries et les animaux, tant que le fruit n'est pas mûr.

D'après Alejandro dans *Exotic Fruit Box* (2020), le mangoustan est considéré comme un super-fruit, en raison de ses multiples propriétés et avantages nutritionnels, en plus de son goût exquis. Il est exploité à des fins médicinales et cosmétiques, et pour ses propriétés purifiantes, antioxydantes, anti-inflammatoires, anti-âges et diurétiques. Il est donc très efficace pour revitaliser notre corps, prévenir et traiter diverses maladies. De plus, en raison de sa consistance et de son goût sucré, sa consommation convient à tout âge, athlète et femme enceinte ou allaitante.

Selon toujours le même article, le mangoustan contiendrait dans sa composition 84 types de xanthones (l'aloès en contient 3 par exemple), qui sont des molécules biologiquement actives qui combattent les virus, les champignons, les bactéries et les parasites. Il révèle qu'il est un fruit approprié pour les personnes souhaitant perdre du poids ou ayant des problèmes de rétention de liquides, puisqu'il possède des propriétés diurétiques et détoxifiantes aidant à éliminer les éléments dont l'organisme n'a pas besoin. Il convient aux personnes suivant un traitement diurétique médicalisé pour compenser la perte en potassium. En effet, le fruit contient une grande quantité de potassium, valeur fondamentale pour le fonctionnement correct des muscles et du système nerveux.

Le mangoustan a un grand pouvoir antioxydant destiné à la protection de l'organisme contre les attaques par les radicaux libres, le vieillissement et le cancer.

On le considère antibactérien, antiviral et simulé. Il augmente les défenses et contient la vitamine B12, ce qui améliore le système nerveux et le métabolisme du foie (*Exotic Fruit Box*, 2022).

Encadré 6 : Exotic Fruit Box

Le mangoustan fournit un grand nombre de vitamines et minéraux essentiels à la santé : vitamine C, manganèse, potassium, magnésium, vitamines B, calcium et fer. Il a un faible apport calorique et une haute teneur en fibres. Il possède une large gamme de xanthones, des composés chimiques naturels.

Il empêche le durcissement des artères et contribue au bon fonctionnement du cœur en raison de ses faibles niveaux de sodium.

Le mangoustan est un remède naturel contre l'hypertension artérielle. Il contient une grande quantité de potassium, un minéral important dans la régulation de la pression. De plus, c'est un épurateur de sang utile pour réduire la glycémie et les taux de lipides.

C'est un fruit aux propriétés nettoyantes et antioxydantes, nous aidant à éliminer les toxines. Plus précisément, c'est son apport en vitamine C qui améliore ses propriétés.

En plus de sa faible teneur en calories et de ses propriétés purifiantes, c'est un amincissant naturel recommandé pour les régimes. Cette même propriété diurétique fait du mangoustan un fruit approprié pour traiter naturellement d'autres conditions telles que l'arthrite, les calculs rénaux ou la rétention d'eau.

Le mangoustan contient des fibres, ce qui aide à réduire le mauvais cholestérol sanguin. Cela en fait un aliment adéquat pour lutter contre la constipation et soulager l'inconfort de la gastrite.

Il aide à prévenir l'apparition des maladies de Parkinson et d'Alzheimer grâce à la présence d'une vitamine qui recouvre le système nerveux central. On pense aussi que le mangoustan serait un grand antidépresseur naturel.

Le mangoustan augmente les défenses du système immunitaire et est considéré comme un aliment anti-inflammatoire, même pour les articulations.

Il s'est avéré efficace contre des bactéries telles que la salmonelle, le staphylocoque et l'entérocoque. Par conséquent, il est considéré comme un fongicide puissant, un antibactérien et un antiviral.

Alejandro, le 5 mars 2020

Photo 46 : Mangoustan

Tableau 54 : Valeurs nutritives du mangoustan pour 100 g

Constituants	Teneur moyenne
Eau	80,69 %
Calories	73 Kcal
Protéines	0,41
Lipides	0,58 g
Glucides	17,91 g
Fibres alimentaires	1,8 g

Source : Exoticfruit, 2020

Le mangoustan a des propriétés anti-inflammatoires, anti-allergiques et anti-tumeurs. Il est recommandé pour les personnes souffrant d'hypertension. De plus, il contribue à élever les niveaux d'énergie dans l'organisme. La pulpe et l'écorce du fruit sont riches en acides hydroxycitriques (HCA) qui inhibent la création de graisse, préviennent l'excès de cholestérol sanguin et provoquent une sensation de satiété. Elles peuvent par ailleurs être utilisées pour le traitement de l'obésité.

Le mot de l'Expert

Le mangoustan est recommandé aux personnes souffrant d'un taux de cholestérol élevé dans le sang et pour une bonne santé digestive.

D'après Valérieux (2019), une portion de 100 g du fruit suffit pour couvrir 7 % des besoins quotidiens en fibres, un nutriment qui fait souvent défaut dans l'alimentation des populations.

Corossol (Annona muricata L.) : c'est un fruit comestible au goût agréable et sucré. Il est constitué de 80 % d'eau. Il contient les vitamines B et C, des glucides, des protéines, du magnésium, du potassium, du phosphore, du calcium et du sodium ou encore du cuivre. Il agit comme diurétique, anti diarrhéique et antiparasitaire. Sa forte teneur en fibres facilite la digestion et le transit.

Les propriétés médicinales du corossol sont impressionnantes. Il peut aider à apaiser divers maux, comme les troubles digestifs, les insomnies et même certains problèmes de peau. Les feuilles, en particulier, sont reconnues pour leurs effets anti-inflammatoires et peuvent être utilisées en infusion pour soulager la fatigue ou en cataplasme pour traiter des douleurs localisées.

Selon Ooreka (2020), dans le corossolier tout s'utilise, de la pulpe à l'écorce du fruit, des feuilles aux graines. Le corossolier offre en effet de multiples bienfaits pour l'organisme. Il est notamment indiqué pour :

- apaiser les fièvres ;
- réduire les troubles de l'érection ;
- améliorer la digestion ;
- calmer les nerfs ;
- lutter contre les insomnies ;
- soulager les rhumatismes.

Les feuilles en infusion permettent de dissiper des douleurs au foie et à l'estomac. Elles améliorent la quantité de lait maternel et diminuent la fièvre. Ses feuilles macérées sont appliquées sur la peau. Elles sont promptes à apaiser les douleurs rhumatismales et arthritiques.

Selon le site www.corossol.org (2020), chaque partie de l'arbre ou du fruit a des propriétés curatives particulières :

- **les feuilles :** elles ont une action anti-cancérigène, antispasmodique, sédative, antidiabétique, vasodilatatrice, désinfectante. Elles sont efficaces contre le paludisme ;
- **les racines :** elles sont insecticides ;
- **l'écorce :** elle est antibactérienne, antiparasitaire et amœbicide (pour lutter contre les maladies infectieuses liées à des vers ou des parasites), désinfectante. Elle est efficace contre les ulcères ;
- **le fruit :** il est galactagogue, c'est-à-dire qu'il favorise la lactation ;
- **les graines :** elles agissent comme antiparasitaires.

Le corossol a en outre une action efficace et bénéfique contre les insomnies, les maux de tête et l'asthme.

Ses étonnantes propriétés intéressent grandement les chercheurs qui ont mis à jour son action contre les virus, notamment l'herpès, les microbes, les maladies anti-inflammatoires, le diabète, certaines maladies cardiaques et hépatites.

En tant que puissant antioxydant naturel, il possède des vertus anticancéreuses. Selon le Centre Américain de Cancer *Mémorial Sloan-Kettering* (MSKCC, 2021), les extraits de corossol jouent un rôle important dans le traitement des cancers en facilitant leur destruction (cancers du côlon, des seins, de la prostate, des poumons et du pancréas). Cette plante assure en outre la guérison du cancer du sein, des intestins, des ovaires, du foie et des poumons. Il semblerait par ailleurs qu'une simple cure de jus de corossol préviendrait tout type de cancer.

Le corossol possède des propriétés antivirales, antimicrobiennes et antibactériennes qui lui permettent de lutter efficacement contre les parasites et certains virus qui s'attaquent à l'organisme humain (Lana Dvorkin-Camiel et Julia S. Whelan, Revue Africaine « *Journal of Dietary supplements* », 2008).

Le corossol, à travers sa forte teneur en eau et en fibres qu'il contient, aide à lutter contre les troubles du transit intestinal notamment les ballonnements, l'insomnie et la nervosité. Ses feuilles possèdent des effets anti-inflammatoires. Celles-ci sont utilisées comme cataplasmes sur les lésions cutanées et les points douloureux au niveau du corps après un traumatisme. En plus, elles aident à lutter contre la fatigue. Il est conseillé de faire bouillir ses feuilles et de boire leur infusion à chaud après une dure journée de travail.

Le corossol affiche de très nombreuses vertus thérapeutiques et médicinales. Il est à la fois un puissant diurétique, un excellent hypotenseur et un formidable régulateur des fonctions de l'organisme. Grâce à ses composés photochimiques (acétogénines), il est utilisé pour purifier le foie ou encore pour maintenir l'équilibre du taux de sucre dans le sang ; ce qui se révèle intéressant pour les personnes diabétiques (Saveurs d'Afrique, 2018). Le corossol agit contre les pics de glycémie en permettant de garder le taux de glucose à un niveau stable.

D'après Christian Kamnang (2021), on ne doit pas consommer de corossol, si :

1) l'on prend des médicaments pour la tension ou le diabète, car le corossol peut accroître leurs effets ;
2) l'on a une maladie du foie ou des reins, car la consommation répétée de corossol peut intoxiquer ces deux organes ;
3) l'on doit subir un examen d'imagerie nucléaire, car le corossol peut réduire l'absorption par les tissus des produits radio-pharmaceutiques utilisés pour le diagnostic ou le traitement ;
4) l'on a une faible numération plaquettaire, car le corossol peut réduire le nombre de plaquettes.

En résumé, le corossol est bien plus qu'un simple fruit, il est un véritable « super-fruit » offrant une multitude de bienfaits pour la santé.

Le mot de l'Expert

1) les pépins noirs ne sont pas comestibles ;
2) la présence d'acétogénines et de certains alcaloïdes, suspectés de neurotoxicité, pose le problème de son usage répétitif surtout pour les femmes enceintes ou allaitantes ;
3) le corossol est un booster du système immunitaire. Il est recommandé de prendre quelques tasses de tisanes ou d'extraits de corossol en périodes de rhumes, de grippes et autres toux ;
4) on soupçonne que le corossol n'est pas bien toléré par les patients atteints de la maladie de Parkinson.

Grenade (Punica granatum) : c'est le fruit du grenadier, un petit arbre qui pousse généralement dans les villes côtières. Elle est vraiment un fruit exceptionnel, tant par sa saveur que par ses bienfaits pour la santé. En plus d'être délicieuse, elle est riche en vitamines C et B9, ainsi qu'en potassium et en polyphénols, qui sont de puissants antioxydants. Ces éléments contribuent à ses propriétés anti-inflammatoires et anti-âge, ce qui en fait un excellent choix pour ceux qui souhaitent prendre soin de leur santé.

On lui attribue de nombreux bienfaits sur la santé, notamment en tant qu'agent anti-inflammatoire et anti-âge. Elle est reconnue pour son action protectrice sur les artères en luttant contre le mauvais cholestérol, les maladies cardio-vasculaires et le cancer de la prostate, inhibant alors potentiellement la croissance du cancer. De plus, ses propriétés antibactériennes et antivirales sont très utiles pour maintenir une bonne santé bucco-dentaire en aidant à combattre des infections comme la gingivite, la parodontite, la stomatite prothétique et les maladies courantes des gencives.

Selon Claire-Aurore Doray (2018), la grenade quand elle est consommée sous forme de jus fermenté, démultiplie ses vertus antioxydantes, surpassant même celles du vin rouge et du thé vert. En effet, le TEAC, qui permet d'évaluer la capacité antioxydante par des tests *in vitro*, affiche une capacité minimale 50 fois supérieure à celle du vin rouge de qualité et 36 fois supérieure à celle du thé vert ! Cela montre à quel point ce fruit peut être bénéfique lorsqu'il est intégré dans notre alimentation. En somme, la grenade est un véritable allié pour notre santé, et il serait judicieux de l'inclure régulièrement dans notre régime alimentaire.

Tableau 55 : Propriétés nutritives de la grenade pour 100 g

Constituants	Teneur moyenne
Calories	75,9 Kcal
Eau	80 g
Glucides	14,2 g
Protéines	1,29 g
Lipides	0,74 g
Fibres alimentaires	2,3 g

Source : Claire-Aurore Doray, 2018

Sapotille (Manilkara zapota L.) : très peu répandue en Afrique, on en trouve cependant dans les pays abritant les anciens jardins fruitiers d'Afrique, notamment en Guinée, au Sénégal, en RDC et au Congo.

Il s'agit d'un fruit qui regorge d'eau et de nutriments essentiels pour la bonne croissance et le bon développement de l'organisme. Il a une bonne teneur en fibres ; ce qui en fait un bon allié pour lutter contre la constipation et le cancer du côlon. Sa pulpe, riche en saveurs, renferme des minéraux et vitamines bénéfiques à la santé. Elle contient pareillement des vitamines, des protéines, des glucides et des lipides. Elle est granuleuse et fondante. Sa saveur est caramélisée et rappelle celle de la vanille ou du jasmin. Elle contient beaucoup de tanins, des antioxydants connus pour leurs propriétés antibactériennes, antiparasitaires, antivirales et anti-inflammatoires.

La sapotille contient en outre de bonnes doses de vitamine A bénéfique à la vision et au maintien d'une peau saine, et de vitamine C pour résister aux maladies en particulier, contre les radicaux libres. Elle constitue une bonne source d'énergie. Enfin, lorsque le fruit est bien mûr, elle devient une source intéressante de fer, de cuivre et de potassium, autant d'éléments essentiels au bon fonctionnement de l'organisme.

Riche en fibres alimentaires, la sapotille facilite la digestion, réduit et évite la constipation. Elle est donc un bon allié du transit intestinal. Quant aux nutriments et oligoéléments présents dans la sapotille, ils aident à maintenir l'équilibre du fonctionnement de l'organisme et améliorent le métabolisme basal humain.

Le fruit contient deux vitamines essentielles encore appelées des antioxydants : la vitamine A et la vitamine C. Elles aident à avoir une peau saine et jeune tout en luttant contre les radicaux libres. De ce fait, elles peuvent aider à ralentir le vieillissement de la peau.

En plus de ses bienfaits nutritionnels, les feuilles de sapotille ont également des propriétés médicinales. Ses feuilles peuvent être décoctées et mises en infusion pour soulager certains maux. Elles sont utilisées comme anti-inflammatoires pour des pieds enflés. Elles possèdent des vertus sédatives et tranquillisantes pour traiter les douleurs de l'arthrite, des rhumatismes, de symptômes névralgiques et de tumeurs. Elles sont également utilisées pour réguler le diabète et le cholestérol. L'huile essentielle extraite de ces feuilles est également reconnue pour ses propriétés antibactériennes (Alex & Alex, 2022).

Si l'occasion se présente de goûter ou d'intégrer ma sapotille dans son alimentation, cela pourrait être une belle façon de profiter de ses vertus.

Tableau 56 : Propriétés nutritives de la sapotille pour 100 g

Constituants	Teneur moyenne
Calories	141,0 Kcal
Eau	132,6 g
Glucides	33,9 g
Protéines	0,7 g
Lipides	1,9 g
Fibres alimentaires	9,0 g

Source : https://www.yazio.com/fr/aliments/sapotille.html

Kiwi (Actinidia chinensis) : il se rencontre en Afrique du sud, en Côte d'Ivoire, en Guinée, au Cameroun et en République démocratique du Congo. Il se consomme comme fruit naturel sous forme de boissons frappées aux céréales ou de salades de fruits.

Il contient plusieurs nutriments tels que : les vitamines C, K, B9, E, le cuivre et le potassium. En plus, il renferme une quantité impressionnante de fibres. D'après Léa Zubiria (2021), deux kiwis procurent plus de 5 g de fibres ; soit environ 15 % de la portion recommandée quotidiennement et une quantité importante de vitamine C. On sait qu'une alimentation riche en fibres, en plus de prévenir la constipation, peut contribuer à la prévention des maladies cardio-vasculaires, du diabète de type 2 et au contrôle de l'appétit.

Zubiria précise encore que le kiwi renferme de nombreux composés phénoliques, dont les acides phénoliques, les flavanes (épicatéchine, catéchine), les procyanidines et les flavonols (quercétine, kaempferol).

Ces composés, présents dans les végétaux, possèdent des propriétés antioxydantes. Ils peuvent contribuer à prévenir l'apparition de plusieurs maladies, dont certains cancers, les maladies cardio-vasculaires et diverses maladies chroniques en neutralisant les radicaux libres du corps.

Tableau 57 : Valeurs nutritionnelles pour 100 g de kiwi cru

Nutriments	Teneur moyenne
Calories	60,5 Kcal
Protéines	0,88 g
Glucides	11 g
Lipides	0,6 g
Fibres alimentaires	2,4 g
Charge glycémique : Faible	
Pouvoir antioxydant : Élevé	

Source : Passeportsante, 2021

Le kiwi est jugé posséder plusieurs vertus. En particulier :

1) il est un bon booster d'énergie et de renforcement du système immunitaire grâce à son concentré de vitamine C, ce qui est important pour réduire les risques de nervosité et de stress ;
2) il a une faible densité calorique mais un pouvoir rassasiant élevé, ce qui est intéressant pour perdre du poids ;
3) il est bon pour le transit intestinal grâce à sa forte teneur en fibres alimentaires ;
4) il favorise la cicatrisation des plaies grâce à ses propriétés antibactériennes;
5) il prévient l'anémie en favorisant l'absorption de fer grâce à sa forte concentration en vitamine C ;
6) il possède un grand nombre d'antioxydants dont la capacité à neutraliser les radicaux libres. Cela en fait un aliment pour lutter contre les dommages corporels de toute nature, surtout ceux liés au vieillissement ;
7) il ralentit l'apparition de l'ostéoporose car il est un aliment alcalinisant capable de contrebalancer l'alimentation moderne, centrée principalement sur les aliments acidifiants ;
8) il est cardioprotecteur.

D'après le blog Docteurbonnebouffe.com, la consommation de kiwi diminuerait les risques de maladies cardio-vasculaires grâce à une diminution de l'agrégation plaquettaire et des triglycérides sanguins, deux facteurs de risques associés aux maladies cardio-vasculaires.

Le mot de l'Expert
Le kiwi est un fruit dit « à latex », donc susceptible de déclencher des réactions allergiques chez les sujets sensibles qui le consomment ou qui touchent à ses grains de pollen.

Les fruits tropicaux sont caractérisés par le fait qu'ils poussent essentiellement dans les régions au climat tropical. Il en existe toute une multitude allant des espèces régulièrement consommées aux espèces sauvages.

Dans le présent ouvrage sont traités les fruits suivants : *Saba senegalensis*, le safou, le jujube et les huiles essentielles (Karité, Touloucouna, Ylang ylang).

Saba senegalensis : il se rencontre dans les régions forestières dans plusieurs pays, du Sénégal à la Somalie. En Afrique de l'Ouest, il est présent en Guinée (Laaré) au Bénin, au Togo, au Mali (Zaban), au Burkina Faso (Wèda), au Ghana et en Côte d'Ivoire (Côcôta).

Photo 47 : Saba senegalensis

La pulpe du fruit est particulièrement riche en potassium, calcium, phosphore et magnésium, en vitamines (C, thiamine, riboflavine, niacine, pyridoxine) et en bêta-carotène. Elle contient aussi une forte teneur en acide oxalique, en phénols et en tanins. Cela en fait un aliment non seulement savoureux, mais aussi bénéfique pour la santé.

Le fruit est fort apprécié pour son goût acidulé et sucré. Il est très consommé par les enfants et les femmes enceintes qui l'assaisonnent avec du sucre, du sel et du piment.

Il sert par ailleurs à de nombreux usages médicaux :

1) la sève (latex) pour stimuler l'appétit et traiter la tuberculose ;
2) les feuilles sont cuisinées pour stimuler l'appétit et pour traiter des migraines ou des intoxications alimentaires ;
3) les racines permettent de stimuler la fertilité féminine ;

Les feuilles, la sève, son fruit et ses racines ont des effets antitussifs, hémostatiques et antispasmodiques. Ils sont réputés contre les maladies infantiles, les maux oculaires et les vertiges d'origines diverses.

Tableau 58 : Teneurs en minéraux, vitamine C, bêta-carotène et fibres dans 100 g de fruit

Paramètres chimiques	**Teneurs**
Minéraux (mg/100 g)	Teneurs
Sodium (Na)	4,43 ± 0,78
Magnésium (Mg)	14,18 ± 1,48
Phosphore (P)	17,86 ± 0,41
Potassium (K)	116,96 ± 2,06
Calcium (Ca)	36,61 ± 2,79
Fer (Fe)	1,04 ± 0,65
Zinc (Zn)	0,38± 0,11
Silicone (Si)	1,62 ± 0,23
Vitamines et fibres	**Teneurs**
Vitamine C (mg/100 g)	36,67± 2,22
Bêta-carotène (µg/100 mg)	189,62± 1,33
Fibres (%)	1,52 ± 0,06

Source : American Journal of Food and Nutrition. 2019

Safou (Dacryodes edulis) : est le fruit du safoutier. Originaire des régions forestières des bassins de Guinée et du Congo, il est particulièrement apprécié dans des pays comme le Cameroun, le Gabon, et d'autres pays d'Afrique de l'Ouest. Il est largement consommé dans les restaurants à ciel ouvert (dénommés maquis) où il porte l'appellation de « *Prune* » au Cameroun et « *Atanga* » au Gabon. On lui attribue des vertus de ralentissement du vieillissement de la peau, des cancers et de régulation de la tension artérielle.

Le safou est principalement consommé pour ses fruits comestibles et pour ses feuilles et son écorce exploitées en pharmacopée traditionnelle. Il est préparé sous plusieurs formes : bouillie, pâte, grillée, tartine, huile et condiment dans des sauces. Il se consomme, soit comme mets à part entière avec du maïs, du manioc ou du pain, soit en dessert, en amuse-bouche ou en accompagnement avec du poisson ou de la viande. La pulpe séchée s'utilise au même titre que d'autres produits à grignoter, notamment les chips de plantain, les arachides grillées ou les morceaux de noix de coco caramélisés (www.hekok.org, 2016).

Par ailleurs, le safou est très riche en acides aminés, en acides gras, en phytostérols et en alcools supérieurs. Il participe à enrichir le corps humain en vitamines, plus particulièrement, pour la lutte contre la malnutrition. Il est riche en nutriments bénéfiques pour la santé, notamment : des acides gras insaturés, des sels minéraux (potassium, cuivre et magnésium) et de la vitamine C. Certains fruits peuvent en plus contenir une petite quantité de caféine et de squalène.

Le safou joue un rôle dans la cicatrisation des brûlures et blessures diverses. Son huile essentielle est utilisée comme ingrédient entrant dans la fabrication des produits cosmétiques et dans l'aromathérapie, notamment dans le massage appliqué pour soigner le rhumatisme.

D'après le magazine Alex & Alex (2020), le safou est un antioxydant puissant contenant les bons gras. Ces derniers sont efficaces contre les risques de maladies cardio-vasculaires.

Le safou est réputé pour les bienfaits qu'il apporte à la peau et aux cheveux. En effet, les acides gras extraits de sa pulpe apportent de la brillance aux cheveux, les redynamisent et les fortifient. En même temps, il accélère la pousse des cheveux. Il contient par ailleurs des acides gras essentiels utilisés dans la lutte contre la malnutrition et le cholestérol (Alex & Alex, 2020).

La pulpe fraîche de safou est grasse. D'après Kengué (2002), la pulpe séchée peut produire 25 à 49 % d'huile par extraction mécanique et 40 à 65 % d'huile par extraction chimique. Elle contient environ 14 à 30 % de protéines, 13,5 à 38 % d'hydrates de carbone, 18 % de fibres et 11 % de cendres. Son huile renferme entre 35 à 65 % d'acide palmitique, 16 à 35 % d'acide oléique, 14 à 27 % d'acide linoléique et 4 % d'acide stéarique.

L'huile extraite de la pulpe de safou est intéressante sur le plan nutritionnel par la présence de l'acide linoléique (C18 :2n6 - Oméga 6) de 18 à 27 % (acide gras indispensable) et celle de l'acide oléique de 10 à 30 %. La quantité (1 à 2 %) et la qualité (présence de tocophérols, stérols, alcools triterpéniques, etc.) de son insaponifiable lui garantissent des propriétés cosmétiques (Tshiombe E., 2008).

L'huile brute de safou contient des minéraux tels que le fer dont la teneur diminue au cours de sa purification. Ces éléments sur les vertus alimentaires du safou corroborent ce que disent les associations de consommateurs selon lesquels « tout ce qui vient de la terre est merveilleusement bon » (Tshiombe E., 2008). De tous les principes organiques, le safou contient beaucoup plus de lipides. Sa teneur en huile élevée le classe parmi les oléagineux de très grande importance (Ngakinono M., 2007).

Tableau 59 : Valeurs nutritionnelles pour 100 g de safou

Composants	Teneur moyenne
Calories	234 Kcal
Eau	59,0 %
Protéines	9,0 %
Glucides	
Lipides	22,0 %
Fibres alimentaires	7,0 %

Source : Passeportsante, 2021

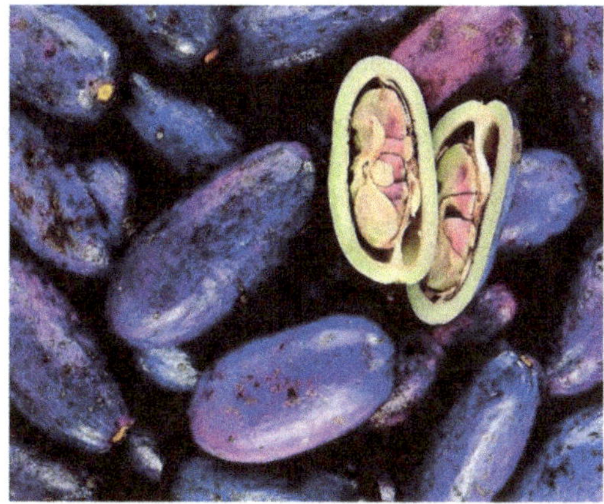

Photo 48 : Safou

Des études prospectives et épidémiologiques ont montré qu'une utilisation efficace du safou suffit pour le traitement des plaies, de l'anémie et de la dysenterie, des troubles du tractus digestif, des maux de dents et d'oreilles et, enfin, de la lèpre (Jangolo B., 2017).

Toujours selon Jangolo B. (2017), le safou soigne les maux de ventre aigus. Il soulage des règles douloureuses. Il soigne les indigestions, la constipation et les troubles digestifs. Il régule le système digestif et facilite le transit intestinal. Il agit contre les maladies sexuelles.

Jujube (Ziziphus mauritiana Lam) : son arbre se rencontre dans les régions sahéliennes. Il s'agit d'un fruit très nutritif assez bien prisé par les populations qui le consomment frais, séché ou sous forme de jus, de sirop et de confiture.

Selon Julien Eymard (2016), le jujube contient une quantité importante de minéraux et oligoéléments (calcium, fer, phosphore, manganèse, potassium, sodium, fer, magnésium) et des vitamines (A, B1, B2, B3, B6 et C). On retrouve dans cette plante des saponines, des polyphénols (antioxydants, anti-inflammatoires), des alcaloïdes et des triterpènes. Ces caractéristiques font que le jujube est utilisé, d'une part, pour renforcer le système immunitaire et lutter contre le vieillissement précoce des cellules et, d'autre part, contre le diabète.

La décoction d'écorces de jujube a des vertus cicatrisantes, désinfectantes et anti-diarrhéiques. Ses feuilles possèdent des propriétés astringentes. Elles soulagent les piqûres d'insectes. Quant aux racines de jujubier, elles sont prises sous forme d'infusions pour soigner les coliques, les inflammations de l'intestin et pour leurs actions de protection du foie et de traitement de certaines affections hépatiques.

Le jujube sert en outre à traiter certaines affections respiratoires (toux, rhume). Sa consommation stimule l'appétit et permet de traiter des troubles digestifs comme la diarrhée. Son miel est l'un des plus chers au monde. D'après le site « www.ça-coute-combien.com », le miel du jujubier se vend à 200 dollars

US le kilogramme à Dubaï. Il est fort apprécié pour ses propriétés à lutter contre les bactéries responsables des sinusites et pour des vertus aphrodisiaques.

Le jujube permet de traiter certaines affections cutanées (eczéma, gale) et oculaires. Son écorce est utilisée en décoction pour désinfecter les blessures et favoriser leur cicatrisation. Ses feuilles sont utilisées en infusion contre la diarrhée et pour traiter le diabète ou comme bain de bouche.

Le mot de l'Expert
Le jujube a un effet régulateur sur les taux de glycémie et de cholestérol. Il convient aux personnes diabétiques. Mais il doit être consommé avec modération.

Caractéristiques de quelques huiles essentielles (karité, touloucouna, ylang ylang, vétiver)

Diverses huiles essentielles sont valorisées en Afrique. Elles sont faites à partir de plusieurs plantes. On note parmi celles-ci :

- Madagascar : Tagète, *Eucalyptus citriodora, Lantana camara, Geranium,* Gingembre, Poivre noir, Clou de girofle, Griffe de girofle, Curcuma, Katrafay (Cedrelopsis grevei), *Ravintsara, Ravensara aromatica* (Feuilles), Géranium et Cannelle, Foraha (Calophyllum inophyllum) et Jojoba (Simmondsia chinensis), Ylang (Cananga odorata) ;
- Côte d'Ivoire : Café vert, Coco frais, Gingembre, Noix de cajou et Sésame;
- Sénégal, Gambie : Touloucouna ;
- Mali, Burkina Faso : Karité.

Les huiles essentielles sont des extraits végétaux hautement concentrés obtenus à partir de l'écorce, des fleurs, des feuilles, de la tige, des racines, de la résine et d'autres parties de la plante. Elles offrent un large éventail d'avantages pour la santé tels que l'atténuation du stress, l'amélioration de l'humeur, la promotion d'un bon sommeil, la réduction de l'inflammation, le traitement des maux de tête et de la migraine. Elles servent à plusieurs usages dont les propriétés sont les suivantes :

- relaxantes, calmantes, apaisantes : à base d'orange et de lavande ;
- antiseptiques atmosphériques ;
- anti-infectieuses (antivirales, antifongiques, bactéricides) ;
- anti-stress : huile essentielle à base d'ylang ;
- anti-inflammatoires.

Elles servent à :

- faciliter la digestion ;
- soulager contre les nausées (menthe poivrée) ;
- lutter contre les difficultés d'endormissement (« sommeil serein » à base d'oranges, de lavande et de thym).

Karité (Butyrospermum parkii) : l'arbre pousse dans plusieurs pays d'Afrique de l'Ouest (Mali, Burkina Faso, Côte d'Ivoire, Ghana, Guinée, Nigéria, Bénin, Togo, Sénégal), en Afrique centrale (Cameroun, au Congo, République démocratique du Congo, Ouganda) et au Soudan.

Il est apprécié quand il est encore vert olive pour son goût d'avocat sucré ; ce qui en fait un bon aliment pour les enfants de bas-âges, les femmes enceintes et les femmes allaitantes.

Le karité est riche en glucides, en lipides, en protéines brutes et en vitamine C. Il est de même riche en vitamines A, D, E et F pouvant servir à régénérer les peaux des personnes âgées, à prévenir la formation des rides et à rendre la peau plus élastique.

Pour rappel :

- la vitamine A2 est hydratante. Elle stimule la synthèse du collagène et favorise l'élasticité de la peau ;
- la vitamine D est cicatrisante. Elle est nécessaire à l'organisme pour favoriser l'absorption de calcium ;
- la vitamine E est un antioxydant naturel et un anti-inflammatoire utilisé pour la protection solaire et la diminution de la profondeur des rides ;
- la vitamine F (ou acide gras essentiel). Elle assure les fonctions de défense contre les agressions extérieures et de réparation.

Lorsqu'il est brut et frais, le beurre de karité aide à soigner la chevelure dont il apaise le cuir chevelu. Il nourrit les cheveux secs et favorise l'hydratation de la peau et du cuir chevelu grâce à ses acides gras et ses esters résineux. Il est un bon anti-inflammatoire, cicatrisant et réparateur destiné à permettre à la peau de retrouver toute sa douceur. Il permet, grâce à son taux élevé de latex, de protéger la peau contre les mauvaises cicatrisations, le vieillissement rapide, les agressions dues aux aléas climatiques (par exemple : la sécheresse, la fraîcheur, les vents forts et secs, et les coups de soleil). On l'utilise pour se protéger des allergies et des rayons ultraviolets du soleil ou pour masser des parties douloureuses du corps. Les tradipraticiens l'exploitent comme baume médicinal et l'associent avec d'autres produits naturels pour mieux valoriser ses propriétés antioxydantes, antimicrobiennes, hydratantes et anti-inflammatoires.

Le beurre de karité permet d'atténuer les vergetures, de guérir des maladies de la peau telles que les crevasses, les démangeaisons et irritations, l'eczéma, le psoriasis et les érythèmes fessiers.

D'après Ayi M. (2020), le karité est utilisé en industrie alimentaire comme exaltateur de goût dans la majorité des produits contenant de la graisse végétale (exemple des margarines, des biscuits, des chocolats et des confiseries). Il sert en industrie cosmétique pour la fabrication de crèmes, de laits, de savons pour le bien-être de la peau ou pour protéger les pores après épilation ou rasage.

Le beurre de karité contient 15 % d'insaponifiables (fraction résiduelle qui est insoluble dans l'eau) après saponification. Celles-ci sont des huiles végétales qui trouvent des applications en cosmétique.

Le mot de l'Expert
Le fruit commence à pourrir quand sa couleur vire au marron. Il est recommandé traditionnellement de ne pas cueillir le fruit de l'arbre mais de le laisser tomber pour ensuite le ramasser.
En cas de massage corporel, faire des mouvements simples sur l'ensemble du corps, des mains aux pieds en insistant sur la plante des pieds et le long de la colonne vertébrale.

Touloucouna (Carapa procera) : est une plante médicinale tropicale dont les propriétés thérapeutiques sont antitussives et fébrifuges, toniques et purgatives. Il est en fait un arbre forestier non-ligneux présent en Afrique de l'Ouest et du Centre, notamment en Angola et au Cameroun.

Assez bien connue en Casamance au Sénégal, en Gambie et au Cameroun comme plante miracle aux multiples vertus, le touloucouna est destiné à soigner plusieurs maux. Ses graines sont récoltées et transformées en huile végétale pour les femmes ménopausées. Au Cameroun, on le trouve assez souvent chez les populations pygmées de Baka qui l'appellent « *Godjo* ».

Les fruits du Touloucouna sont peu consommés. Par contre, son huile est très appréciée parce que riche en acides gras insaturés comme les Oméga 6, en vitamine A et en antioxydants. Elle est utilisée pour les soins de peau pour soulager les problèmes tels que les eczémas, les piqûres d'insectes, les blessures, le psoriasis et les douleurs musculaires. Elle est en outre exploitée lors de traitements des os (arthroses, rhumatismes, arthrites, lombalgies – hernies discales) ou des fractures.

L'huile extraite est la partie de la plante la plus utilisée, notamment comme insecticide naturel dans la culture du coton biologique mais elle est depuis quelques années recherchée pour ses propriétés cosmétiques et sanitaires. Elle sert à traiter le visage contre des agressions solaires et l'acné, et à réhydrater les peaux sèches à très sèches.

Le Touloucouna est encore utilisé pour préparer du savon. Très riche en composés insaponifiables actifs, son huile obtenue de manière artisanale, est traditionnellement conseillée pour les peaux et cuirs chevelus à tendance atopique.

Photo 49 : Fruits de Touloucouna

Elle est fortement sollicitée pour le massage des nouveau-nés et des enfants. En effet, le massage avec cette huile peut améliorer leur sommeil, réduire le stress et favoriser une meilleure prise de poids, tout en renforçant l'interaction entre la mère et l'enfant. Longtemps oubliée, cette huile aux multiples vertus refait surface depuis l'essor des cosmétiques naturels. C'est fascinant de voir comment des pratiques anciennes, comme l'utilisation de cette huile, reviennent à la mode avec l'engouement pour les cosmétiques naturels. Les principaux constituants actifs de l'huile de Touloucouna lui confèrent des propriétés anti-inflammatoires, anti-allergiques, répulsives, apaisantes et antioxydantes. C'est donc un produit essentiel qui permet d'apporter des solutions à plusieurs problèmes réguliers de santé mais souvent assez délicats.

L'huile de Touloucouna est sollicitée pour ses principaux constituants actifs qui lui confèrent des propriétés anti-inflammatoires, anti-allergiques, répulsives, apaisantes et antioxydantes.

Ylang ylang (Cananga odorata) : c'est un arbre très prisé pour ses belles fleurs et son huile essentielle utilisée en parfumerie et en aromathérapie. Il est cultivé à Madagascar, en République démocratique du Congo, au Kenya et, dans une moindre mesure, en Côte d'Ivoire et en Guinée.

Il est riche en ester et en linalol qui est synthétisé pour obtenir l'arôme de lavande. Ses vertus sont nombreuses. L'huile d'Ylang présente des propriétés calmantes, sédatives, antispasmodiques, stimulantes, hypotensives, relaxantes et enfin, bradycardisantes occasionnant le ralentissement du rythme cardiaque. Plus précisément, ses huiles essentielles sont utilisées en aromathérapie, sans pour autant se substituer aux traitements médicaux, comme aides pour réduire les symptômes associés à certains maux, notamment :

- l'anxiété ;
- les troubles du sommeil ;
- l'hypertension artérielle ;
- les règles douloureuses ;
- les spasmes respiratoires ;
- les affections ORL ;
- les douleurs musculaires, articulaires et dentaires ;
- les rhumatismes ;
- les œdèmes et jambes lourdes ;
- les cellulites et varices ;
- les troubles digestifs ;
- certains troubles cardiaques bénins.

L'aromathérapie est fort appréciée pour avoir un effet remarquable sur la capacité à soulager les douleurs musculaires et les états d'agitation intérieure.

D'après Céline Desrumaux (2022), l'aromathérapie est utilisée depuis des millénaires pour améliorer l'humeur et la santé globale. Plusieurs cultures anciennes utilisaient des huiles essentielles pour les rituels et les pratiques religieuses, reconnaissant leurs capacités à avoir un impact sur les émotions. Au fil du temps, les scientifiques et les professionnels de la santé mentale se sont consacrés à l'étude des émotions chez les humains, acquérant une meilleure compréhension de la façon dont les capteurs chimiques du corps réagissent aux effets des arômes. Ces recherches ont conclu que l'aromathérapie peut avoir un effet notable sur les émotions, le bien-être et l'humeur.

L'essence d'Ylang est utilisée en cosmétique. Elle jouit d'une activité tonique sur les plans cutanés et capillaires pour revigorer les cellules dermiques (peau fatiguée, grasse et terne) et pour revitaliser les cheveux ternes.

La combinaison entre les propriétés antalgiques de l'huile essentielle d'Ylang et ses effets relaxants et psychoémotionnels si particuliers en font une huile essentielle très recherchée et régulièrement présente dans l'arsenal aromathérapeutique dans les services de soins palliatifs à l'hôpital.

Selon Pierre Pyronnet (2003), formateur spécialisé en gestion de stress et de conflits et initiateur de la relaxation bio-dynamique, les huiles essentielles peuvent être exploitées comme une aide pour réduire les symptômes associés au stress et à l'anxiété, mais elles ne se substituent à aucun traitement médical. En pareil cas, il préconise le recours à des professionnels de la santé.

Tableau 60 : Propriétés chimiques de l'huile du Ylang ylang

Éléments principaux	Composants
Sesquiterpènes (< 40 %)	germacrène, β-caryophyllène
Esters terpéniques	benzoate de benzyl, acétate de benzyle, acétate de géranyl
Monoterpénols	linalol < 8 %, farnésol

Source : Céline Hilpipre, 2014

Vétiver (Chrysopogon nigritanus) : c'est une graminée qui ressemble à de la citronnelle. Il pousse en zone tropicale sous forme de grandes touffes vertes. Il est régulièrement cultivé en Guinée, au Mali et au Nigéria où il est exploité pour rafraîchir l'air, retenir l'eau et augmenter la fertilité des sols.

Il est fort apprécié pour son huile essentielle, qui a un parfum riche et terreux. Cette huile est souvent utilisée en parfumerie et en aromathérapie. Elle aide à réduire le stress et l'anxiété, favorisant ainsi la relaxation.

Le vétiver porte les noms de *Khamaré* chez les *Soninkés* du Mali, *Cepp* chez les *Wolofs* du Sénégal ou encore *Sodhoré* chez les *Peulhs* de Guinée. Il est connu pour être une plante aux racines aux vertus aphrodisiaques. Il est fort apprécié pour la production d'huile essentielle mais est mieux connu comme lotion après rasage car son action stimulante de la circulation favorise la cicatrisation des micro-plaies dues au rasage. C'est encore un immunostimulant et un stimulant glandulaire.

Ses principaux composés chimiques sont les suivants :

- le vétiverol : le principal constituant de l'huile essentielle de vétiver, représentant souvent 30 à 40 % de sa composition. Il est responsable de l'arôme caractéristique et possède des propriétés relaxantes ;
- le vétivone : un autre composant majeur, qui contribue également à l'odeur et possède des propriétés anti-inflammatoires ;
- le vétivénone : ce composé a des propriétés antiseptiques et est également impliqué dans l'arôme du vétiver.

Il y a aussi les sesquiterpènes et les alcools. Les sesquiterpènes sont des hydrocarbures naturels. Ils sont souvent associés à des propriétés anti-inflammatoires et antioxydantes. Quant aux alcools, en plus du vétiverol, ils contribuent à l'effet apaisant de l'huile.

Le vétiver a également une odeur riche, boisée et terreuse, souvent décrite comme réconfortante et ancrante. Cela en fait un ingrédient prisé en parfumerie.

Le mot de l'Expert
La présence notamment de sesquiterpènes et d'esters confère à cette huile essentielle des propriétés anti-douleurs et anti-inflammatoires qui peuvent être utiles dans le cas de lombalgies ou d'autres types de douleurs chroniques.

Photo 50 : Racines de vétiver

Conclusion

Les fruits étaient dans le passé régulièrement consommés en Afrique. Ils occupaient une part importante dans notre alimentation quotidienne où ils venaient en complément des principaux repas (déjeuners et dîners). Cela se comprend aisément car, dans chaque maison, il y avait des arbres fruitiers et leurs commercialisations se faisaient rarement.

De nos jours, la situation a beaucoup évolué. Les fruits sont fort appréciés mais ils coûtent chers. D'ailleurs, seules les familles aisées peuvent en consommer régulièrement. Hors, ils sont utiles pour l'organisme car ils sont naturellement riches en vitamines, en minéraux et antioxydants, tous des nutriments essentiels au bon fonctionnement du corps. Ils sont riches en fibres, en eau et leur teneur en matières grasses est très faible, de sorte que leur apport calorique est pratiquement nul. Ils entrent dans le cadre d'une alimentation saine et équilibrée car fournissant de la satiété et aidant à contrôler le poids ou à en perdre, s'ils sont accompagnés d'un régime amaigrissant.

Longtemps utilisée en médecine traditionnelle, l'aromathérapie connaît de nos jours une grande percée. En effet, le recours aux huiles essentielles à des fins thérapeutiques est devenu une pratique courante face aux nombreux maux quotidiens auxquels on doit faire face. Celles-ci ont des vertus multiples, notamment : antiseptiques, antivirales, insecticides, assainissantes, antitussives, toniques, relaxantes, digestives, hydratantes, etc.

CHAPITRE 7 : BOISSONS DE CONSOMMATION COURANTE

Introduction

Les boissons de consommation courante sont nombreuses. Elles comprennent généralement l'eau, le lait, les tisanes et infusions, les thés et cafés, et l'alcool. Elles sont servies chaudes ou froides selon les besoins, le temps ou la tradition.

En Afrique subsaharienne, les boissons fraîches sont le plus couramment immédiatement servies aux étrangers quand on les reçoit dans les domiciles et les boissons chaudes, après les repas. Elles comprennent des sodas, des boissons gazeuses sucrées ou, de plus en plus, des jus de fruits, notamment d'oranges, de citrons, de baobab ou de gingembre.

Boissons fraîches

Chez les Mauritaniens, les Soudanais et les Maghrébins par exemple, ce sont plutôt les thés chauds à la menthe qui sont des boissons traditionnelles. Pendant la saison froide, les bouillons, les tisanes et les infusions sont très appréciés.

L'eau est une boisson vitale et indispensable au corps humain. Elle est agréable à boire. Cependant, il est parfois bon de varier les plaisirs et de se préparer des boissons fraîches savoureuses. Elles sont généralement composées d'eau, de sucres et d'extraits de végétaux comme le thé glacé, les *detox water* ou encore les *smoothies* avec parfois, quelques fruits, des herbes aromatiques et beaucoup de glaçons. Il y a aussi les sodas. Ils représentent une large gamme de produits, notamment : des sodas à base de cola, des limonades, des orangeades, des citronnades, des tonics, des *bitters* (cocktails amers), des eaux aromatisées et des boissons énergétiques.

Les sodas peuvent contenir de la cola, de la caféine, des extraits de fruits ou des huiles essentielles et divers extraits végétaux (sodas aux citrons, aux oranges, etc.) et beaucoup de sucres.

Puis, récemment, certaines marques ont remplacé le sucre par des édulcorants pour produire des sodas dits « *Light* » (légers). Le CO_2 contenu dans le soda est inséré à la fabrication pour donner des boissons gazeuses aromatisées ou légèrement alcoolisées.

Les *smoothies* sont des boissons à base de purée de fruits et de légumes mixés (par exemple : les purées de citrons, d'oranges et de pamplemousses mélangées avec de l'avocat, des carottes, de la tomate, de la menthe, du basilic, du thym et du persil). Bons rafraîchissants et pleins de vitamines, ils sont de bons alliés de régime détox - mode d'alimentation restrictive qui consiste à ne consommer que des végétaux entiers, ou sous forme de jus, pendant plusieurs jours consécutifs. Ils sont fort appréciés pour leurs teneurs en polyphénols, dont des tanins, des acides phénoliques et des flavanols.

Le régime détox a pour objectif une amélioration du bien-être physique et mental ainsi qu'un renforcement du système immunitaire grâce à une élimination des toxines emmagasinées par le corps. Ces dernières peuvent provenir de l'organisme lui-même, mais aussi de l'extérieur par la pollution, les médicaments, le tabagisme, l'alcool, etc. Le foie, les reins et les intestins sont les organes les plus ciblés lors d'une cure « détox ».

Boissons chaudes

Pour les boissons chaudes, on note le kinkéliba et le thé qui sont régulièrement consommés en Afrique de l'Ouest surtout dans les pays du Sahara et de savane.

Kinkéliba (Combretum micranthum) : Il pousse dans les pays du Sahel (Sénégal, Mali, Niger, Burkina Faso, Nord de la Guinée, Guinée-Bissau) où ses feuilles fraîches ou séchées sont consommées en tisanes. On le trouve également au Togo, en Côte d'Ivoire et au Soudan. Il est réputé pour ses propriétés diurétiques et amincissantes, dépuratives et digestives. Il est parfois recommandé lors de régimes de jeûnes ou de diètes, ou en cas de constipation.

Le kinkéliba contient des tanins, de la bétaïne, du nitrate de potasse, des hétérosides, des polyphénols et des flavonoïdes.

Les tanins ont des propriétés astringentes et peuvent contribuer à des effets anti-inflammatoires. Ils sont également connus pour leurs capacités à aider à la digestion. Les polyphénols sont reconnus pour leurs propriétés antioxydantes et anti-inflammatoires. Quant aux flavonoïdes, ils sont des composés antioxydants. Ils aident à neutraliser les radicaux libres dans le corps, contribuant ainsi à la protection contre le stress oxydatif et les maladies chroniques.

Le kinkéliba est une plante médicinale bien connue pour ses propriétés diurétiques et cholagogues. Il stimule la fonction biliaire permettant de réguler la fonction hépatique. On dit du kinkéliba qu'il est un remède contre l'obésité et a un bon effet hypoglycémiant, donc efficace pour faire baisser la glycémie. Il est un bon fébrifuge contre la fièvre. En outre, il est fort apprécié pour lutter contre l'hypertension. En effet, plus on urine, plus on élimine l'excédent de sel et d'eau présents dans l'organisme. Mais attention ! Après une longue cure, on doit vérifier sa tension pour qu'elle ne baisse pas trop.

Au Sénégal par exemple, ses feuilles séchées sont vendues attachées en rameaux et ficelées avec des lanières de rôniers (*Borassus*). Dans ce pays, le kinkéliba se prend souvent au petit déjeuner. De manière générale, il y est apprécié non seulement pour son goût, mais aussi pour ses bienfaits pour la santé, ce qui en fait un excellent choix pour commencer la journée.

Photo 51 : Kinkéliba

Thé vert : on distingue le thé vert à la menthe fraîche ou aux clous de girofle (Camellia sinensis) et le thé de savane (Lippia multiflora).

Le thé vert est un bon diurétique. Par conséquent, il aide à faire baisser la tension. Il renferme des polyphénols et de la vitamine B, du bêta-carotène, des acides aminés et du potassium. Il a des propriétés antibactériennes.

Il est souvent préparé à la menthe. Il constitue une bonne source de fer essentiel au transport de l'oxygène et à la formation des globules rouges dans le sang. Il joue un rôle important dans la fabrication de nouvelles cellules, d'hormones et de neurotransmetteurs.

Le thé de savane, quant à lui, offre une diversité d'usages en pharmacopée traditionnelle et en médecine. Il dégage un parfum très agréable. Ses feuilles sont consommées sous forme de thé lors du petit déjeuner. Accompagné de clous de girofle, il peut aider à soulager les rhumatismes et douleurs musculaires, ou les douleurs dentaires et les infections urinaires comme les cystites et les calculs rénaux.

D'après Prof. Yao Kouamé Albert (2009), il est un tonifiant pour les hommes. Au niveau des maternités, il aide à expulser le placenta. Il aide en plus à soigner les états grippaux, la fièvre et le paludisme. Considéré comme bon laxatif et bon diurétique, il est efficace pour combattre l'hypertension artérielle et soulager la fatigue. Il constitue un véritable coup de boost pour l'organisme.

Le thé de savane est riche en minéraux : potassium, calcium, phosphore, magnésium et fer. Ses feuilles sont une alternative intéressante pour lutter contre l'anémie. Il renferme des polyphénols et de la vitamine B, du bêta-carotène, des acides aminés et du potassium. Il a des propriétés antibactériennes.

Ses bienfaits sur le système digestif sont nombreux :

- il aide à brûler et à éliminer les graisses ;
- il aide à la digestion ;
- il protège et rééquilibre la flore intestinale ;
- il aide à la prévention des ulcères ;
- il est un bon anti-ballonnement.

En cuisine, la feuille de la plante est utilisée comme feuille de laurier pour assaisonner certains plats.

Photo 52 : Thé vert *Photo 53 : Thé de savane*

Boissons alcoolisées

Une boisson alcoolisée est un liquide contenant de l'éthanol (ou alcool éthylique).

Le vin, la bière et les eaux-de-vie sont des exemples de boissons alcoolisées. Le goût et l'effet psychodysleptique de l'éthanol peuvent ici participer à l'appétence pour ces types de boissons et motiver leurs consommations régulières.

En cuisine, il existe de nombreuses recettes de viandes ou des pâtisseries que l'on prépare avec des boissons alcoolisées. En général, ces recettes ont surtout besoin des propriétés de solvants de l'éthanol pour assurer leurs goûts. Il faut savoir que l'alcool est capable de dissoudre des substances chimiques de certains aliments. En particulier, il aide à décomposer le collagène de la viande qui devient alors plus tendre. Ce processus augmente le goût du plat après cuisson alors que l'alcool en lui-même va s'évaporer. On distingue différents types d'alcool, dont : les bières, les cidres, les vins, les spiritueux et les cocktails alcoolisés souvent préparés à base de jus de fruits et d'alcool. Est considéré comme alcoolique, toute boisson titrant à plus de 3 °C d'alcool (article L3321-1 du Code de la santé publique). De plus, une boisson alcoolique ne peut avoir plus de 45 °C d'alcool (Ooreka, 2020).

L'alcool est une drogue, dont la consommation forte ou chronique peut dégénérer en addiction appelée « alcoolisme » ou alcoolodépendance.

Dans le présent ouvrage, seuls sont traités les bières et les vins locaux (vins de palme et de raphia).

Bières locales

Les bières locales sont obtenues par la fermentation de certains produits agricoles. Dans le cas par exemple des pays d'Afrique subsaharienne, les céréales locales sont utilisées pour la fabrication des bières locales appelées *Dolo* et *Tchapalo*.

Servis tôt le matin, le *Dolo* et le *Tchapalo* sont peu alcoolisés et peuvent être consommés parfois même par les femmes enceintes. Mais, au fur et à mesure de la journée, la fermentation se poursuit et le degré alcoolique augmente. Ils sont obtenus à partir de la fermentation de grains de mil et de sorgho rouge germé, puis cuit à l'eau. La boisson est parfois accompagnée de piment et de racines de manioc. D'après N. D. Amane et *al.* (2005), le « *Tchapalo* » obtenu à partir du mil rouge contiendrait 89 à 95 % d'eau, 5 à 11 % de matière sèche, 0,27 à 0,47 % de cendres, 4,3 à 5,8 % d'alcool, 0,39 à 0,71 % de protéines et 0,04 à 0,10 % de sucres totaux (sucres réducteurs : 0,02 à 0,06 %). Sa densité, par rapport à l'eau, est comprise entre 1,00 et 1,02. Son pH est acide et varie entre 2,8 et 3,2. Le degré alcoolique, compris entre 4,3 °C et 5,8 °C, varie selon les régions et dépend du temps de cuisson.

Processus de fabrication de la bière : Le processus de fabrication se déroule en trois étapes : le maltage, le brassage et la fermentation.

Le **maltage** est la première étape du processus. Il consiste en une germination des grains dans des conditions contrôlées. Ensuite intervient le touraillage qui est la dernière étape du maltage après le nettoyage, le trempage et la germination. Cette opération consiste, d'une part, à arrêter la germination par un séchage du malt et, d'autre part, à lui donner le goût et la couleur désirés. À travers ce procédé, le brasseur enrichit ses céréales en enzymes hydrolytiques, en sucres, en acides aminés libres, en vitamines et améliore leur qualité technologique et nutritionnelle (F. L. Tchuenbou, 2016).

Le **brassage** s'articule autour de cuissons et de filtrages successifs qui donneront un liquide qu'on fait fermenter avec de la levure.

La fabrication, à partir de l'incorporation dans l'eau jusqu'à la mise en **fermentation,** se fait en une journée. La levure est ajoutée dans la soirée et le « *Dolo* » est prêt le lendemain matin. Il existe plusieurs sortes de « *Dolos* » selon les temps de cuisson et le rapport grain / eau. On notera des similitudes entre le mode de fabrication du « *Dolo* » et celui de la bière. Le *Dolo* est en effet très proche des bières antiques (A. Villiers et *al.*, 1995).

Vins locaux

Vin de palme : le plus célèbre de tous les vins locaux est le vin de palme. On en trouve dans plusieurs pays sous différentes appellations : *Koutoukou* encore appelé *Gbêlê* en Côte d'Ivoire, *Akpeteshie* au Ghana et *Sodabi* au Bénin.

En République démocratique du Congo, on note trois sortes de vins locaux (Messager, 2010 ; D. E., Yao, 2017) :

- le vin de palme proprement dit *Masanga Ya Mbila* ou *Ya Nsamba* dont la sève est extraite du palmier à huile ;
- le vin de palme *Sese*, *Mabondo* dont la sève est extraite du raphia ;
- le vin de coco dont la sève est extraite du cocotier.

L'extraction de la sève s'effectue de deux manières - cas du palmier :

- en abattant le palmier (méthode peu écologique) ;
- en extrayant la sève sur un palmier en vie. En pareil cas, on utilise une ceinture faite de fibres de feuilles de palmiers à huile (Photo 47).

Les boissons alcoolisées sont parfois épicées avec du piment (Capsicum sp.) ou des racines pour combattre certaines maladies notamment, le paludisme. Elles sont consommées lors des cérémonies rituelles en l'honneur des ancêtres, des génies et des esprits. Elles servent à l'établissement de canaux de communication entre le monde visible et le monde invisible.

Photo 54 : Collecte de vin de palme ***Photo 55 : Commerce de vin de palme***

Vin de raphia : très apprécié par les populations locales surtout lorsqu'il vient d'être récolté, le vin de raphia est une boisson dont les qualités organoleptiques ne sont pas constantes dans le temps. Son goût vire au fil du temps pour devenir amer et alcoolisé. Il doit être consommé immédiatement après la récolte ou dans un délai d'un à deux jours. Sinon il peut être à l'origine de certaines maladies du tube digestif.

En Guinée, le vin de raphia a une signification importante dans la pratique traditionnelle en région forestière, précisément chez les *Kpéllés* où il est valorisé à des fins thérapeutiques et lors de festivités culturelles. Les sages exigent sa présence pour confirmer que cette cérémonie est effectivement de type *Kpéllé*. Il faut noter que les nouveaux nés qui sont régulièrement malades sont lavés au vin de raphia afin de les préserver des mauvais esprits.

En Côte d'Ivoire, selon Koffi Jeannot, un dignitaire du peuple Baoulé (2022), son groupe ethnique met du vin de palme dans la nourriture des nouveaux nés qui ont perdu leurs mamans pendant l'accouchement. Lors des fiançailles, les parents des jeunes filles réclament comme dot une jarre de vin de palme et une pièce de 100 FCFA. Durant les périodes de disette, du vin de palme est servi aux ancêtres pour implorer leurs bénédictions pour des récoltes abondantes.

Célestin K. et *al.* (2013), dans leur article sur l'exploitation du palmier raphia dans l'ouest du Cameroun, mettent en exergue l'importance du vin de raphia pour sceller l'alliance entre les familles lors des célébrations des mariages en pays Bamiléké. Le respect accordé au vin de raphia interdit à tout consommateur de le boire en public en tenant son verre de vin de la main gauche. Un tel acte est considéré comme un manque de respect des traditions.

Conclusion

Servies aux visiteurs lors des cérémonies familiales – fiançailles, mariages, baptêmes et bien d'autres manifestations heureuses ou malheureuses (funérailles, par exemple), les boissons sont des spécialités gastronomiques qui diffèrent selon les pays, les groupes ethniques, les religions, les traditions et les cultures.

On distingue traditionnellement parmi elles : les boissons rafraîchissantes (eau, sodas, jus de fruits d'oranges, de citrons, de bissap, de baobab ou de gingembre), les boissons chaudes (thés, cafés, tisanes, kinkéliba), les boissons alcoolisées (boissons peu alcoolisées et boissons fermentées telles que les liqueurs faites à base de jus de fruits) et l'eau.

L'eau doit être bue chaque fois que nécessaire. Pour une bonne hydratation du corps, il faut consommer en moyenne 1,5 l d'eau plate en 24 heures. Quant aux autres boissons (alcoolisées ou non), elles doivent être bues avec modération.

CHAPITRE 8 : BOISSONS A BASE DE PLANTES STIMULANTES ET TONIQUES

Introduction

Les plantes stimulantes et toniques sont connues pour leurs aptitudes à augmenter les capacités de l'organisme. Elles contiennent généralement des substances stimulantes telles que la caféine qu'on trouve dans le thé et le café, la théobromine et la nicotine, pour ce qui est du tabac.

Dans le présent ouvrage, sont traitées les plantes suivantes :

Plantes stimulantes à caféine :

- le caféier (Coffea arabica, C. canephora)
- le théier (Camellia sinensis)
- le cacaoyer (Theobroma cacao)
- le colatier (Cola nitida, C. acuminata)

Plantes toniques :

- l'hibiscus (Hibiscus sabdariffa)
- le baobab (Adansonia digitata)
- le tamarin (Tamarindus indica)
- le gingembre (Zingiberaceae)
- le ginseng (Panax)

Plantes stimulantes à caféine (café, thé, cacao, cola)

Les plantes stimulantes à caféine contiennent des produits stimulants qui sont utilisés pour lutter contre la fatigue physique et intellectuelle, et la somnolence. Ces produits servent parfois pour augmenter la résistance et la productivité au travail, ou tout simplement, pour supprimer l'appétit. On parle alors de « coupe-faim ». Ils servent aussi de stimulants du système nerveux central et du cœur dont ils augmentent la fréquence respiratoire et la pression artérielle. En particulier, la caféine et la théine peuvent stimuler le transit intestinal. Il s'agit de la même molécule mais dont les effets diffèrent dans le temps.

Lorsqu'on absorbe du café, la caféine se libère très vite dans le sang et parvient au cerveau en quelques minutes. On parle de ce fait de « coup de boost » qui veut dire une amélioration ou une augmentation rapide, par exemple, de la performance. Dans le cas de la théine, la molécule va mettre plus de temps à se disperser dans l'organisme. Ainsi, les effets seront plus lissés dans le temps. On parle alors d'un effet stimulant, qui peut durer de 3 à 6 heures.

On retrouve la caféine à de fortes doses dans les boissons énergisantes (80 mg dans 250 ml de Red Bull) en compagnie de taurine et d'extraits de plantes stimulantes comme le guarana et le ginseng (Red Bull, 2022). Selon Carol Panne

(2017), ces boissons sont à éviter dans la mesure du possible, car en plus de la caféine, elles contiennent presque toujours des colorants (toxiques) et des minéraux de synthèse (chimiques) non assimilables qui surchargent le foie et sont toxiques à long terme.

Café (Coffea arabica, Coffea canephora) : il est issu du caféier, un arbre tropical de la famille botanique des Rubiacées. Deux espèces sont couramment cultivées en Afrique : l'*arabica* et le *robusta*.

L'*arabica* se distingue par son arôme naturel fin, varié et prononcé. Il est parfumé, doux et sans amertume contrairement au *robusta* qui est riche en caféine, avec un goût plus amer et corsé. L'*arabica* reste le café le plus cultivé au monde.

Le caféier est cultivé pour la production de grains de café utilisés pour leur forte teneur en caféine. Il est connu grâce à ses nombreuses vertus, dont la réduction de la fatigue et l'augmentation de la concentration.

La caféine est un psychostimulant qui, en se liant aux récepteurs à adénosine, favorise la libération d'adrénaline et de dopamine. L'adrénaline provoque une accélération du rythme cardiaque, une augmentation des palpitations du cœur et une hausse de la pression artérielle, et de l'apport de sang aux muscles. Elle favorise la libération du glucose par le foie. Quant à la dopamine, encore appelée « hormone du plaisir », elle participe à la sensation de plénitude et de contentement. Elle est d'ailleurs utilisée dans le traitement des dépressions grâce à ses effets anti-dépresseurs sérotoninergiques.

Malgré ses nombreux avantages, le café peut, lorsqu'il est consommé en grandes quantités, provoquer quelques « effets secondaires », notamment des maux de tête voire même des migraines, des dyspepsies ou dysfonctionnements du tube digestif, et des diarrhées et coliques. Parfois, il rend plus anxieux ou euphorique.

D'après Whitehead N. (2013) et Imatoh T. et *al.* (2012), les buveurs de café ont des taux élevés d'adiponectine qui est une protéine capable de réguler le métabolisme énergétique.

Pour Choi et *al.*, 2002 ; Salahdeen et Alada (2009), la caféine permet la recapture du glucose par les muscles des membres postérieurs. Quant à Chrysant SG et *al.* (2017), il précise qu'une consommation modérée de café, de 3 à 4 tasses par jour, a un effet neutre ou bénéfique chez les personnes en bonne santé ou atteintes d'hypertension artérielle, d'une maladie cardio-vasculaire, d'insuffisance cardiaque, d'arythmie et de diabète de type 2. Il estime que le café filtré doit être préféré au café bouilli et qu'il existe des variabilités liées à la génétique individuelle.

Pour Chukwu et *al.* (2006), la consommation chronique de caféine peut induire une diminution des apports caloriques et secondairement, du poids corporel. Selon lui, elle peut provoquer des agitations, une certaine nervosité, des insomnies et des irritations gastriques. Des cas d'arythmie, de palpitations cardiaques et d'hypertension artérielle sont parfois notés. Enfin, la prise prolongée de caféine peut entraîner une certaine dépendance.

Thé (Camellia sinensis) : il est largement cultivé pour ses feuilles qui, une fois séchées, servent à la préparation de thé par infusion. C'est l'oxydation et la fermentation qui déterminent la « couleur » des feuilles de thé (blancs, rouges, noirs, verts) et, de fait, son goût plus ou moins puissant.

Le thé possède une concentration assez élevée d'alcaloïdes, dont la caféine et la théophylline, qui sont bien connues pour leurs effets tonifiants et secondaires. Il contient de la théine qui est une molécule à part entière comme la caféine avec la même formule brute $C_8H_{10}N_4O_2$ et les mêmes effets que celle-ci. Cependant, à quantité égale, le thé contient beaucoup moins de caféine que le café. En plus, il contient des tanins qui ralentissent l'effet de la caféine dans le temps. Sa caféine est enrobée par les polyphénols (ou tanins). Cette particularité fait qu'elle se libère en douceur pendant plusieurs heures et ne provoque pas de « coup de boost ». Ceci explique pourquoi l'on a tendance à dire que le thé stimule, sans énerver, là où le café excite. En plus, le thé contient de la théanine, un acide aminé aux propriétés relaxantes qui contrebalance les effets excitants de la caféine (Nathalie Mayer, 2021).

D'après N. Hutter-Lardeau (2015), le thé contient trois principales familles d'antioxydants : les catéchines, les théaflavines et les théarubigines.

Selon Muryel Jappont Louis-Marie (2016), une consommation de caféine de 200 à 400 mg par jour est considérée comme modérée. Au-delà de ce stade, des effets indésirables peuvent apparaître comme l'irritabilité, les insomnies, les effets diurétiques et l'altération du rythme cardiaque.

Pour éviter la surconsommation, il faut savoir que le café *robusta* contient deux fois plus de caféine que l'*arabica* et que le thé noir est plus riche en caféine que le thé vert.

D'après toujours Muryel Jappont Louis-Marie (2016), le thé, riche en polyphénols, en fait d'antioxydants, aurait une action bienfaisante sur le cœur et les vaisseaux sanguins. Par extension, boire pendant 6 mois du thé noir pourrait faire baisser la tension artérielle systolique. D'autre part, le thé vert contribuerait à la diminution de la formation des caries dentaires. Mais pour bien profiter des vertus du thé, il convient de le boire sans lait, car la caséine qu'il contient diminuerait les bienfaits cardio-vasculaires.

Selon l'Agence nationale de sécurité sanitaire de l'alimentation de France (ANSES), il y aurait dans une tasse de thé vert jusqu'à 400 mg de polyphénols totaux. Grâce à ces composés, le thé est considéré comme la boisson à la plus forte activité antioxydante ; deux tasses représentant l'équivalent de sept verres de jus d'orange. Le pouvoir antioxydant des extraits de thé vert est d'ailleurs quatre fois supérieur à celui de la vitamine C.

Le café n'est pas en reste. Bien plus qu'un stimulant, il diminuerait les risques de diabète, de maladie cardio-vasculaire et agirait sur la digestion. Sa concentration moyenne en caféine ne dépasse pas les 200 mg/l. En revanche, cette teneur peut allègrement dépasser les 1000 mg/l pour un « Expresso ».

Dans son article « Le thé vert fait-il vraiment maigrir ? », Marine Vellet Maïlys Cusset (2017) informe qu'il s'agit d'une boisson riche en catéchine et en antioxydants dont le principal élément est le gallate d'épigallocatéchine (EGCG), connu pour augmenter la production de chaleur physiologique (thermogénèse) et pour favoriser la dégradation des lipides (lipolyse). Une consommation régulière de thé vert permet une bonne hydratation qui favorise une perte de poids, fait accélérer le métabolisme et la brûlure des graisses. Par ailleurs, le thé vert augmente la sensibilité à l'insuline et donc réduit les risques de diabète (de type 1 encore appelé diabète *mellitus*).

Selon Thierry Morfin (2015), le thé vert contribuerait à la destruction des vaisseaux sanguins qui se créent lorsque les tumeurs grandissent afin de les nourrir. Cette fonction d'anti-angiogénèse du thé vert est particulièrement bénéfique en prévention. Les polyphénols présents en quantité importante dans le thé vert inhiberaient la formation des plaques amyloïdes et des protéines causant la maladie de Parkinson et Alzheimer. Ils possèdent des propriétés anti-inflammatoires qui peuvent contribuer à une meilleure biosynthèse des eicosanoïdes, des hormones essentielles dans divers processus corporels, y compris les inflammations et la gestion de la douleur. De plus, leur capacité à agir comme antiviraux en inhibant la rétro-transcriptase est tout aussi impressionnante.

Le thé vert est effectivement très apprécié pour ses nombreux bienfaits sur la santé. Il peut être un allié précieux dans la lutte contre des affections comme la goutte, l'arthrose et l'arthrite, en raison de ses propriétés anti-inflammatoires et de sa capacité à aider à réguler l'acidité dans le corps. De plus, ses propriétés antibactériennes et antivirales en font une boisson bénéfique pour renforcer le système immunitaire, surtout en période de rhume ou de grippe.

Le mot de l'Expert
Pour préparer un bon thé, il est recommandé de le faire en infusion à haute température dans de l'eau bouillante. Ce processus permet d'extraire une quantité considérable des polyphénols qui peuvent déployer la pleine puissance de leur effet antibactérien et antiviral.

Cacao (Theobroma cacao) : c'est un arbuste de la famille botanique des Sterculiacées. Il est régulièrement cultivé en Côte d'Ivoire, au Ghana, au Cameroun et au Nigéria. Il produit des cabosses, dont les grains, une fois broyés, se transforment en une pâte liquide appelée masse de cacao ou liqueur de cacao. La pâte sert à fabriquer le chocolat en y ajoutant du sucre, du beurre de cacao et, éventuellement, du lait. Elle passe dans des affineuses afin de diminuer la granulométrie de la masse.

L'arôme du chocolat se développe lors de la torréfaction par une réaction chimique appelée « réaction de Maillard ». En effet, lorsqu'on chauffe les sucres de cacao, ils caramélisent et se combinent aux acides aminés formant des centaines de composés volatils.

Le cacao est très riche en magnésium, en triglycérides et en antioxydants. Il contient une autre molécule appelée « stimulant doux du cacao » - la théobromine. Il s'agit d'un alcaloïde qui lui confère ses effets de stimulant doux et qui est à l'origine de l'impact positif du chocolat sur l'humeur.

La théobromine tire son nom de la racine grecque du mot cacaoyer (Theobroma). On la retrouve notamment dans le chocolat noir principalement, de même que dans le café ou le thé. Elle est un diurétique qui active l'excrétion d'urines. De ce fait, elle permet une meilleure élimination de l'eau et des nutriments non essentiels favorisant donc une perte de poids.

Le chocolat n'est pas que source de plaisir gustatif, il contient beaucoup d'antioxydants et de magnésium (tableau 61). D'après Thierry Béranger (2020), le cacao serait l'un des aliments les plus riches en flavonoïdes surtout la catéchine et l'épicatéchine ; ce qui lui confère une grande capacité antioxydante.

Les flavonoïdes comptent pour 10 % des composantes de la poudre de cacao. Ils seraient responsables de certains effets cardioprotecteurs attribués au cacao. Il est important à ce propos de noter que selon la quantité de cacao qu'ils contiennent, les chocolats n'ont pas tous la même quantité de flavonoïdes. La poudre de cacao arrive en tête de liste pour la teneur la plus élevée en flavonoïdes suivie par le chocolat noir. Le chocolat blanc quant à lui ne contient pas de flavonoïdes puisqu'il est fabriqué seulement à partir du beurre de cacao.

Le chocolat était longtemps déprécié pour sa charge calorique et sa richesse en graisses, et donc, avec risque de prise de poids, de diabète de type 2, de maladies cardio-vasculaires ou d'hypertension artérielle. De nos jours, on lui reconnaît plusieurs bienfaits. En effet, il contient une multitude d'antioxydants, d'acides gras bénéfiques pour la santé, de fibres, de vitamines (D, E, K1, C, B1, B2, B3, B5, B6, B9, B12) et de minéraux (phosphore, potassium, magnésium, fer, cuivre, zinc).

De manière générale, quatre effets du chocolat sont recensés :

- **des effets psychostimulants et toniques :** grâce à sa teneur en théobromine ; le cacao est un antidépresseur naturel. Source de magnésium, il est aussi un très bon anti-stress et un antifatigue reconnu ;
- **des effets antioxydants :** riche en flavonoïdes, le cacao prévient le vieillissement cellulaire. Il contribue à la lutte contre les maladies inflammatoires et traite les troubles de la fonction immunitaire ;
- **des effets vasodilatateurs :** le cacao cru favorise le flux sanguin cérébral, protège le système cardio-vasculaire et diminue l'hypertension artérielle ;
- **des effets lipolytiques :** le cacao cru aide à brûler les graisses et participe à l'amaigrissement.

Le chocolat est un aliment calorique riche en lipides et en sucres. Une portion de 100 g de chocolat noir comprend plusieurs composants (tableau 61).

Tableau 61 : Valeurs nutritionnelles et caloriques pour 100 g de chocolat noir à 70 % de cacao

Composants	Teneur moyenne
Énergie	572 Kcal
Protéines	9,3 g
Glucides	33,3 g
Lipides	41,9 g
Fibres alimentaires	13 g

Source : sante.journaldesfemmes, 2022

Une portion de chocolat noir est un carré de 10 g. Il couvre environ 5 à 10 % des besoins journaliers en fibres et en minéraux (fer, magnésium, manganèse, phosphore, potassium, zinc).

Le zinc, par exemple, participe particulièrement aux réactions immunitaires, à la fabrication du matériel génétique, à la perception du goût, à la cicatrisation des plaies et au développement du fœtus. Il interagit avec les hormones sexuelles et thyroïdiennes. Dans le pancréas, il participe à la synthèse (fabrication), la mise en réserve et la libération de l'insuline.

Le chocolat est un aliment calorique car riche en lipides et en sucres. C'est un aliment plaisir qu'il convient de consommer avec modération même si c'est un bon anti-stress riche en antioxydants et en substances stimulantes du système nerveux (caféine et théobromine) (Catherine Conan, 2021).

Si l'on est atteint de diabète ou qu'on a des troubles glycémiques, on doit surveiller son taux de glycémie et voir comment il est affecté par la consommation de café. Si l'on se rend compte que le café élève considérablement la glycémie, alors le café décaféiné peut être une meilleure alternative.

Le chocolat est à éviter pour les personnes ayant le foie et les intestins fragiles.

Évitez de manger du chocolat à jeun ou avant d'aller dormir, si vous souffrez de brûlures d'estomac ou d'un ulcère gastroduodénal. En cas d'insuffisance rénale, il est conseillé d'éviter le chocolat à cause de sa richesse en potassium difficile à éliminer.

Bon à savoir : Le chocolat noir contient pour 100 g : des glucides (54 g), des lipides (27 g), de l'acide stéarique, mais surtout, un Oméga 9 bon pour le cœur, l'acide oléique. Ces acides seraient actifs contre Helicobacter pylori responsable des ulcères d'estomac et du duodénum. Il y a également des fibres (9 g) et des protéines (6 g).

De manière plus détaillée, on y trouve :

- la théobromine (2 - 2,2 % du poids à sec) : principal alcaloïde contenu dans le cacao et le chocolat, alcaloïde amer de la famille des méthylxanthines, de la caféine (0,6-0,8 %) et des traces de théophylline, de lipolytiques et de substances d'éveil ;
- les flavonoïdes (catéchine et épicatéchine) : ce sont des antioxydants ;
- la phényléthylamine (PEA - 1,2 mg) : c'est un alcaloïde endogène comme les endomorphines qu'on trouve en période d'euphorie, d'excitation, de passion amoureuse, etc. ;
- les vitamines A, B1, B2, B5, B6, B9, D, E et PP en quantités faibles mais bien équilibrées;
- le tryptophane : c'est un des acides aminés essentiels, un précurseur de la sérotonine, un antidépresseur naturel.

D'autres composants organiques du chocolat affectent l'humeur, entre autres, l'amphétamine et l'anandamide (un cannabinoïde) présents à l'état de traces. Il contient en outre, toujours pour 100 g, du magnésium (300 mg), du phosphore (280 mg), du potassium (400 mg), du calcium (100 mg), du fer (3 mg) et des traces de cuivre, de nickel, de zinc, de fluor et d'iode. Un aliment complet, y compris en oligo-éléments !

En termes de calories, 100 g de chocolat noir (à plus de 50 % de cacao) n'apportent que 560 Kcal, deux fois plus que le pain mais le quart seulement des besoins journaliers d'un homme adulte.

Source : http://akilia.alwaysdata.net/scfold/produit-du-jour/chocolat.html

Le mot de l'Expert

La théobromine contenue dans le chocolat est toxique pour certains animaux. Il l'est même davantage pour les chats et les chiens car il est potentiellement mortel suivant la quantité ingérée. De plus, le chocolat contient d'autres molécules alcaloïdes outre que la théobromine. À cette molécule, se rajoute de la caféine et de la théophylline qui ont des actions délétères sur le système nerveux et cardio-respiratoire du chat.

Le thé et le café diminuent l'absorption du fer. Attention, donc au risque d'anémie !

Cola (Cola acuminata et nitida) : l'arbre est le colatier. Il est présent notamment en Côte d'Ivoire, en Guinée, en Sierra Léone, au Cameroun, au Gabon, au Congo et en Angola. Il appartient à la famille des Sterculiacées (Sterculiaceae). Il en existe plus de 125 espèces différentes. Cependant, il y a trois espèces qui sont consommées régulièrement : le « petit-cola » (Garcina kola) et les colas (Cola acuminata et nitida).

La consommation de la cola maintient éveillé et accroît l'endurance physique grâce à sa richesse en caféine et en théobromine. Sa teneur en caféine est légèrement supérieure à celle du café. La caféine, qui est son principal composant, permet de lutter contre la fatigue physique et intellectuelle et la somnolence en stimulant le système nerveux central. Quant à la théobromine, elle est un diurétique qui active l'excrétion d'urine favorisant de ce fait une perte de poids. Elle est aussi un vasodilatateur qui stimule le cœur et augmente la pression artérielle. C'est peut-être ce qui explique le fait qu'on le considère comme un aphrodisiaque.

D'après Assi Y. E. O. (2017), les extraits concentrés de cola obtenus par les techniques séparatives membranaires contiennent des composés ayant des propriétés antioxydantes tels que les polyphénols (les flavanols en particulier) et de la caféine (3,78 – 4 %). En outre, il signale que cette teneur en caféine est supérieure à celle de la plupart des produits alimentaires et boissons de grande consommation tels que : le chocolat chaud (0,33 – 1 %), le thé (1,5 – 2,5 %), le café décaféiné (1,4 %), le Coca Cola (1,39 %), le Red bull (3,2 %) et *Energy monster* (3,4 %). Par contre, sa teneur est moins importante que celle du café torréfié moulu *robusta* (21,42 %) et *arabica* (14,29 %).

L'extrait de noix de cola est utilisé couramment comme agent aromatisant naturel dans l'industrie agro-alimentaire grâce à sa forte teneur en antioxydants et en caféine. Il a été exploité pour la première fois dans une boisson en 1886 par John Stith Pemberton qui donnera le nom de Coca Cola à la nouvelle recette.

Des médicaments à base de noix de cola sont administrés aux sportifs pour leur effet reconstituant. Les extraits sont efficaces lors des convalescences en cas de surmenage physique ou intellectuel.

D'après Jésus Cardenas (2000), la cola présente plusieurs propriétés médicinales :

- **elle est stimulante :** grâce à la caféine qu'elle contient, elle augmente l'attention et permet de lutter contre l'endormissement en stimulant le système nerveux central. Elle peut en outre agir sur la cognition et en améliorer les performances, qu'il s'agisse de l'attention, de la mémorisation ou de l'apprentissage. Elle atténue d'une manière générale la fatigue physique et intellectuelle ainsi que la dépression ;
- **elle est astringente :** et peut apaiser les maux de tête dus à une mauvaise circulation sanguine ;
- **elle est cardiotonique :** elle soutient un effort musculaire intense et augmente la pression artérielle ;
- **elle est diurétique :** elle permet une meilleure élimination de l'eau et des nutriments non essentiels.

Cependant, la noix de cola est contre-indiquée chez les personnes souffrant d'ulcères gastriques comme duodénaux, de maladies cardiaques, d'insomnies, de troubles anxieux ou encore d'hypertension artérielle. Par mesure de prévention, elle ne doit pas être absorbée durant la grossesse et l'allaitement des enfants. D'autre part, elle peut présenter des effets indésirables dus principalement à la caféine : agitation, nervosité, insomnies, irritation gastrique. À fortes doses, elle peut provoquer des maux de tête, de l'arythmie, des palpitations cardiaques, des nausées, des vomissements et de l'hypertension artérielle. En cas de prises prolongées, elle peut entraîner une dépendance.

Des interactions sont possibles entre la cola et de nombreux médicaments, dont les effets s'en trouveront renforcés (analgésiques, par exemple) ou, au contraire, diminués (sédatifs, calmants, etc.). Ce produit peut, en outre, augmenter les effets secondaires des bronchodilatateurs et des stimulants du système nerveux central. Enfin, la noix de cola ne doit pas être associée aux antiacides, aux médicaments visant à prévenir l'ostéoporose, aux anticoagulants et aux antiplaquettaires, du fait d'un risque aggravé d'hémorragie.

Les extraits de noix de cola entrent dans la préparation de nombreux produits alimentaires (boissons, desserts, bonbons, gélatines, gâteaux) et amincissants. En effet, ils bénéficient de propriétés anti-radicalaires et antioxydantes qui permettent de lutter contre le vieillissement cutané. Ils sont utilisés comme ingrédient dans les soins de la peau, notamment :

- les crèmes de massage pour les pieds et les jambes lourdes ;
- les soins régénérants pour le visage, le contour des yeux, le cou,... ;
- les crèmes anti-rides.

Plantes toniques (bissap, baobab, tamarin, gingembre, ginseng)

Les plantes toniques sont généralement utilisées pour apporter des nutriments tonifiants à l'organisme. Elles peuvent être consommées tous les jours sous forme de jus et d'extraits de plantes.

Les jus sont obtenus par infusion d'écorces ou de feuilles de végétaux (de grenades, de citron, de menthe,..) ou par simple pression de fruits (jus de bissap, de baobab, d'oranges, de tamarin,..) accompagnés de gingembre, de muscade ou d'herbes aromatiques. Les extraits de plantes désignent des préparations obtenues à partir de trempage dans un liquide (solvant). Après évaporation du solvant (eau, alcool, éther, propylène glycol), on obtient un extrait dont la consistance sera fluide, molle ou sèche.

Bissap (Hibiscus sabdariffa) : son jus s'obtient à partir d'une infusion de fleurs d'hibiscus séchées encore appelées « Oseille de Guinée » ou « Roselle ». Il est apprécié pour son goût acidulé et son parfum subtil de fruits rouges. Il est connu pour ses effets anti-bactériens, mais surtout, diurétiques, hypotenseurs et hypocholestérolémiants. Il est très consommé dans plusieurs pays africains, notamment en Guinée, au Mali, au Sénégal, ou encore au Burkina Faso, en Côte d'Ivoire et au Niger. Ses calices sont fort appréciés de par leur richesse en protéines (26 %), lipides (20 %) et sucres totaux (40 %).

En Afrique, plus particulièrement au Sénégal, le bissap est conseillé après un repas copieux de *Thiéboudieune.* Il exerce une action amincissante et accompagne la perte de poids. Il empêche l'accumulation des graisses et diminue l'absorption du saccharose. Il a aussi l'avantage d'être peu calorique et de contenir une grande quantité d'eau qui contribue à l'élimination et au drainage de l'organisme.

Il est aussi connu pour ses propriétés à faire baisser la pression artérielle, diminuant ainsi les risques de maladies cardio-vasculaires. Il contient des anthocyanes efficaces pour ma réduction de la pression artérielle. Il est utilisé pour soulager les règles douloureuses. Il s'agit d'une boisson riche en antioxydants, en vitamine C et flavonoïdes qui sont des composés qui aident à réduire l'inflammation et la douleur associées aux menstruations. Pour profiter de ce bienfait, il est recommandé de consommer cette boisson tout au long du mois et pas seulement durant la période des règles.

Les flavonoïdes contenus dans le bissap participent à la réduction de la pression artérielle. Ils peuvent aider à dilater les vaisseaux sanguins, ce qui permet donc une meilleure circulation sanguine.

Photo 56 : Calices de bissap

Les calices de bissap constituent une bonne source d'éléments essentiels suivants :

- vitamines : C, B2, B3
- minéraux et oligo-éléments : Ca, Cu, Fe, K, Mn, Zn
- pigments antioxydants : anthocyanes (delphinidine 3-sambubioside, cyanidine 3-sambubioside)
- polyphénols
- pectine

La pectine et les polyphénols présents dans le bissap contribuent à améliorer le métabolisme des graisses et à contrôler l'accumulation de triglycérides dans l'organisme. Enfin, la vitamine C et la vitamine B3 (ou niacine) font elles aussi baisser les taux de lipides sanguins.

Le jus de bissap favoriserait la baisse du mauvais cholestérol et dans le même temps réduirait les niveaux de triglycérides. Il est en outre utilisé comme diurétique bénéfique pour le foie et l'hypertension. Il constitue un bon tonifiant grâce à la vitamine C qu'il contient. Cette dernière aide aussi à protéger les vaisseaux sanguins contre les dommages causés par les radicaux libres.

Le bissap est une boisson purgative. Grâce à la pectine qu'il contient, il favorise le bon fonctionnement des intestins et améliore la digestion. Ces différentes actions font du bissap un précieux allié pour les hommes et les femmes qui souhaitent contrôler leur poids.

Baobab (Adansonia digitata) : son jus est extrait de la pulpe de baobab, un arbre assez bien répandu en Afrique dont la zone de prédilection s'étend depuis le Cap-Vert jusqu'à la Somalie, en Afrique du Sud et à Madagascar. Hormis au Sahara, il est présent partout où il s'acclimate aisément à différentes conditions climatiques, de sols et de températures.

Photo 57 : Fruit de baobab

Le jus de baobab est considéré comme super-aliment car bien apprécié pour ses nombreuses vertus alimentaires et médicinales. En effet, il contient beaucoup de fibres solubles et insolubles efficaces pour lutter contre la constipation et la diarrhée, des vitamines C, A, B1, B2 et des minéraux essentiels comme le calcium, le potassium, le fer, le magnésium et le manganèse. Il est très riche en vitamine C qui est connue pour son pouvoir antioxydant capable d'empêcher les réactions néfastes provoquées par les radicaux libres. Ceux-ci sont pour la plupart impliqués dans l'entretien et le fonctionnement de l'organisme, et dans le processus de fécondation et de maturation des cellules de l'organisme, dans l'élimination des produits toxiques et la défense de l'organisme contre les microbes et les virus. Certains voient même dans la prise de ce jus la capacité à prévenir un vieillissement accéléré du corps ou le développement de certaines maladies comme les cancers et les maladies d'Alzheimer et de Parkinson.

De la caféine a été ajoutée au jus de baobab pour donner naissance à une boisson énergisante appelée « *Baobab Energy Juice* ». Celle-ci est commercialisée en Europe depuis 2008. Elle a été créée par deux agronomes, Raphaël Girardin et Alexandre Giora, à partir de la pulpe de baobab dont la teneur en vitamine C équivaudrait à la consommation de pulpes issues de 30 oranges (Anna Diallo, 2019).

Tamarin (Tamarindus indica) : son jus est préparé à partir du fruit du tamarinier qui est un arbre des pays tropicaux connu comme laxatif et émollient très efficace pour soulager les troubles digestifs (ballonnements, nausées, constipation, etc.). Il est utilisé comme antiseptique pour apaiser les troubles urinaires (notamment la cystite) et les maux de gorge ou comme expectorant en cas de bronchite.

Photo 58 : Fruits de tamarin

Il contient de l'acide tartrique dont la formule est $C_4H_6O_6$ qui est utilisé dans l'alimentation comme additif alimentaire (E 33413), principalement un antioxydant régulateur de pH. L'acide tartrique joue un rôle important en abaissant le pH lors de la fermentation du moût (produit obtenu après pressage de produits végétaux) à un niveau où beaucoup des bactéries indésirables ne peuvent pas se développer et agir en tant que conservateur après fermentation (SCF, 2022). Il est autorisé dans la plupart des produits alimentaires et dans certains produits spécifiques tels que les produits à base de cacao et chocolat, les confitures et gelées, les fruits et légumes en conserve.

Le jus de tamarin présente une saveur bien particulière. Il est à la fois sucré et acidulé. Il est riche en sucres lents, en acides organiques, en minéraux (calcium, cuivre, fer, magnésium, phosphore, potassium, sélénium) et en vitamines A, B (B1, B2, B3, B5, B6, B11), C et PP. Il a de surcroît des propriétés aidant à réguler les fonctions gastriques.

Le fruit est riche en fibres (ce qui est important pour maintenir le cholestérol et la tension artérielle à un bon niveau) et en flavonoïdes et polyphénols permettant une bonne gestion du diabète. Il existe d'autres composants tels que : la pectine, des sucres simples, des acides organiques et des sels, dont les acides tartriques et le bitartre de potassium (Jesus Cardenas, 2017).

Le bitartrate de potassium est utilisé dans le traitement des infections urinaires car il aide à éliminer les mauvaises bactéries grâce à sa capacité à réguler le pH du corps.

La pulpe du fruit et l'écorce du tamarinier sont utilisées en phytothérapie. Elles contiennent des huiles essentielles, notamment le limonène et le géraniol. Quant à l'écorce, elle est riche en tanins. Le limonène sert d'additif dans les aliments, les desserts, les sodas et les bonbons pour donner une saveur citronnée. Il est par ailleurs utilisé dans les insecticides naturels. Le géraniol est considéré comme un allergène fréquemment exploité dans l'industrie cosmétique.

Beaucoup d'autres plantes sont exploitées pour donner un goût spécial au jus de tamarin, notamment :

- le **persil** et le **thym** dont les apports en flavonoïdes limiteraient la résistance à l'insuline et permettraient un meilleur contrôle du glucose sanguin ;
- la **carotte :** elle est riche en bêta-carotènes, composés solubles nutritifs permettant au foie de métaboliser la vitamine A. Elle contient en plus du fluor nécessaire pour conserver l'émail des dents et prévenir l'apparition de caries ;
- **le citron :** il est souvent consommé dans le cadre des cures détox destinées à chasser les toxines et à relancer la digestion. Il nettoie le foie, notamment lorsqu'il est utilisé à jeun le matin.

Bon à savoir : Le tamarin n'est pas recommandé si l'on prend de l'aspirine car il peut augmenter le risque de saignement. Il peut en outre provoquer une baisse significative du taux de glucose sérique, entraînant une hypoglycémie.

Gingembre (Zingiber officinale) : son jus est fortement consommé en Côte d'Ivoire où il est connu sous l'appellation de « *Gnamakoudji* » qui veut dire « Eau pimentée ». Il est exploité pour ses valeurs médicinales et culinaires. Il est riche en minéraux tels que le manganèse, le magnésium, le phosphore, le sodium et le fer. Il contient en outre des vitamines (C, B1, B2 et B3) mais il est surtout intéressant comme relaxant physique grâce à ses propriétés hypotensives, antalgiques et sédatives.

Le gingembre présente en plus des propriétés digestives, antioxydantes, anti-inflammatoires, fluidifiantes, anti-cholestérol et anti-nausées.

D'après Nathalie Marty (2021) dans son livre intitulé les 25 meilleures recettes de jus frais, le gingembre contient des huiles essentielles présentes dans les rhizomes telles que :

- **la zingibérale :** utilisée dans la composition de nombreux parfums. Elle sert de tonique digestive, de relaxant et d'aphrodisiaque ;
- **le camphène :** utilisé en tant qu'antispasmodique et stimulant bronchique;
- **le lianol :** utilisé pour accélérer la croissance et améliorer la fertilité des poulets et des porcelets.

Photo 59 : Racines de gingembre

Ginseng (Panax) est une plante à multiples vertus, riche en minéraux (calcium, cuivre, fer, zinc, magnésium, manganèse, phosphore, vitamines C, E, B, etc.) et en acides aminés (Jésus Cardenas, 2017). Il est surtout cultivé au Cameroun où il sert de complément nutritif à plusieurs vertus thérapeutiques utilisé notamment dans la lutte contre le diabète, l'hypertension artérielle, les dysfonctionnements érectiles, les mycoses et dermatoses et les rhumatismes.

Il est une plante dont les racines sont particulièrement valorisées en phytothérapie pour lutter contre le stress, la fatigue, stimuler les défenses immunitaires et traiter les troubles érectiles. Il aide à stimuler la vitalité et la vigilance, à lutter contre la fatigue et à réguler la sécrétion de cortisol, baptisé « hormone du stress ».

Il relance l'organisme sur de nombreux plans : résistance physique, énergie intellectuelle, récupération, renforcement du système immunitaire, etc. Il est jugé efficace contre le paludisme et la fièvre typhoïde.

Le ginseng est composé de plusieurs actifs dont les ginsénosides qui sont ses éléments majeurs, les polysaccharides, les alcaloïdes, les glucosides et les acides phénoliques. Ces derniers sont utilisés dans l'industrie cosmétique pour leurs puissantes propriétés antioxydantes, ainsi que leurs propriétés photoprotectrices, antibactériennes et anti-inflammatoires.

Photo 60 : Racines de ginseng

Conclusion

Utilisées pour leurs valeurs médicinales et culinaires, les plantes stimulantes et toniques sont incontournables dans le quotidien des Africains. Elles constituent une riche diversité d'espèces comprenant, entre autres, des plantes tonifiantes remplies de vitamines, de minéraux ou encore de caféine.

Ces substances, qui atteignent les neurones et certains centres nerveux, servent à augmenter la résistance et la productivité au travail, ou à rester concentrés et éveillés pour mieux lutter contre la fatigue physique et intellectuelle, et la somnolence. Elles sont considérées comme des stimulants du système nerveux central et du cœur dont ils augmentent la fréquence respiratoire et la pression artérielle, et sont utilisées parfois comme vasodilatateurs ou aphrodisiaques.

PARTIE IV – RÉGIME ALIMENTAIRE ACTUEL ET MALBOUFFE

CHAPITRE 9 : RÉGIME ALIMENTAIRE MARQUÉ PAR LA STANDARDISATION

Introduction

L'uniformisation des recettes alimentaires a abouti au fil du temps à la standardisation des produits et des goûts. Elle se fait essentiellement dans une optique de baisse des coûts de production. Elle est le reflet des changements de modes de vie où la restauration rapide est de plus en plus présente dans l'alimentation des Africains.

Standardisation des produits et des goûts

La forte diversité des recettes africaines est de nos jours menacée par le phénomène de standardisation des produits et des goûts.

D'après Arlène A. (2007), dans quasiment toutes les capitales d'Afrique de l'Ouest, le pain et le riz importé s'imposent dans les habitudes alimentaires au détriment des produits locaux. Le cas du Sénégal est assez intéressant. Dans ce pays, le petit déjeuner est servi le matin avec du pain à base de blé et du café au lait bien sucré. Le repas de midi (*Thiéboudiène*) est généralement préparé avec des brisures de riz importé. Quant au repas du soir, il a tendance à disparaître pour laisser la place à des plats précuits (sandwichs, hamburgers, pizzas, etc.). Cependant, durant le mois du Ramadan, les habitudes alimentaires se modifient en faveur des céréales locales.

Ce phénomène de standardisation des produits et des habitudes alimentaires est favorisé par l'urbanisation rapide et l'amélioration des revenus. Il est le résultat des politiques agricoles qui ont généralement privilégié le développement des cultures de rente au détriment des cultures vivrières. Ces dernières ont, au fil du temps, été supplantées par les importations de produits finis tels que le riz, le blé et le lait dont les avantages pratiques sont :

- leur disponibilité ;
- leur facilité de préparations ;
- leurs présentations ;
- leurs prix (souvent influencés par des subventions).

La présente situation a été favorisée par la forte pénétration des céréales importées dans les régimes alimentaires africains à la suite des sécheresses des années 1968, 1973, 1974, 1984 et 1985, et par la libéralisation des agricultures des pays avec la disparition des sociétés nationales de développement, la libéralisation des échanges et l'intégration des marchés. Les pays africains devaient alors, pour leur alimentation, recourir à des importations commerciales et à l'aide alimentaire et, avec comme conséquence, un changement des habitudes alimentaires. Ainsi, il n'a fallu qu'une trentaine d'années pour changer presque complètement les habitudes alimentaires des peuples africains.

Ce changement a en définitive des impacts négatifs sur la santé des populations qui se traduisent en malnutrition engendrant des maladies chroniques comme l'obésité, le surpoids, l'hypertension artérielle et les accidents cardio-vasculaires. Le surpoids et l'obésité correspondent à un excédent de graisse dans le corps. Ils sont principalement dus à une alimentation trop riche en calories et une activité physique faible. Des facteurs psychologiques ou génétiques, des maladies chroniques peuvent également intervenir dans leur survenue (Allô Docteurs, 2021).

Bon à savoir : Le surpoids et l'obésité de l'adulte sont dus à un excès de masse grasse corporelle. Celle-ci correspond à l'ensemble de la graisse du corps (ou tissu adipeux). On l'oppose à la masse maigre qui correspond au poids des muscles, des organes et des viscères. Le surpoids et l'obésité sont définis à partir de l'indice de masse corporelle (ou IMC) qui se calcule en divisant le poids par la taille au carré d'une personne. C'est un outil de mesure simple, utilisé couramment pour estimer la corpulence d'une personne.
Source : Allô Docteurs, 2021.

Plats précuits : ils sont souvent industriels, c'est-à-dire qu'ils sont cuisinés en grande quantité pour être distribués en des centaines ou des milliers d'unités. Ils sont composés entièrement ou essentiellement de viande, de poisson, de fruit, de légumes, d'œufs, de lait et d'huile. Certains sont essentiellement à base de riz, de farine, de céréale, de sel, de miel et de sucre. Leur particularité est qu'ils sont conçus pour être conservés pendant une durée déterminée. Ils sont estimés risqués à cause de la présence de conservateurs, d'additifs et d'un mauvais équilibre sur le gras, le sucre, le sel.

Photo 61 : Plats précuits

L'apparition des plats précuits a été favorisée par l'urbanisation avec un rythme de vie écartelé entre le travail, les rendez-vous, les courses en ville et les longues distances à parcourir. Il s'agit de plats destinés à la restauration rapide ; à savoir prêts à cuire ou à passer au micro-onde (purées, soupes toutes faites, sauces et desserts en sachets, pizzas et autres). En plus, il y a les plats précuits surgelés ou en boîtes de conserve.

Caractéristiques des plats précuits (soupes, conserves, repas-minutes)

Les plats précuits sont préparés pour une durée plus ou moins longue. Cette durée va jouer sur leurs charges en graisse et en sel qui sont des éléments déterminants pour assurer une bonne conservation des produits. L'exemple des soupes et repas-minutes est révélateur. Selon leurs durées de conservation, on note :

- **les soupes instantanées :** elles sont composées de légumes déshydratés, de beaucoup de sel, d'aromates, d'émulsifiants et d'agents de remplissage et de conservation ;
- **les soupes en boîtes de conserve** : elles sont plus nutritives. D'autre part, elles contiennent moins d'additifs, mais elles sont généralement plus fades au niveau du goût ;
- **les repas-minutes** : tout comme les barres, les snacks et les chips dont raffolent les adolescents, ils sont souvent très riches en agents de conservation, en arômes et en colorants.

Restauration rapide

La restauration rapide encore appelée « *fast-food* » est un mode de restauration dont le but est de faire gagner du temps au client en minimisant les temps d'attente pour recevoir les plats commandés. Cependant, les *fast-foods* sont généralement riches en calories, en gras, en sel et en sucre, et pauvres en fruits et légumes frais qui sont sources de fibres saines et de vitamines. Pour Marie Samier, diététicienne (2017), le « *fast-food* » peut avoir un impact négatif sur le bon fonctionnement du corps humain. Elle cite à ce propos deux exemples.

Le premier est celui d'un hamburger double servi avec des sauces et du fromage, des frites et une boisson gazeuse. Elle estime que ce repas pourrait contenir quelque 1400 calories et 58 grammes de gras alors que l'organisme humain n'a besoin au maximum que de 65 grammes par jour. Le deuxième exemple est celui d'une pizza au peppéroni qui contiendrait quelque 800 calories et 39 grammes de gras.

Marie Samier déplore certains risques liés au « *fast-food* », notamment : l'obésité, le diabète, les maladies cardiaques, l'hypertension artérielle, certains cancers (prostate, pancréas, ovaires, utérus, intestins), des troubles du sommeil et des risques accrus de dépression.

D'après J. L. Vonnez (2005), citant Lancet, il y a une forte corrélation entre la consommation de *fast-foods* et le risque d'obésité ou de diabète de type 2.

Mark Pereira (Université du Minnesota), David Ludwig (de *Boston Children's Hospital*) et leurs collègues ont suivi pendant 15 ans 3000 jeunes Américains âgés de 18 à 30 ans en 1985 / 1986. Ils constatent que les grands consommateurs de *fast-foods* (plus de deux repas par semaine) accusent sur la durée de l'étude un gain pondéral plus élevé de 4,5 kg que les consommateurs occasionnels (moins d'un repas par semaine) ainsi qu'une augmentation de la résistance à l'insuline deux fois plus forte.

Photo 62 : Restauration rapide

Les changements dans la consommation de *fast-foods* durant l'étude sont fortement corrélés à des variations du poids corporel. La résistance à l'insuline augmente avec la consommation de *fast-foods*. La grande question serait de savoir dans quelle mesure la relation est causale. Face à une épidémie d'obésité qui se répand plus vite que prévu, on s'interroge aux États-Unis sur les responsabilités réciproques des individus et de l'industrie qui les habitue à des portions de plus en plus gargantuesques.

Place du sel et du sucre dans l'alimentation

Importance du sel dans la vie quotidienne

Le sel reste un des éléments essentiels dans l'alimentation de l'homme. D'abord utilisé dans l'antiquité pour des cérémonies rituelles, religieuses et parfois culturelles, le sel est devenu un produit incontournable. En Afrique, les anciens invoquaient leurs dieux avec des offrandes de sel et d'eau. Par ailleurs, ils faisaient le salage à sec des aliments, essentiellement des légumes, des poissons et de la viande pour leur conservation.

De nos jours, le sel continue encore de jouer un rôle majeur dans la sécurité alimentaire de plusieurs aliments grâce à ses nombreuses propriétés technologiques et organoleptiques exploitées dans le secteur alimentaire, notamment dans les processus de fabrication des aliments tels que : la panification, la charcuterie-salaison, la conserverie et la préparation des fromages et poissons. Il a la propriété de prolonger la durée de conservation des aliments en limitant la multiplication des micro-organismes.

Le sel est apprécié pour sa composition riche et variée en minéraux qui sont des éléments incontournables dans la vie des cellules. La présence d'iode dans le sel favorise la sécrétion des hormones thyroïdiennes et participe au développement de la faculté intellectuelle et mentale. Les ions contenus dans le sel jouent un grand rôle dans la contraction musculaire et la transmission de l'influx nerveux.

De surcroît, grâce à sa capacité de rétention d'eau, le sel favorise le ralentissement de la dégradation des cellules notamment sur le plan cutané. Il empêche la formation de rides sur la peau qui est souvent synonyme de vieillesse dans certaines sociétés.

Dans les zones rurales, à cause surtout du manque d'électricité, les populations épandent le sel sur les produits de chasse ou de pêche avant de les mettre, pour séchage, au soleil ou au feu.

Différents types de sel

Le sel peut avoir deux origines :

- marine : il est alors obtenu par évaporation d'eau de mer ;
- fossile : il est présent dans le sol sous forme de gisements. On l'appelle alors « sel gemme ».

Selon la composition et le mode de traitement, on distingue :

- le **sel naturel :** il est composé de tous les minéraux, oligo-éléments et fer mais pauvre en iode. Souvent sa consommation fréquente favorise la survenue des maladies liées à une carence en iode telle que le goître, le retard de croissance et parfois des troubles mentaux ;
- le **sel raffiné :** il est obtenu par dissolution et vaporisation du sel naturel à une température très élevée. Il est essentiellement composé de chlorure de sodium (Nacl) à 99,99 %. Il reste de nos jours le sel alimentaire le plus consommé ;
- le **sel iodé :** il est enrichi en iode. Sa consommation permet de réduire les différentes maladies liées à l'insuffisance des hormones thyroïdiennes (hypothyroïdisme).

  Le manque ou l'insuffisance en iode peut entraîner la survenue du goître, le crétinisme chez l'enfant et le myxœdème chez l'adulte ;
- le **sel de table :** il s'agit d'un sel raffiné avec pour composante principale, le chlorure de sodium. C'est un sel souvent considéré pur iodé et fluoré.

Effets de la consommation de sel

Le chlorure de sodium (NaCl) est composé de 40 % de sodium et de 60 % de chlorure. Autrement dit, 2,5 g de sel contiennent 1 g de sodium et 1,5 g de chlorure. Le sodium est donc le principal minéral constituant du sel. Il joue un rôle important pour l'organisme dont il favorise le bon fonctionnement du système nerveux en ouvrant les canaux par lesquels passent les signaux électriques émis par les neurones. Il joue également un rôle majeur sur les cellules musculaires puisqu'il stimule le déclenchement de la contraction des muscles et du cœur.

Le sodium régule l'équilibre hydrique de l'organisme en faisant fonctionner les reins qui filtrent l'eau du corps et participent à sa répartition. Il permet de retenir l'eau à l'intérieur du corps et de ne pas l'éliminer totalement par les urines. Le sel aide enfin à réguler le volume sanguin et donc la pression artérielle. Une consommation de 4 g de sel par jour suffit pour combler les besoins d'un adulte. Cependant, on doit veiller à ce qu'elle ne soit pas inférieure à 2 g/jour (Jean-Pierre Willem, 2021).

La consommation excessive de sel peut entraîner des conséquences négatives sur le système cardio-vasculaire, le cerveau et les reins. Cet excès est constaté au cours des différentes prises de repas quotidiens car, dans la majorité des nourritures ingérées durant ces dernières décennies, on y trouve une quantité non négligeable de sel évaluée à 10 g/jour par rapport à la quantité de 4 – 6 g/jour recommandée par l'OMS. Toutefois, la consommation abusive de sel est plus souvent le fait de mauvaises habitudes alimentaires (Annales Pharmaceutiques Françaises, 2009). Elle pourrait par conséquent être facilement corrigée.

L'abus de sel dans l'alimentation peut exercer des effets nuisibles sur la santé. Il favorise les maladies telles que l'hypertension artérielle, les maladies cardio-vasculaires, le cancer de l'estomac et l'ostéoporose. Il diminue conséquemment la fonction rénale pouvant conduire parfois à une insuffisance rénale. Il stimule le système nerveux sympathique et rend hypersensible les neurotransmetteurs. L'abus de consommation de sel favorise la survenue de l'hypertension artérielle remarquable du flux sanguin d'où la multiplication de l'activité cardiaque et l'augmentation des chiffres tensionnels ou encore une hémodilution (baisse de la coloration spécifique du sang) traduisant une anémie.

Aujourd'hui, l'excès de sel est devenu un problème de santé publique (Stéphanie Kochoyan, 2018). Lorsqu'on a une alimentation trop riche en sel (alors qu'il n'en faudrait qu'entre 4 et 6 g par jour), l'eau s'accumule dans les tissus. Les tissus, fortement concentrés en sel, attirent l'eau et la retiennent, ce qui empêche son élimination. Le corps se met alors à gonfler.

Les avantages de la consommation modérée de sel sont multiples et variés. Ils permettent de régulariser la pression artérielle et de lutter efficacement contre les pathologies cardio-vasculaires et rénales, et la survenue de goître par manque d'apport suffisant en sel ou par la pauvreté de la présence d'iode.

Le mot de l'Expert

Même sans pathologies cardiaques il est conseillé de suivre l'exemple du plan national nutrition santé de France (PNNS) qui dit de ne pas dépasser la consommation de 3,2 g de sodium par jour chez l'homme et 2,6 g chez la femme.

De manière générale, l'OMS recommande de consommer moins de 5 g de sel par jour. Cette dose journalière permettrait de réduire considérablement les facteurs de risques liés aux maladies du cœur.

Place et rôle du sucre dans l'alimentation

Le sucre est une substance obtenue par extraction de la tige de la canne à sucre et, parfois, de la betterave. Il est principalement composé d'une molécule de saccharose (glucose et fructose). Celle-ci est la molécule la plus utilisée par l'industrie agroalimentaire sous forme de sucre blanc et sucre roux, surtout pour la confection de confiseries, de boissons, de confitures et de pâtisseries. Il est le référent pour comparer le pouvoir sucrant des différents sucres. Il existe toutefois d'autres composés de la même famille ayant également une saveur douce (glucose, fructose, maltose, lactose, mélasse, miel) et bien d'autres glucides ayant un pouvoir sucrant – les « polyols » (sorbitol, maltitol, mannitol).

Le sucre blanc est issu soit de la canne à sucre, dans ce cas, il est raffiné, soit de la betterave sucrière, il est alors naturellement blanc et non raffiné. Il est aimé pour sa douceur et son goût délicieux. Il possède des valeurs nutritives très bénéfiques à l'organisme humain. Cependant, sa consommation excessive peut nuire à la santé.

Importance du sucre dans la vie quotidienne

Le sucre constitue le principal moteur de fourniture d'énergie pour le bon fonctionnement des cellules du corps. Il a la capacité de stockage d'énergie et de synthèse des protéines.

Jadis considéré comme un produit thérapeutique réservé aux riches, le sucre était prescrit aux patients sous forme de sirops, de bonbons, de fruits confits, de confitures et de nougats. Aujourd'hui, il est devenu un produit de base de l'alimentation qu'on retrouve dans la plupart des plats, des sauces, des produits de boulangerie-pâtisserie, etc.

Différents types de sucre

Selon Anastasia Klimov (2021) dans sa publication intitulée « Le rôle du sucre dans la vie quotidienne », à l'époque paléolithique, des variétés de plantes, de protéines animales sauvages et de graisses étaient consommées occasionnellement et en petites quantités. Il n'y avait pas de sucre transformé. Au fur et à mesure que nous sommes devenus plus sédentaires et que nous sommes passés à un régime à prédominance de glucides, de blé, de maïs, de soja et d'aliments transformés, la plus grande épidémie d'obésité et de diabète du monde a été créée.

Les sucres ajoutés se trouvent dans la plupart des aliments transformés : bonbons, gâteaux, vinaigrettes, sauces, boissons, haricots en conserve, soupes, pains, plats instantanés / surgelés, yaourts, etc. Les boissons sucrées sont l'une des sources de sucre les plus problématiques car non seulement elles contiennent de grandes quantités de sucre mais elles sont absorbées rapidement en créant des pics d'insuline élevés.

Anastasia Klimov donne une liste de plus de 50 produits sources de sucre. Parmi eux, on compte : le fructose, le glucose, le lactose, le galactose, le saccharose, le nectar d'agave, le malt d'orge, la betterave, la cassonade, le sucre de coco, les cristaux de canne, le jus de canne, le jus de canne évaporé, la canne à sucre, le caramel, l'édulcorant de maïs, le dextran, le sucre cristallisé, le sirop de riz, le sirop de maïs, le sirop de maïs solide, le dextrose, le sucre de raisin, le sucre glace, le sirop de malt, le sorbitol, la mélasse, le malt diastasique, le jus de fruits, les extraits secs de glucose, le sirop de maïs à haute teneur en fructose, la maltodextrine, le sucre turbinado, le sirop de caroube, le fructose cristallisé, la diatase, le sucre d'or, le miel, le maltose, le sucre brut, le sucre jaune, le sirop de beurre, le sucre pâtissier, l'éthyl-maltol ou le sucre investi.

Connaître ces produits et leurs modes d'actions est important pour pouvoir les détecter et, au besoin, arrêter d'en consommer.

Effets de la consommation de sucre

Les sucres sont composés de carbone, d'oxygène et d'hydrogène. On les appelle également hydrates de carbone (ou « *carbohydrates* » pour les anglo-saxons). On distingue 2 types de glucides en fonction de leur structure chimique (Penser santé, 2024) :

- **les glucides simples :**
  - les monosaccharides (glucose, fructose, galactose)
  - les disaccharides (saccharose, lactose, maltose)
- **les glucides complexes :**
  - les polysaccharides digestibles (amidon, glycogène, inuline)
  - les polysaccharides non digestibles ou les fibres alimentaires (cellulose)

Le sucre est, dans l'organisme, la principale source d'énergie. Il est transformé en glucose et fructose au niveau de l'intestin. Ensuite, il passe rapidement dans la circulation sanguine avant d'être acheminé vers le foie et les autres organes. Le reliquat est conservé sous forme de glycogène pour une utilisation ultérieure. Cependant, en cas d'excès, le surplus sera transformé en graisses (triglycérides) et stocké dans les tissus adipeux. Ce processus permet de servir de manière continue et constante le cerveau qui est un des plus grands consommateurs de sucre (près de la moitié de sucre stocké dans le corps). Le manque ou la baisse de glucose au niveau du cerveau entraîne des troubles de la conscience, voire le coma hypoglycémique.

La glycémie encore appelée "*taux de sucre*" ou "*taux de glucose*" dans le *sang* varie en fonction des apports et des dépenses corporelles. Elle est contrôlée par la sécrétion d'insuline, une hormone déficiente ou absente en cas de diabète.

Pour connaître le taux de sucre dans le sang, il faut le mesurer à l'aide d'un glucomètre. Les valeurs ainsi obtenues seront comparées aux normales. Chez l'Homme, le taux doit être compris entre 0,80 et 1,10 g/L à jeun le matin et entre 0,80 et 1,40 g/L deux heures après le repas.

Une personne est considérée comme diabétique, lorsque le taux de sucre mesuré dans le sang à jeun est supérieur à 1,26 g/L après trois contrôles successifs. Cette défaillance peut être due à une consommation abusive de sucre (diabète de type 2) ou encore à la naissance (diabète de type 1). Il existe un troisième type de diabète appelé diabète gestationnel.

Le diabète de type 1 est une maladie provoquée par le manque d'insuline. Le corps est alors soumis à des hyperglycémies prolongées. La maladie apparaît dès l'enfance. Dans ce cas, il importe de privilégier les aliments à faible indice glycémique (céréales et féculents) qui n'entraînent pas une augmentation trop marquée de la glycémie.

À l'inverse du diabétique de type 1, le diabétique de type 2 sécrète de l'insuline mais l'organisme y reste insensible. On parle de résistance à l'insuline.

Le diabète de type 2 apparaît généralement vers l'âge de 50 ans mais on constate de nos jours qu'elle se révèle chez des patients de plus en plus jeunes. L'apparition de cette maladie est en partie influencée par la génétique et par une hygiène de vie mal contrôlée. Ne pas pratiquer d'activité sportive, manger en trop grande quantité ou trop gras et trop sucré et être en surpoids sont des facteurs d'apparition de la maladie (Collectif LaNutrition.fr, 2009).

Pour son traitement, on doit pouvoir bien gérer son diabète à travers une hygiène de vie stricte : alimentation saine à faible Indice glycémique, contrôle du poids et exercices physiques peuvent être suffisants. En cas de besoin, le recours à des médicaments antidiabétiques oraux pourrait être fait.

Quant au diabète gestationnel ou diabète de grossesse, il survient chez la femme enceinte vers la fin du deuxième trimestre de grossesse. Comme pour le diabète de type 2, il correspond à un trouble de la régulation du glucose et se manifeste par une hyperglycémie chronique. Il peut avoir un impact sur la santé de la mère et de l'enfant. Un traitement hygiéno-diététique, voire médicamenteux (insuline), du diabète de grossesse et une surveillance de la glycémie sont souvent indispensables.

Hyperglycémie et hypoglycémie

On parle d'hyperglycémie si le taux de glycémie est :

- ≥ 1,26 g/L à jeun ;
- ≥ 2 g/L à n'importe quel moment de la journée ;
- ≥ 2 g/L deux heures de temps après l'ingestion de 75 g de glucose.

Comme indiqué, l'hyperglycémie correspond à une élévation anormale du taux de sucre dans le sang. En pareil cas, différents signes peuvent se présenter : une soif régulière et une bouche sèche, une envie fréquente d'uriner, une somnolence, des maux de tête et une vision troublée. Ces signes peuvent s'accompagner de crampes, de douleurs abdominales et de nausées, et parfois, un amaigrissement important. L'excès de sucre dans le sang peut endommager à la longue les vaisseaux situés dans les reins (*néphropathie*), les yeux (*rétinopathie*), les nerfs (*neuropathie*) et les artères.

Quant à l'hypoglycémie, elle survient lorsque la glycémie baisse jusqu'à un niveau en dessous de 0,50 g/L (soit 2,5 mmol/L). Cet état se manifeste par différents symptômes comme par exemple des sueurs, des tremblements, des vertiges et une certaine pâleur. En cas d'hypoglycémie prolongée, il est possible de perdre connaissance. C'est pourquoi dès qu'on ressent une baisse de la glycémie, on doit arrêter toute activité et manger ou boire quelque chose de sucré.

Un des effets les plus visibles du sucre est bien évidemment l'augmentation de poids. Le sucre est un hydrate de carbone et, à ce titre, il contient une quantité élevée de calories. Par exemple, un verre de *Coca Cola original taste* de 250 ml contient 105 calories (Kcal). Il n'est donc pas étonnant que le CSPI (*Center for Science in the Public Interest*) qualifie les boissons gazeuses de « sucreries liquides ». Ce groupe de pression, qui se consacre aux questions de nutrition et de santé, a alerté en 2005 sur les effets néfastes des boissons gazeuses.

Le tableau 62 révèle des données sur les volumes de sucre contenus dans quelques canettes de boissons gazeuses. À titre comparatif, 250 ml de jus d'orange renferment naturellement 25 g de sucre simple ; soit 6 cuillerées à thé (une cuillerée à thé contient environ 4 g de sucre).

Tableau 62 : Quantité de sucre dans 1 canette de 250 ml de jus

Boisson	Poids	Volume
Coke®	29 g (42 g dans une canette de 355 ml)	7 c. à thé (10 c. à thé)
7up®	26 g (38 g dans une canette de 355 ml)	6,5 c. à thé (9 c. à thé)
Boisson ou punch aux agrumes	24 - 29 g	6 à 7 c. à thé
Orangina®	24 g	6 c. à thé
Monclair®, boisson pétillante	21 g (27 g dans une canette de 325 ml)	5 c. à thé (6,5 c. à thé)
Nestea® (thé glacé)	20 g (29 g dans une canette de 355 ml)	5 c. à thé

Source : Françoise Ruby, 2008

Prévention de l'hyperglycémie

La prévention de l'hyperglycémie passe avant tout par une préférence des aliments à faible indice glycémique comme : l'œuf, les noix, le haricot rouge, l'avocat, l'ananas, l'aubergine, le chocolat noir, la cerise, la betterave crue, la lentille, le fromage blanc nature, la carotte, la tomate, le riz complet.

En cas de diabète, les aliments mentionnés ci-dessous sont à éviter (Didier Lacombe, 2021) :

- **le sucre et les sucreries :** sucre blanc, sucre roux, édulcorants, chocolat, pâtisseries, viennoiseries industrielles, confitures, biscuits, sirops, miel, snacks sucrés industriels (barres chocolatées par exemple) enfin, tout aliment riche en sucre. Tous ces aliments font monter en flèche les niveaux de glucose dans le sang ;
- **les aliments riches en sodium :** ils font monter la pression sanguine et provoquer de l'hypertension : le sel, les assaisonnements pour salades, la plupart des sauces, le pain, le pizza, la charcuterie, le beurre, les chips et snacks salés, la mayonnaise, les fruits secs, n'importe quel aliment avec du sel ajouté ;
- **les fritures :** elles se convertissent en sucre dans le sang. Elles apportent en plus des graisses qui ne sont pas saines pour l'organisme. Elles favorisent le mauvais cholestérol et la montée du taux de sucre ;
- **les farines raffinées :** elles favorisent le diabète et produisent des déséquilibres métaboliques importants et subséquemment le surpoids (pain blanc, pizza, pâtes, biscuits et viennoiseries, riz). À cet effet, on doit les éviter et favoriser les aliments à base de farines complètes ;
- **les graisses :** elles augmentent le cholestérol et favorisent les risques de souffrir de maladies cardio-vasculaires : les aliments transformés, le jaune d'œuf, les aliments surgelés et plats précuits, les charcuteries, les pâtés, les margarines, le beurre, les viandes non blanches et maigres comme la viande rouge, le porc ;
- **les produits laitiers non écrémées :** ils contiennent de plus grandes quantités de sucres et de graisses (le lait entier, la crème sous toutes ses formes – fraîche, liquide, chantilly, etc.), le beurre, le fromage, le yaourt ;
- **les fruits interdits aux diabétiques :** il s'agit de certains fruits riches en fructose, un type de sucre métabolisé de la même manière que le glucose : fruits secs, raisin, banane, chérimole. En réalité, aucun fruit n'est réellement interdit mais il faut en consommer de petites quantités. Par contre, il faut absolument proscrire les fruits avec des ajouts car on est incapable de contrôler leurs taux de sucre (Jean Michel Cohen, 2019).

Témoignage d'un patient à risque diabétique

Je m'appelle monsieur Diallo I., âgé de 39 ans. Je suis Ingénieur de profession. Il y a environ deux mois, je m'étais adonné à la consommation de sucreries vendues dans les boutiques de la place lors de mes différents déplacements. Je n'avais presque pas le temps de manger normalement pendant les pauses. Il me fallait juste quelques canettes de soda et de jus de fruits afin de poursuivre les activités. Au fil du temps, j'ai constaté la survenue de plusieurs signes inquiétants, notamment : la sécheresse de ma bouche malgré les quantités importantes d'eau que je buvais régulièrement, une fatigue intense qui m'empêchait de finir les travaux et une perte de poids. Ces signes étant inhabituels, j'en ai parlé à mon médecin mais je n'avais pas le temps de le rencontrer. Je m'en suis plus tard ouvert à ma famille et, en particulier, à ma grande sœur qui a subitement affirmé avoir ressenti les mêmes signes à un moment donné. Elle me conseilla alors de consulter un tradipraticien qui semble efficace dans le traitement de ce type de symptômes car pour elle, il s'agissait d'un mauvais sort qui m'était lancé.

Arrivé sur les lieux, le monsieur confirma l'hypothèse de ma grande sœur et me donna des bouteilles remplies d'eaux troubles que je devais boire et me laver pendant une semaine avant de revenir le voir. Ce traitement ne donna pas les résultats escomptés. En effet, la situation ne faisait qu'empirer et la fatigue devenait plus intense. Je demandais alors à rencontrer mon médecin qui, après m'avoir consulté, fit un bilan sanguin au terme duquel, il confirma que mon taux de sucre dans le sang était très élevé. Il me demanda s'il y a des diabétiques dans notre famille. Je lui répondis que non. Il procéda alors à deux contrôles supplémentaires et à un examen de la glycosurie, qui consiste à rechercher l'albumine et le sucre dans les urines.

Au vu des résultats, il m'informa qu'il pourrait s'agir d'une hyperglycémie. Il prit alors tout son temps pour bien m'expliquer les différentes causes de mon mal qui devraient être dues à une mauvaise alimentation et au stress. Il me rassura et finit par m'administrer une série de traitements non médicamenteux basée sur un régime alimentaire à faible indice glycémique, notamment certains fruits et légumes, la pratique de l'activité physique et la consommation régulière d'eau plate.

J'avais ainsi instauré dans mon programme quotidien la pratique de sport matin et soir suivie d'un contrôle de la glycémie tous les trois jours. Au fil du temps, le taux de sucre dans mon sang régressait considérablement pour se stabiliser à une valeur normale au bout de six mois de suivi.

Avec cette tempête, je compris combien il était nécessaire d'avoir une alimentation riche en nutriments, variée et équilibrée et de pratiquer régulièrement des exercices physiques pour me maintenir en bon état de santé.

Interview menée par Dr Loua Oscar, 2021.

Bon à savoir : La prévention de l'hyperglycémie liée à un diabète de type 2 passe par la pratique régulière d'une activité physique, la lutte contre le surpoids et une alimentation équilibrée. Cela est d'autant plus important en cas d'antécédents familiaux de diabète de type 2.
Source : Anne-Sophie Glover-Bondeau, 2019.

Utilisation des édulcorants comme produits de substitution du sucre

Les édulcorants sont des additifs alimentaires ayant un goût sucré. Ils sont encore appelés sucres de substitution ou «*faux-sucres*» pour remplacer le saccharose car ils apportent moins de calories que le sucre blanc. Leur impact sur la glycémie est nul ou presque nul. On peut les incorporer dans certains aliments en remplacement du sucre.

Les édulcorants ne sont pas tous identiques. Il en existe plusieurs mais on distingue généralement deux grandes familles :

- les édulcorants intenses ;
- les édulcorants de charge.

Édulcorants intenses

Les édulcorants intenses sont aussi appelés édulcorants de synthèse. Du point de vue chimique, les « édulcorants intenses » sont des substances très diverses, synthétiques ou d'origine végétale. Elles ont un pouvoir sucrant très élevé correspondant à 100 - 600 fois celui du sucre blanc. On note parmi eux : la saccharine, l'aspartame, l'acésulfame-potassium, l'alitame, le cyclamate, le néotame, la saccharine et le sucralose. Leur apport calorique est faible. Par exemple, un comprimé de 20 mg d'aspartame apporte 4 Kcal par gramme autant qu'un morceau de sucre de 5 g.

Leur apport calorique est très faible du fait qu'ils sont employés à de faibles doses, mais on les associe souvent à des édulcorants de masse pour apporter du « corps » aux aliments.

On peut distinguer les édulcorants intenses synthétisés par voie chimique comme l'aspartame ou l'acésulfame K, et ceux d'origine naturelle (origine végétale) comme la stévia (glycosides de stéviols).

Le plus connu parmi les édulcorants de synthèse est l'aspartame. Il est constitué d'acide aspartique et de phénylalanine. Il est de plus en plus critiqué car l'organisme a tendance à le transformer en méthanol, un composé chimique plutôt dangereux pour la santé. Depuis sa découverte en 1965, l'aspartame est régulièrement l'objet de controverses quant à son impact sur la santé. Plus précisément, il est soupçonné de favoriser le cancer. Ce dossier est à l'étude depuis 2023 par un Comité mixte OMS / FAO. Mais aucune conclusion tangible n'est pas encore faite.

Édulcorants de charge

Les édulcorants de charge sont encore appelés polyols. On note : le sorbitol, le mannitol, l'isomalt, le maltitol, le lactitol et le xylitol. Leur pouvoir sucrant est faible, de 0,5 à 1 fois celui du sucre. Leur apport calorique est en moyenne de 2 Kcal par gramme (contre 4 Kcal par gramme de sucre). Ils ne sont pas cariogènes.

Non digestibles par les enzymes humaines, les polyols se retrouvent intacts au niveau du côlon (gros intestin) où ils sont fermentés par la flore intestinale.

Une consommation excessive peut entraîner des troubles digestifs, comme des gaz, des ballonnements, voire une diarrhée (tout dépend de la sensibilité de chacun), c'est obligatoirement mentionné sur les aliments qui en contiennent. Les polyols ont peu ou pas d'impact sur la glycémie.

Les polyols sont fabriqués industriellement à part les glucides (glucose, fructose, ou maltose), mais ils se trouvent naturellement en petite quantité dans les végétaux, par exemple le sorbitol dans les pruneaux et les cerises, ou le mannitol dans les champignons. Pour cette raison, ils sont considérés comme sûrs, et n'ont pas de dose journalière admissible (Florence Daine, 2017).

Les excitotoxines comme les glutamates en trop grande concentration peuvent activer certains enzymes qui, à leur tour, vont dégrader les structures cellulaires comme la cytosquelette, la membrane cellulaire et la molécule d'ADN. Ceci est à l'origine du débat actuel sur le phénomène d'excitotoxicité des édulcorants, en particulier, l'aspartame (codé E 951) qu'on trouve dans les produits « *Light* », les sucrettes et certains médicaments.

Le mot de l'Expert
À l'heure où le diabète et le surpoids font de plus en plus de victimes, les édulcorants sont proposés à la place du sucre. Mais attention de ne pas en abuser !!! La question des excitotoxines reste encore d'actualité.

Conclusion

Les habitudes alimentaires ont beaucoup évolué ces dernières décennies se traduisant par une standardisation des produits alimentaires et de goûts, et une forte consommation de plats précuits ou surgelés, de « *fast-foods* » et d'aliments transformés souvent riches en calories, en gras, en sel et en sucre, et pauvres en fibres saines et en vitamines. Cette évolution a abouti au fil du temps à la disparition progressive de la diversité des recettes africaines et à l'augmentation de la prévalence des maladies chroniques d'origine nutritionnelle : obésité, diabète, maladies cardio-vasculaires et cancers.

Concernant le sucre en particulier, les édulcorants encore appelés sucres de substitution ou « *faux-sucres* » se positionnent sur le marché comme une alternative intéressante car apportant moins de calories que le sucre blanc. Cependant, ils doivent être pris avec modération à cause de soupçons d'excitotoxicité vue comme un processus pathologique d'altération et de destruction neuronale ou neurotoxicité.

Un retour aux bonnes pratiques culinaires africaines alliant des régimes alimentaires équilibrés contenant moins de sucres, de sel et de gras semble aujourd'hui plus que nécessaire.

PARTIE V – RECOMMANDATIONS POUR UNE BONNE SANTÉ

POUR QUE TON ÂME
AIT ENVIE D'Y
Mon corps sera à l'image de mes forces, pas de mes faiblesses.
FAIS DU BIEN À TON CORPS
CE N'EST PAS SEULEMENT MON CORPS QUI A CHANGÉ
MAIS SURTOUT MA VIE
RESTER
Sue maintenant, brille plus tard!
POSITIVE

CHAPITRE 10 : CONSEIL NUTRITIONNEL ET ÉQUILIBRE ALIMENTAIRE

Introduction

La nutrition est l'ensemble des processus d'absorption et de transformation des aliments par notre organisme et sa relation avec la santé.

D'après Ann Burgess (FAO, 2005), dans son livre intitulé « *Guide de nutrition familiale* », ces processus permettent l'utilisation des macronutriments et des micronutriments nécessaires à la formation d'énergie, à la construction et à la réparation des tissus, au maintien du squelette et à la régulation des processus physiologiques de l'organisme.

Tout déséquilibre en matière de nutrition peut engendrer des dysfonctionnements de l'organisme. Ceux-ci peuvent provoquer des carences ou des apports en excès de nutriments.

Dans le présent chapitre sont développés la malnutrition (causes, formes, aspects cliniques) et le conseil nutritionnel.

Malnutrition - principaux facteurs

La consommation modérée de n'importe quelle nourriture apporte de la valeur ajoutée sur le plan nutritionnel et peut favoriser l'épanouissement du corps humain. En cas de consommation en excès ou à défaut, l'organisme peut connaître des perturbations avec des risques de morbidité.

La malnutrition peut être définie comme un état pathologique de l'organisme humain avec pour causes principales l'inadéquation de la ration alimentaire et la maladie. Elle est un véritable problème de santé publique.

Elle se rencontre sous différentes formes mais est généralement liée à un manque d'apport calorique en nutriments appelé la sous-nutrition ou la sous-alimentation ou encore, à un apport très considérable en nutriments qui sont finalement mal éliminés par l'organisme.

Parmi les principaux facteurs incriminés dans le processus de déséquilibre de l'organisme, il y a (cf. Harrison Médecine Interne Tome 2, 1995) :

- une ration alimentaire insuffisante qui se traduit par l'inadéquation entre les différents aliments ingérés au cours des repas quotidiens ;
- une augmentation des besoins métaboliques causée par une maladie ou par une perte importante en nutriments non compensés ou mal compensés ;
- un apport protéique en quantité faible ou de qualité médiocre ;
- une sédentarité beaucoup plus rencontrée chez les individus ayant un niveau de vie élevé ;
- une condition de vie socio-économique précaire ;

- une sous-nutrition chez des femmes en état de grossesse ou allaitantes ;
- une prise en charge sanitaire inappropriée chez les nouveaux nés et les enfants.

La malnutrition peut être influencée par le rapport entre les apports protéiques et les apports énergétiques. Une bonne utilisation des protéines alimentaires nécessite un apport énergétique d'origine non protéique pour favoriser un bon équilibre.

Signes caractéristiques de la malnutrition

Le diagnostic de la malnutrition est établi, selon les critères de l'Organisation mondiale de la santé (OMS, 2006), si :

- l'indice poids-âge est inférieur à 2 écarts types ;
- le périmètre brachial est inférieur à 115 mm ;
- il y a présence d'œdèmes bilatéraux des membres.

Ces signes sont associés à d'autres signes cliniques de malnutrition dont : l'arrêt ou la croissance lente, la fonte de la masse musculaire, la fatigue permanente en dehors des efforts, les troubles de l'équilibre hydro-électrolytique, les vertiges et la pâleur.

Différentes formes de malnutrition

Il existe deux formes principales de malnutrition :

- la malnutrition par défaut d'apport des nutriments qui regroupe certaines affections comme : la dénutrition, l'émaciation, le retard de croissance et l'insuffisance pondérale ;
- la malnutrition par excès d'apport des nutriments composée par le surpoids et l'obésité.

Chacune de ces formes prise de façon individuelle présente un mal pour l'organisme humain.

Malnutrition par défaut d'apport des nutriments

- **la dénutrition :** il s'agit d'un état pathologique de l'organisme consécutif à un apport nutritionnel insuffisant en regard des dépenses énergétiques de l'organisme. Elle se constate :
  - au cours d'un séjour hospitalier prolongé ;
  - suite à un chagrin lié à la perte d'une personne chère ou proche ;
  - pendant un long déplacement ;
  - au cours d'un surmenage mental ;
  - chez une personne âgée qui refuse de s'alimenter.

  La dénutrition s'accompagne d'une diminution de la masse maigre.

- **l'émaciation :** elle est l'une des formes de dénutrition avancée, marquée par un amaigrissement prononcé avec une réduction du poids corporel en dessous de 80 % du poids normal.

  L'émaciation survient lorsqu'il y a association entre une infection et une ration alimentaire insuffisante. Les principales causes de l'émaciation sont les suivantes :

  - un accès limité à des soins de santé appropriés rapidement disponibles et à des coûts abordables ;
  - des pratiques laissant à désirer en matière de soins et d'alimentation concernant par exemple l'allaitement exclusif ou une alimentation complémentaire insuffisante ou de qualité médiocre ;
  - une sécurité alimentaire insuffisante pas seulement dans les situations donnant lieu à une intervention humanitaire mais aussi, une quantité et une diversité alimentaires insuffisantes souvent caractérisées, en cas de ressources limitées par un régime alimentaire uniforme à faible densité nutritive, et par une méconnaissance des modes appropriés de stockage, de préparation et de consommation des produits alimentaires ;
  - des carences au niveau de la salubrité de l'environnement concernant notamment l'accès à l'eau potable, aux moyens d'assainissement et à des services d'hygiène. L'émaciation est caractérisée par le rapport poids/taille. Deux paramètres importants sont à relever : le retard de croissance et l'insuffisance pondérale :
    - § **le retard de croissance :** il est constaté lorsque le poids ou la taille d'un enfant est inférieur aux normes de croissance établies pour son âge et son sexe. Le retard de croissance est la conséquence d'une sous-nutrition chronique et récurrente. Il s'associe à des facteurs socio-économiques défavorisés, à un mauvais état de santé et à une sous-nutrition de la maman allaitante. Il empêche les enfants de réaliser leur potentiel physique et cognitif. C'est un faible rapport taille/âge qui doit être régulièrement contrôlé afin de permettre au médecin de mieux s'enquérir de l'évolution de la croissance de l'enfant ;
    - § **l'insuffisance pondérale :** c'est la suite logique des différents types de dénutrition cités plus haut. L'insuffisance pondérale est un déficit d'accroissement de la masse corporelle. Elle est déterminée par le rapport entre le poids et l'âge. La majeure partie des enfants souffrant d'une insuffisance pondérale présente un retard de croissance et/ou une émaciation.

Apport par excès de nutriments

L'excès de nutriment se définit comme un déséquilibre entre la quantité et la qualité de nutriments consommés par rapport à l'énergie fournie pour la dégradation ou l'élimination des charges. Il est caractérisé par une consommation excessive des aliments riches en plusieurs nutriments et le manque d'activités physiques. En fin de compte, il aboutit à une prise progressive de poids (ou surpoids) puis à une obésité sous toutes ses formes.

- **le surpoids :** c'est l'augmentation anormale de la charge pondérale due à un excès de graisse dans le corps. Cet excès peut parfois nuire à la santé s'il n'est pas freiné à temps. Une personne est considérée en surpoids lorsque son indice de masse corporelle est supérieur ou égal à 25 (IMC $\geq$ 25).

  Le surpoids est la conséquence d'une consommation élevée de nourriture parfois trop grasse ou trop sucrée et le manque d'exercices physiques.
- **l'obésité :** elle se définit par une accumulation anormale ou excessive de graisse dans le tissu adipeux qui peut nuire à la santé de l'homme par la survenue de maladies chroniques.

D'après Basdevant A. (2006), du point de vue médical, l'obésité se définit comme une inflation de la masse grasse avec des conséquences sur le bien-être physique, psychologique et social de l'être humain. Elle est le résultat d'une incapacité du système de régulation de pouvoir brûler la masse graisseuse accumulée de façon anormale dans le tissu adipeux. Elle a lieu à cause de certains facteurs extérieurs comme le mode de vie alimentaire et l'environnement. Elle peut encore être due à des facteurs internes comme l'état mental et la constitution biologique, en particulier, génétiques et neuro-hormonaux.

L'obésité est une maladie qui évolue en plusieurs stades. Elle peut partir d'un simple déséquilibre de la balance énergétique liée au comportement et à l'environnement, à un état malsain.

Basdevant A. (2006) estime qu'en moyenne, pour 10 kg de gain de poids, 7 kg seront acquis sous forme de masse grasse, 3 kg seront sous forme de masse maigre. Cette augmentation de la masse maigre, imputée au volume sanguin et à l'augmentation du volume des organes, entraîne une augmentation de la dépense énergétique de repos.

Plus le poids est stable, mieux le bilan d'énergie est équilibré. Voici quelques repères (Formule de Creff) :

- Poids idéal (kg) d'un individu possédant une morphologie « normale » = (Taille (cm) - 100 + Âge (années) / 10) * 0,9.
- Poids idéal (kg) d'un individu possédant une morphologie « gracile » = (Taille (cm) - 100 + Âge (années) / 10) * 0,9 * 0,9.
- Poids idéal pour des mannequins : Selon Santé.journaldesfemmes.fr (2022), une jeune fille souhaitant devenir mannequin devrait peser entre 48 et 60 kilos tandis qu'un jeune homme devra se trouver dans une fourchette de 70 à 85 kilos.

Carence en nutriments

La carence en nutriments se produit lorsque la quantité suffisante de nutriments nécessaires à l'équilibre alimentaire de l'organisme n'est pas atteinte. Elle peut concerner les micronutriments (vitamines, oligoéléments, minéraux), les macronutriments (glucides, protéines, lipides) ou les deux à la fois. Elle se définit par le degré de métabolisme et non par le contenu de la ration alimentaire quotidienne.

La carence en nutriments peut provoquer des troubles du comportement alimentaire avec des conséquences sur le métabolisme de certains nutriments de l'organisme. Inversement, certaines pathologies ou des troubles occasionnés sur certains organes peuvent être à l'origine d'une insuffisance nutritionnelle.

Parmi les origines des carences nutritionnelles, on note : la pauvreté des aliments en nutriments, la malabsorption des nutriments et le défaut d'assimilation des aliments :

- **la pauvreté des aliments en nutriments :** elle se traduit par une carence d'apport journalier de certains nutriments. Ces éléments peuvent, soit ne pas être contenus dans la recette alimentaire (cas par exemple d'une insuffisance rénale nécessitant de limiter la consommation de certains nutriments pour éviter les excès de sodium, de potassium et de phosphore), soit être détruits par la présence d'anti-aliments naturels ou toxiques (exemple des sulfites qui détruisent la vitamine thiamine) ;
- **la malabsorption des nutriments :** elle se constate en cas d'absorption anormale de certains nutriments au cours de la digestion.

  Les causes sont multiples mais on note généralement :
  - un brassage non adéquat des aliments avec les enzymes digestives et l'acide de l'estomac ;
  - une production insuffisante d'enzymes digestives par le pancréas ;
  - une faible production de bile ou un excès d'acide gastrique, une production insuffisante des enzymes digestives par le pancréas en cas de déficit en lactase. À ce propos, l'organisme n'absorbe pas ou absorbe mal le calcium ou le fer et, surtout, la graisse contenue dans un plat ;
- **le défaut d'assimilation des aliments :** dans ce cas, la personne consomme en quantité suffisante tous les nutriments requis par l'organisme, mais ces derniers ne sont pas bien valorisés souvent pour des problèmes de métabolisme cellulaire ou suite à une maladie chronique. Exemple du diabète qui est l'origine d'une mauvaise utilisation du glucose par l'organisme.

Carence en calcium

Elle se définit par un manque de calcium dans l'organisme qui est constaté généralement chez les femmes en état de grossesse, allaitantes ou ménopausées et les seniors. Mais les enfants sont ceux qui sont les plus vulnérables lorsqu'ils sont touchés.

La carence en calcium se traduit, en cas de manque prolongé par une insuffisance due à une déminéralisation osseuse (ostéoporose), et parfois, des convulsions et une arythmie cardiaque. Notons que le calcium est le métal le plus abondant dans le corps humain, totalisant entre 1,5 et 2 % de sa masse. Il pèse en moyenne 1 à 1,5 kg de calcium chez l'adulte. Il se trouve à 99 % dans le squelette (Julie Violet, 2021).

Les apports journaliers recommandés en calcium varient selon l'âge et l'activité de la personne. Selon l'ANSES (Agence nationale de sécurité sanitaire, de l'alimentation, de l'environnement et du travail de France), la quantité de calcium nécessaire au quotidien est de :

- 500 mg pour un bébé de 1 an ;
- 1 200 mg pour un adolescent de 19 ans ;
- 2 000 mg pour la femme enceinte ;
- 3 000 mg pendant la lactation ;
- 1 200 mg chez les seniors (plus de 50 ans) et les femmes ménopausées.

Bon à savoir : Le corps humain n'arrive pas à fabriquer de calcium tout seul. Il lui faut donc en recevoir à travers la consommation de produits laitiers tels que le lait, les fromages et le yaourt, de légumes verts comme le chou-fleur, le persil et l'épinard, d'oranges, d'amandes, de boissons enrichies en calcium, de poissons en conserve contenant des os mous comme les saumons et les sardines à l'huile.

Carence en fer

La carence en fer ou ferriprive se caractérise par une baisse de la quantité de globules rouges figurant dans le sang ou de la teneur en hémoglobine. Elle est une question de santé publique car elle peut atteindre un nombre important de personnes. Elle présente des manifestations plus subtiles que la malnutrition proteino-énergétique avec des conséquences comme la mauvaise santé et le décès prématuré.

Cliniquement, cette carence se manifeste par :

- une fatigue générale ;
- une pâleur des conjonctives, de la paume de main et de la plante des pieds ;
- une accélération du pouls ;
- un essoufflement à l'effort ;
- des vertiges et des céphalées ;
- une baisse de la capacité intellectuelle.

Biologiquement elle se manifeste par une baisse significative du taux d'hémoglobine dans le sang en fonction de la maladie et du sexe. Notons que le taux d'hémoglobine normal est compris :

- entre 13 et 18 grammes par décilitre de sang chez l'homme ;
- entre 12 à 16 grammes chez la femme.

Bon à savoir : Les sources de fer sont entre autres : la viande rouge, le jaune d'œuf, les légumes verts feuillus, les palourdes, les huîtres, les moules, la laitue de mer ou encore la spiruline.

Carence en magnésium

La carence en magnésium dans l'organisme est, dans la majorité des cas, due à un apport alimentaire insuffisant en magnésium ou à une absorption altérée du magnésium, ce qui peut entraîner de nombreux symptômes et maladies. Elle est très souvent liée à une augmentation des besoins en magnésium de l'organisme, corrigeables par l'alimentation. Elle peut être provoquée par une consommation prolongée de certains produits pharmaceutiques, dont :

- les diurétiques dans le cas de traitement de l'hypertension artérielle ;
- l'abus d'alcool et de tabac ;
- les vomissements et les diarrhées ;
- le traitement hormonal par les contraceptifs oraux, les œstrogènes et les médicaments anticancéreux.

Souvent négligée au début, elle peut se manifester par une fatigue générale ou une anxiété, des vertiges, des crampes et douleurs musculaires, des troubles digestifs peu communs, des fourmillements palmaires et plantaires, la tétanie voire la mort dans les cas compliqués. Elle est généralement corrigée par une supplémentation de magnésium dans le régime alimentaire, les suppléments oraux, et dans les cas graves, la supplémentation intraveineuse.

Bon à savoir : Le magnésium se rencontre dans les fruits de mer, la peau des graines, les poissons, les mollusques ou encore les fruits à coque. Le cacao, l'amande, la spiruline, l'arachide, les noix et noisettes, le chocolat, sont notamment les aliments à forte teneur en magnésium.

Tableau 63 : Apport maximal tolérable de suppléments de magnésium

Âge	Apport mg/jour
de 1 à 3 ans	65 mg
de 4 à 8 ans	110 mg
de 9 à 13 ans	280 mg
13 ans et plus	350 mg

Source : Dietary Reference Intakes for Calcium, Phosphorous, Magnesium, Vitamin D, and Fluoride, 1997.

Carence en protéines

Elle touche généralement les enfants qui sont sevrés très tôt et lorsque leur alimentation est pauvre en protéines et très riche en glucides. Il s'agit du kwashiorkor qui peut se traduire par un retard de croissance, un gonflement du ventre et des pieds, des troubles digestifs, une fatigue, une anémie et un amaigrissement ou une défaillance du système immunitaire.

> Bon à savoir : La consommation de viande, de lait ou de poisson permet notamment de pallier la carence en protéines.

Carence en vitamines

Elle se caractérise par un apport insuffisant en nutriments dans les aliments. Elle peut cependant provoquer des désordres au sein de l'organisme par la survenue de maladies multiples et variées selon le type de vitamine.

- **Manque de vitamine A :** il est à l'origine de certains troubles de vision, de sécheresse de la peau et d'affaiblissement du système immunitaire. Les troubles de vision peuvent aller des troubles visuels nocturnes à la cécité. Ils se rencontrent généralement chez les enfants de moins de cinq ans, notamment les nouveaux nés lorsque l'alimentation de la maman est pauvre en vitamine A et chez les femmes enceintes.

> Bon à savoir : La vitamine A se rencontre dans le lait maternel, les oranges, la carotte, l'abricot, la papaye, le piment, etc.

- **Manque de vitamine B1 ou thiamine :** il est à l'origine de lésions nerveuses et musculaires, et de problèmes cardiaques. Lorsqu'il perdure, il provoque une maladie appelée béribéri qui s'annonce par la fatigue, la faiblesse musculaire et l'amaigrissement. Cette carence est particulièrement courante chez les populations qui se nourrissent de riz décortiqué.
- **Carence en vitamine B3 encore appelée vitamine PP ou niacine :** elle est rare sauf dans des cas bien précis de malnutrition ou d'alcoolisme. Elle entraîne des lésions cutanées telles qu'une sorte de dermatose appelée pellagre rare pour les personnes qui consomment des protéines animales. Elle est une maladie qui provoque diarrhées, nausées et démence, dans les cas les plus graves.
- **Carence en vitamine B9 :** elle conduit à des troubles du système nerveux, du développement du cerveau et de la production d'ADN et de globules rouges. Également appelée folate, cette vitamine participe grandement au développement fœtal et à la formation du cerveau et de la moelle épinière des tout-petits.

  Le manque de folate provoque des anomalies congénitales, l'anémie ou des troubles de croissance. Ce nutriment est présent dans la viande de porc, les crustacés, la volaille, les haricots et les légumes verts.
- **Carence en vitamine C :** elle peut être causée par une consommation insuffisante de fruits, en particulier de citrons, d'oranges et de légumes frais. Sa carence sévère, appelée scorbut, entraîne des ecchymoses, des problèmes aux gencives et aux dents, un dessèchement des cheveux et de la peau, et de l'anémie. Les personnes se sentent fatiguées, faibles et irritables.

En consommant plus de fruits et de légumes frais ou en prenant des suppléments de vitamine C par voie orale, on peut généralement corriger la carence.

La vitamine C (acide ascorbique) est indispensable à la formation, la croissance et la réparation du tissu osseux, de la peau et du tissu conjonctif (qui lie les différents tissus et organes - les tendons, les ligaments et les vaisseaux sanguins). Elle est essentielle au bon fonctionnement des vaisseaux sanguins. Elle aide à garder des dents et des gencives saines. Elle aide l'organisme à absorber le fer, qui est nécessaire à la fabrication des globules rouges et à la cicatrisation des brûlures et des blessures. Les bonnes sources de vitamine C incluent les agrumes, les tomates, les pommes de terre, les brocolis, les fraises et les poivrons.

- **Manque de vitamine D :** il entraîne la déminéralisation des os. Celle-ci provoque la fragilité des os et aboutit à la maladie de l'os appelée l'ostéomalacie chez l'adulte et le rachitisme chez l'enfant. Cette pathologie se manifeste par des douleurs et une déformation osseuse ou une incapacité à se déplacer. Le manque de vitamine D se constate lorsque l'apport est faible et au niveau des personnes vivant dans les zones moins ensoleillées.

Anomalies liées à la qualité des aliments

Certains aliments peuvent abîmer nos intestins, provoquant des douleurs ou augmentant une douleur déjà présente, et à long terme, favoriser l'apparition de maladies chroniques.

Les aliments à base de blé contiennent du gluten, une protéine qui renferme elle-même une molécule appelée *gliadine alpha* qui est très difficile à digérer.

Mal digérées, ces molécules favorisent la multiplication de bactéries pathogènes avec comme conséquence un déséquilibre de la flore intestinale et une augmentation de la perméabilité des intestins, ce qui favorise le développement d'inflammations et donc, de douleurs (maux de ventre, ballonnements,...) ou de maladies chroniques telles que l'arthrose.

La caséine, comme le gluten, est à l'origine de nombreuses intolérances et se digère difficilement. Cette protéine peut être à l'origine d'inflammations et d'hyper-perméabilités de l'intestin. L'hyperperméabilité permet la pénétration dans la circulation sanguine des substances nocives qui devraient être éliminées dans les selles.

Le yaourt, le beurre, la crème fraîche et les autres produits provenant du lait de vache peuvent augmenter les douleurs en raison de leur teneur en caséine.

L'inflammation peut être immédiatement douloureuse ou se déclarer au bout de plusieurs années sous forme de maladie inflammatoire chronique.

Conseil nutritionnel et équilibre alimentaire

L'équilibre alimentaire se définit par la qualité, la quantité et la diversité des aliments et leurs bonnes répartitions de prises journalières. Il permet, après une hydratation normale, de maintenir l'organisme en bon état de santé. Pour le sportif, la dépense énergétique totale utilisée au cours de l'activité physique doit normalement être compensée par une alimentation saine, riche et variée.

L'alimentation équilibrée et diversifiée contribue à un bon fonctionnement de l'organisme. Elle permet d'assurer la couverture des besoins énergétiques en apportant les substrats nécessaires à la production d'énergie (macronutriments et micronutriments).

Bases d'une alimentation saine

Les trois principales bases d'une alimentation saine sont : l'équilibre nutritionnel, la modération dans la nourriture et la diversité des aliments.

- **équilibre nutritionnel :** les individus ayant un régime alimentaire pauvre en nutriments ou ne consommant pas en quantité suffisante des aliments énergétiques présentent le plus souvent un état de santé fragile. L'idéal n'est donc pas de consommer les aliments en grande quantité mais en quantité et en qualité suffisantes pour compenser les pertes engendrées par les activités quotidiennes ;
- **diversité des aliments :** manger chaque jour les mêmes aliments peut à long terme entraîner un déséquilibre (soit par excès, soit par insuffisance). En effet, un seul aliment ne peut pas contenir tous les nutriments nécessaires. C'est pourquoi il est important d'avoir une alimentation variée. Il faut non seulement une diversité entre les différents groupes d'aliments mais également une diversité au sein de chaque groupe. À titre d'exemple, manger uniquement des carottes comme légume n'est pas approprié ;
- **modération :** des recommandations quotidiennes occasionnelles existent pour chaque groupe d'aliments. Il n'est pas nécessaire de manger plus que ce qui est recommandé, même si cet aliment est réputé bon pour la santé. Il convient, en outre, de limiter la consommation de lipides. Dans la pratique, ces principes de base peuvent se traduire de la manière suivante :
  - manger varié ;
  - manger beaucoup de légumes, de fruits, de féculents et de céréales complètes ;
  - limiter la consommation de viande, de graisses, de sucre et de sel ;
  - boire suffisamment d'eau et de produits laitiers ;
  - manger à des moments réguliers et pas plus de cinq fois par jour.

Une bonne alimentation apporte toujours à l'organisme humain, le plaisir de la vie. Elle maintient l'équilibre et épargne l'organisme de la survenue d'infections et de maladies qui sont liées à la sous-alimentation. Un enfant bien nourri a généralement une bonne croissance et une bonne santé. Raison pour laquelle, il est important de connaître l'association des aliments qui constituent le bon repas et les besoins alimentaires de chaque personne.

Un aliment fournit des substances (nutriments) qui procurent des calories (énergie) pour l'activité, la croissance et toutes les fonctions de l'organisme telles que : la respiration, la digestion, le maintien de la température et le renforcement du système immunitaire.

Besoins énergétiques du pratiquant d'activités physiques

Les besoins énergétiques appropriés pour un sportif se définissent comme la somme des éléments qui permettent d'avoir un équilibre entre l'absorption calorique et la dépense calorique nécessaire, d'une part, au bon maintien de la santé et, d'autre part, à garantir la performance physique.

La restriction calorique dans le but de chercher une forme fine ou l'excès important de calories pour augmenter la masse corporelle, peut s'avérer contre-performante au risque d'une dénutrition ou d'une obésité. Dans l'un ou l'autre cas, elle entraîne la déstabilisation de l'organisme par la survenue de maladies.

L'équilibre entre l'absorption énergétique et les dépenses énergétiques indispensables au maintien des fonctions vitales de l'organisme au repos (métabolisme de base), l'énergie liée à la thermogénèse induite par l'apport alimentaire (thermogenèse postprandiale) et l'énergie nécessaire à l'accomplissement de l'activité physique, permettent de maintenir stable le poids.

Photo 63 : Club de sport à l'air libre à Kipé (Conakry, Guinée)

Les sportifs qui effectuent des efforts physiques quotidiens de haute intensité avec une courte durée, comme le sprint, l'haltérophilie ou le lancer, ont un besoin accru en nutriments énergétiques pour mieux assurer la récupération des réserves en glycogène et épargner le catabolisme des protides par la pratique de cette discipline sportive.

Pour les activités physiques intermittentes comme le football, le basket-ball et le volley-ball ou encore le hockey sur glace, les sportifs ont des besoins énergétiques qui varient en fonction du genre de discipline sportive, de la position de l'athlète au sein de l'équipe, de l'intensité et de la durée des épreuves. Par contre, les activités physiques d'une intensité modérée sur une longue durée, comme le marathon et le cyclisme, nécessitent un apport élevé en calories pour compenser l'énergie perdue au cours de l'exercice. Un apport insuffisant peut alors se solder par une perte de la masse pondérale pouvant conduire à une contre-performance surtout si la masse corporelle était déjà peu adaptée à ce type d'effort.

Photo 64 : Exhibition d'une équipe de Taekwondo

Un entraînement quotidien effectif de plus de deux heures, peut produire une dépense calorique importante parfois difficile à équilibrer. Un apport calorique adéquat basé sur une alternance journalière en termes de quantité et de qualité de nutriments comme l'hydrate de carbone contenant les vitamines et les minéraux, est conseillé.

Concernant des types de sports comme le patinage, la gymnastique et la danse classique, l'apport calorique est volontairement réduit afin de maintenir une ligne corporelle fine et un poids léger. En pareils cas, une évaluation régulière des pertes de poids et une alimentation équilibrée doivent être effectuées régulièrement. À l'opposé, certains sportifs cherchent à augmenter leur masse corporelle de façon volontaire et doivent adapter le volume des entraînements par rapport à l'apport énergétique afin d'éviter les excès.

Tout compte fait, la pratique de toute activité physique nécessite un contrôle strict de l'alimentation afin de maintenir l'organisme en bonne santé. Aussi, la connaissance de la composition des nutriments est fondamentale afin de prodiguer les meilleures recettes pour rester en bonne santé et maintenir la forme et quelle que soit l'intensité, la durée et le type d'effort fourni.

Concernant les besoins glucidiques pendant la pratique d'une activité sportive, différents organes sont concernés. En particulier, différents muscles sont sollicités dans tous les mouvements du corps. Ainsi, toute activité physique intense et de courte durée épuise avant tout le glycogène musculaire avant de solliciter le glucose sanguin. Lorsque la concentration de glucose sanguin atteint sa valeur inférieure, alors survient la fatigue ; l'apport en glycogène étant assuré soit par la glycogénolyse hépatique, la glycogénèse et l'absorption d'hydrates de carbone exogène sous forme solide ou liquide.

L'absorption d'hydrates de carbone, avant, pendant et après une activité physique, permet de maximiser la quantité de glucose disponible pour une activité musculaire. Cela permet de conserver l'énergie nécessaire à l'accomplissement de l'effort et de ralentir la survenue de la fatigue.

Les hydrates de carbone sont obtenus par la consommation des légumes secs, la pomme de terre, les fruits, le blé, le haricot, etc. Il est recommandé d'en consommer 500 à 600 g / jour pour un sportif de 70 kg.

Besoins en liquides

Les pertes hydriques enregistrées au cours d'une activité physique, par la transpiration et l'urine, sont variables d'un sportif à un autre, déterminant les besoins hydriques du sportif.

Cette transpiration peut être liée à plusieurs facteurs : le niveau d'adaptation à l'effort, l'acclimatation aux conditions de l'environnement et l'intensité de l'entraînement. Il est à noter que, durant l'effort physique, l'apport hydrique ne compense pas les pertes hydriques occasionnées par la transpiration ; ce qui peut entraîner une déshydratation et influencer la performance sportive. Afin d'éviter la survenue de ce facteur, il est donc conseillé d'absorber au moins 500 ml de liquide (eau, jus de fruit, boisson d'effort) deux heures de temps avant le début d'une activité physique.

Mesures de lutte contre les dysfonctionnements aigus

Il s'agit de mettre au point des changements spécifiques du comportement destinés à éviter ou à interrompre le type de comportement qui débute ou prolonge une prise alimentaire anormale. En particulier, on doit :

- éviter de manger entre les repas ;
- éviter les aliments qui contiennent assez de graisses ;
- éviter de manger tard la nuit ;
- manger souvent ensemble à des heures précises.

Des prises médicamenteuses peuvent être efficaces en l'absence d'effort physique avec, cependant, des conséquences néfastes pour l'organisme surtout le foie (cirrhose, hépatite), les reins (insuffisance rénale) et l'estomac (gastrite, ulcère).

Le principal espoir est de trouver un remède efficace à court et long terme reposant sur une bonne compréhension des causes des dysfonctionnement et sur les meilleures façon de s'en débarrasser .

Cette prise en charge peut se faire par la modification du comportement alimentaire, une pratique régulière et efficace des exercices physiques (sport) et la prise des médicaments.

La première mesure de modification du comportement alimentaire consiste en une bonne connaissance du mode de prise alimentaire du patient, la répartition de sa nourriture dans la journée, la durée de la période de prise de sa nourriture, ses lieux de restauration (restaurant, autour d'une table, debout devant le réfrigérateur), ses activités pendant la prise de nourriture (regarder la télévision, lire les journaux), son état émotionnel et les personnes avec qui il mange (famille, amis, seul).

Bon à savoir : Comment avoir une alimentation saine et équilibrée ?

1) Respecter un bon apport en Oméga 3 et Oméga 6 : limiter les matières grasses d'origine animale, trop riches en Oméga 6 et privilégier en assaisonnement, les huiles d'origine végétale, riches en Oméga 3 (colza, lin, noix). Pour ne pas manger trop gras, versez l'huile avec 1 cuillerée à café pour un enfant et 1 cuillerée à soupe pour un adulte.
2) Se passer d'édulcorants : ils sont inutiles sur le plan nutritionnel et pour le contrôle du poids. Attention à la mention "sans sucre" ou "sans sucres ajoutés" pouvant cacher la présence d'édulcorants !
3) Favoriser le sucre des fruits frais : la plupart des produits sucrés industriels ont peu d'intérêt. Ils contiennent des sucres ajoutés, augmentent le taux de sucre dans le sang, et le sirop de fructose consommé en excès semble augmenter la quantité de triglycérides dans le sang.
4) Ne rien interdire, mais ne pas tout autoriser : plus de Nutella dans le placard ? Tant pis! Pour la diététicienne Isabelle Darnis, « en tant que parent, il ne faut pas s'imposer d'en avoir tout le temps. On prépare ainsi des surprises, on crée du souvenir. Il faut oser dire non à son enfant car, sans le savoir, il est prescripteur de produits polluants ».
5) Utiliser moins de plastiques de type polycarbonate (PC) : ils peuvent libérer des perturbateurs endocriniens (bisphénol A - BPA), phtalates, et alkylphénols, qui migrent alors vers les aliments. Ce phénomène est accentué par le chauffage. Par conséquent, pour réchauffer les plats, mieux vaut opter pour des récipients en verre, en céramique ou en inox.

Santé magazine, 2021

Conclusion

Trois éléments majeurs doivent être pris en compte pour une alimentation saine et équilibrée : l'équilibre nutritionnel, la modération dans la nourriture et la diversité des aliments. Ils couvrent des domaines divers mais essentiels tels que la consommation d'aliments variés et à effets complémentaires riches en macronutriments et micronutriments, en vitamines et en oligo-éléments.

La diversification des repas, incluant des aliments de saison et limitant les apports en graisse, sel et sucre, tout en favorisant la diversification alimentaire reste un élément majeur d'équilibre nutritionnel.

CHAPITRE 11 : ENVIRONNEMENT SAIN ET ACTIVITÉS PHYSIQUES

Introduction

Comme le dit l'adage, « un esprit sain, dans un corps sain ». À cela, on devra ajouter qu'il faudra en plus disposer d'un environnement sain.

Le bien-être du sportif suppose que son activité, qu'elle soit pratiquée comme loisir ou en compétition, puisse se dérouler dans un environnement favorable, lui garantissant un air de qualité « respirable », une eau de baignade de qualité, un bon territoire de pratiques du sport, de bons encadreurs, etc. L'environnement est même devenu essentiel pour la pratique de certaines disciplines telles que le VTT, le Canoë, les Escalades, etc. Le sport a besoin d'un environnement sain tant physique que psychique (voir chapitre 12).

Environnement physique

Il se définit de manière générale comme le milieu ambiant dans lequel les espèces vivantes entretiennent des relations dynamiques contribuant à leur bien-être. L'environnement sain est considéré comme une condition préalable à la réalisation d'autres droits humains, dont le droit à la vie, à l'alimentation, à la santé et à un niveau de vie satisfaisant.

L'être humain doit assainir son environnement pour plusieurs causes, soit pour le désir d'être dans un endroit agréable pour une meilleure vie ou pour la volonté d'évoluer dans un environnement exempt de pollutions atmosphériques.

Environnement sain et pratiques de l'activité physique

Un environnement sain est source de production de l'oxygène indispensable pour le bien-être de l'organisme. Sa présence renforce le système immunitaire et entraîne la libération progressive du dioxyde de carbone (CO_2), un gaz toxique à l'organisme. La pratique sportive dans un tel milieu encourage le sportif et le pousse à pouvoir déployer toutes ses compétences et à durer sur les lieux d'entraînements dans le but d'atteindre les objectifs visés ou d'améliorer ses performances.

Un environnement sain se caractérise par la qualité de l'air, de l'eau et du sol qui sont des facteurs déterminants pour la santé. À ce propos, il importe de noter qu'une mauvaise aération de la salle de gymnastique peut affecter toute l'activité sportive et la rendre, par exemple, peu agréable. À cela, on doit ajouter une bonne qualité des équipements afin d'assurer une sécurité des mouvements des pratiquants.

La pratique de l'activité physique présente les avantages suivants :

- la fluidité du sang et facilite sa circulation dans les vaisseaux diminuant ainsi les risques de survenue des maladies cardio-vasculaires, d'hypertension artérielle, de cardiopathies coronariennes, d'accident vasculaire cérébral ischémique, de diabète et de certains cancers du côlon, conséquences de constipation et de sédentarité ;
- les échanges gazeux au niveau des poumons avec un apport important d'oxygène et l'élimination du dioxyde de carbone ;
- la solidité des os et le développement des muscles ;
- l'équilibre énergétique et le contrôle du poids ;
- la régularité de la glycémie.

L'activité physique n'est pas que la pratique sportive. Elle comprend l'ensemble des mouvements du corps produits par les muscles, entraînant une dépense d'énergie supérieure à celle qui est dépensée au repos. Tout mouvement produit par des muscles squelettiques et responsable de dépenses énergétiques est appelé activité physique.

Selon le blog *Ameli.fr* (2021), l'activité physique recommandée au quotidien regroupe :

- **les activités physiques quotidiennes dont font partie :**
  - les déplacements actifs : marcher, faire du vélo, monter et descendre par les escaliers ;
  - les activités domestiques : faire le ménage, bricoler, jardiner ;
  - les activités professionnelles (travail physique par exemple) ou scolaires ;
- **l'exercice physique :** il peut être souvent réalisé sans infrastructures lourdes et sans équipements spécifiques ; il ne répond pas à des règles de jeu ;
- **la pratique sportive**, pratiquée selon des niveaux très différents : sports de loisirs ou de compétition, sport à l'école, sport individuel ou collectif.

Le manque d'activité physique ou encore la sédentarité est souvent à l'origine de plusieurs anomalies et défaillances au niveau de l'organisme. Les maladies cardio-vasculaires et le diabète sont les conséquences d'un déséquilibre alimentaire.

Lorsque l'apport d'aliment est supérieur à l'élimination, il y aura une accumulation anormale de nutriments stockés dans l'organisme souvent à l'origine de surpoids, d'où l'obésité. Cette obésité, qui n'est autre que l'accumulation de masse graisseuse dans les tissus conjonctifs qui ralentissent la bonne circulation du sang dans les vaisseaux, soit par compression entraînant le rétrécissement de la lumière (canal) des vaisseaux ou par obstruction de ce mécanisme, favorise la formation des thrombus souvent à l'origine de l'accident vasculaire cérébral ischémique (AVC), des attaques ischémiques transitoires (AIT) ou des neuropathies périphériques.

Le manque d'activités physiques peut fragiliser les os et entraîner la survenue de fractures. Il peut encore entraîner un manque de confiance en soi observé chez des élèves et étudiants. Pour eux, l'activité physique peut être une arme redoutable pour renforcer la confiance en soi.

Deux glandes endocrines sont particulièrement mobilisées lorsqu'on pratique une activité sportive : la thyroïde et les glandes surrénales.

La thyroïde est une glande responsable de l'adaptabilité et de l'ensemble des processus d'homéostasie. Grâce à la thyroxine qu'elle sécrète, elle permet la fixation de l'oxygène sur l'hémoglobine. L'organisme, en ce moment, a besoin d'une plus grande quantité d'oxygène. Le rythme cardiaque et l'activité circulatoire vont alors s'accroître. Au niveau des cellules, le cycle de Krebs va permettre de produire l'énergie nécessaire à l'effort en consommant du glucose. Cependant, cela va aussi générer une production d'acide lactique.

Les glandes surrénales interviennent dans le tonus et les processus de contraction musculaire, ainsi que dans le phénomène de neutralisation de l'acide lactique. Ce dernier est neutralisé sous l'action de l'adrénaline produite par ces glandes.

Tous les sportifs connaissent le phénomène de crampe. Celle-ci survient lorsque le tandem thyroïde/glandes surrénales s'épuise. En effet, quand la thyroïde se fatigue, il y a moins d'oxygénation tissulaire et les surrénales en se fatiguant, l'acide lactique moins bien neutralisé s'accumulera dans les fibres musculaires (Carol Panne, 2017).

Définition de l'OMS des activités physiques par catégorie d'âges

Pour les enfants et les jeunes gens (de 5 à 17 ans), l'activité physique englobe notamment le jeu, les sports, les déplacements, les tâches quotidiennes, les activités récréatives, l'éducation physique ou l'exercice planifié, dans le contexte familial, scolaire ou communautaire. Afin d'améliorer leur endurance cardio-respiratoire, leur état musculaire et osseux et les marqueurs biologiques cardio-vasculaires et métaboliques, les enfants et jeunes gens devraient accumuler au moins 60 minutes par jour d'activité physique d'intensité modérée à soutenue (24hSante, 2022).

Selon l'OMS, l'activité physique quotidienne devrait être essentiellement une activité d'endurance. Des activités d'intensité soutenue, notamment celles qui renforcent le système musculaire et l'état osseux, devraient être incorporées au moins trois fois par semaine. L'activité physique quotidienne devrait être essentiellement une activité d'endurance.

Conseils pratiques pour les sportifs

La pratique du sport ne donne toujours pas les résultats souhaités surtout quand elle est mal réalisée par une personne qui a des contre-indications de pratiques d'exercices physiques. C'est pourquoi, il est souvent conseillé à toute personne voulant effectuer du sport, de se soumettre à des tests réglementaires et d'avoir un guide (ou coach) avant de débuter. Il s'agit, à travers cela, de disposer d'éléments de référence des avantages attendus du sport sur son corps, d'une part, et de ne pas subir, d'autre part, des conséquences graves comme des arrêts cardiaques et des morts subites parfois enregistrées lors d'événements sportifs (surtout) de haut niveau. Ces événements sont insupportables, notamment, quand il s'agit de jeunes sportifs porteurs de symboles de santé.

La relation qui unit le sportif et l'environnement sain est de même à produire des résultats sportifs remarquables.

Les facteurs négatifs qui nuisent à la santé et à l'environnement sont le plus souvent : la pollution, le niveau élevé de bruits et de vibrations, la mauvaise qualité de l'air et le manque d'assainissement. Cependant, un environnement dégradé peut avoir des répercussions négatives sur le sport et, en particulier, sur le sportif.

En revanche, un environnement sain et sanitaire est très favorable pour le développement des sportifs, de nature à produire des athlètes performants. Comme le disait Ibn Khaldoun (1377), « l'homme est fils de ses habitudes et de son milieu, et non fils de sa nature et de son mélange d'humeurs ».

Le sport est une activité physique qui consiste à apporter l'énergie nécessaire pour le bon fonctionnement du corps humain, en l'aidant à se débarrasser de différentes toxines accumulées par la mauvaise hygiène de vie. Cette accumulation peut être, alimentaire, environnementale ou une mauvaise hygiène de vie corporelle. La pratique du sport peut se faire à tous les niveaux, à toutes les catégories, à tout âge et à tout moment de l'année.

Cependant, elle dépend des objectifs assignés par le pratiquant selon qu'on est sportifs juniors, seniors ou masters.

Certains pratiquent le sport pour se maintenir en bonne santé ou par amour pour une discipline sportive connue, ce sont des amateurs et d'autres le pratiquent pour un but lucratif, ce sont des athlètes.

Différentes catégories de sportifs

- **Sportifs de haut niveau :** ce terme reflète le niveau d'entraînement, l'intensité avec laquelle il est exercé et le temps mis pour le pratiquer. Est considéré sportif de haut niveau, tout individu (amateur ou non, participant à une compétition internationale ou pas) qui parvient à mener huit heures d'activités physiques hebdomadaires et, cela, depuis plus de six mois.
- **Athlètes :** cette catégorie fait allusion à l'intensité, au niveau et au temps mis pour s'entraîner. À la différence, un athlète est celui qui pratique l'activité physique avec un temps d'entraînement supérieur à 6 heures par semaine, ayant une mobilisation de 60 % de son volume d'oxygène maximum et, cela, depuis plus de six mois.
- **Autres sportifs :** cette catégorie concerne certains sportifs qui pratiquent le sport juste pendant une période donnée et avec une intensité minime.

- **Adultes et personnes âgées :** ils peuvent pratiquer l'activité physique à faible intensité pendant un temps court, le plus souvent, dans le but, soit de préserver leur état de santé, soit de prévenir certaines maladies liées à la sédentarité comme : l'hypertension artérielle, l'accident vasculaire cérébral, le diabète et les maladies thromboemboliques.
- **Malades et convalescents :** ils peuvent pratiquer l'activité sportive mais à un rythme modéré et varié selon l'objectif visé par le médecin. Cela se passe fréquemment dans le cas d'une rééducation fonctionnelle d'un membre, après un accident vasculaire cérébral ayant entraîné un déficit moteur ou, après une intervention chirurgicale suite à un traumatisme.

Bienfaits de l'activité sportive

De manière générale, l'activité physique représente un moyen efficace de :

- lutte contre le surpoids et l'obésité ;
- renforcement de la structure osseuse ;
- prévention contre les maladies dégénératives, souvent liées à l'âge ;
- préservation des défenses naturelles de l'organisme.

Si le sport contribue à allonger l'espérance de vie et à faire reculer la mortalité, il préserve aussi la santé des jeunes et des adultes. Il rend nos défenses naturelles plus efficaces, plus résistantes face aux agressions extérieures de toutes natures (bactéries, virus, agents pathogènes, champignons, etc.). L'activité physique repousse l'apparition de nombreux signes de vieillissement tout en contribuant à la diminution des blessures osseuses, des maux de dos ou de genoux, des douleurs articulaires et autres maladies chroniques.

Le sport se montre réellement bienfaisant. Il a des effets bénéfiques sur les inflammations chroniques liées aux maladies inflammatoires, comme l'arthrite rhumatoïde ou l'arthrite. Le sport est indispensable au maintien de la forme des muscles et pour assurer le bon fonctionnement de nos articulations.

Photo 65 : Salle polyvalente de pratique de sport (Blokosso / Abidjan, 2018)

Le sport permet aux patients atteints de cancer de conserver une bonne condition physique, notamment, en ce qui concerne la masse musculaire. Il peut jouer un rôle positif dans l'efficacité des traitements et le processus de guérison.

Conseils pratiques avant de pratiquer toute activité sportive

La pratique sportive, si bénéfique soit elle en termes de réduction des facteurs de risques cardio-vasculaires, comporte tout de même des risques d'accidents cardiaques au cours de l'effort. C'est pourquoi, avant de se lancer dans une pratique régulière de sport, il est vivement recommandé de faire un bilan de santé, à savoir :

- connaître son poids initial ;
- connaître l'état fonctionnel de son cœur et des vaisseaux sanguins, par :
  - la prise de la tension artérielle ;
  - la radiographie pulmonaire ;
  - l'examen d'électrocardiogramme (ECG) ;
- connaître l'état et le fonctionnement des organes du corps par l'analyse de :
  - la glycémie capillaire à jeun (taux de sucre dans le sang) ;
  - les cholestérols (graisse) ;
  - les triglycérides ;
  - la créatinine et l'urée (fonction rénale) ;
- connaître son IMC par :
  - la prise du poids ;
  - la prise de la taille ;
  - la reprise régulière de ces mensurations.

D'autre part, il est vivement recommandé pour toute pratique de sport de procéder à un échauffement préalable du corps. Il s'agit d'exercices de base destinés à préparer les différentes parties du corps à répondre à des sollicitations intenses. En général, un échauffement de 15 minutes est nécessaire à cet effet. Il favorise une bonne mise en forme du cœur, des muscles, des nerfs, des articulations. Il réduit les risques de claquages des muscles, de crampes musculaires ou d'étouffements. Il favorise aussi la ventilation pulmonaire.

Au terme de l'activité physique, une séance de relaxation de 5 à 10 minutes doit être organisée. L'objectif visé ici est de remettre les muscles à leurs places car ils ont fait l'objet de sollicitations intenses. Chez tout demandeur de licence pour la pratique de sport de compétition, il est utile d'effectuer en plus de l'interrogatoire et de l'examen physique, un électrocardiogramme (ECG) de repos à 12 dérivations à partir de 12 ans, lors de la délivrance de la première licence, renouvelée ensuite tous les trois ans puis tous les cinq ans à partir de 20 ans jusqu'à 35 ans (Richard Brion - François Carré, 2020).

De manière générale, sept principaux conseils sont prodigués pour pratiquer toute activité sportive :

1) ne jamais commencer de manière brutale ;
2) chercher toujours à s'échauffer pour éviter des déchirures musculaires, des claquages ou des crampes ;
3) commencer toujours lentement, puis augmenter de manière régulière et progressive jusqu'à atteindre le niveau souhaité ou adapté pour vous ;
4) avoir une source de réhydratation en vue de compenser les pertes hydriques engendrées par l'effort ;
5) procéder à des séries de pauses pour la récupération ;
6) consacrer toute son attention et sa concentration sur le peu de temps destiné à ce moment ;
7) terminer toujours ses activités sportives par des étirements pour évacuer la fatigue accumulée pendant les exercices.

En plus de la pratique de l'exercice physique quotidien, il faut noter la nécessité d'apport d'une alimentation saine et équilibrée pour le maintien de l'organisme humain en meilleure santé.

De ce fait, il faut :

- privilégier la consommation des fruits et légumes, des aliments riches en fibres afin d'apporter la quantité de minéraux nécessaire pour le bon fonctionnement de l'organisme ;
- avoir un temps de repos (sommeil) suffisant pour la récupération ;
- consommer modérément de sucre et de sel ;
- éviter les aliments en conserve et consommer les produits locaux ;
- éviter les aliments contenant beaucoup d'huile ;
- limiter la consommation abusive de viande rouge et de graisses saturées ;
- éviter la consommation d'alcool et de tabac ;
- éviter le surmenage et le stress, et être positif envers soi-même ;
- boire en quantité suffisante de l'eau plate, au moins 1,5 l d'eau par jour ;
- avoir un environnement et une vie sociale appropriés ;
- éviter la colère, parler, discuter et rire beaucoup avec la famille, les amis, les camarades et collaborateurs.

Accidents dans le sport

Les cas les plus notoires sont les accidents relatifs aux morts subites de grands athlètes comme Marc Vivien Foé et Cheick Ismaël Tioté. Ils sont encore vivaces dans la mémoire collective du sport de haut niveau.

Les principales causes de morts subites rencontrées chez les jeunes sportifs de moins de 35 ans sont souvent dues à des cardiopathies (pathologies du cœur) et des myocardites (inflammations de la couche qui enveloppe le cœur – myocarde). Des cas d'accidents liés à des prises de médicaments contre-indiqués dans le domaine sportif (produits dopants) sont possibles.

Concernant les masters ou les sportifs de plus de 35 ans d'âge, la maladie coronarienne (artériosclérose) serait une des principales causes de morts subites.

Cette catégorie de sportifs pratique moins d'activités sportives de masse. Elle préfère souvent s'orienter vers des activités d'endurance comme les courses de fond, demi-fond et longue distance.

Les cardiopathies chroniques qui peuvent aboutir à des troubles mortels sont souvent difficiles à détecter à l'examen clinique car elles sont asymptomatiques et, de surcroît, elles ne limitent pas les performances sportives. Certaines études montrent que les personnes présentant une cardiopathie chronique sont exposées à des risques d'accidents cardio-vasculaires lors de pratiques intenses de sport. D'où une nécessité d'extrême prudence en matière d'exercices physiques intenses après la découverte d'une anomalie cardiaque. Ceci a amené certains grands compétiteurs à abandonner le sport de haut niveau contre leur gré (exemples de Khalilou Fadiga juste après son transfert de l'AJ Auxerre au club italien de l'Inter de Milan et de Pascal Feindouno du club suisse de FC Sion de Suisse).

Conseils d'activités physiques et d'alimentation pour des patients

Cas du diabétique

Le diabète est une maladie métabolique chronique qui se caractérise par une augmentation du taux de sucre dans le sang. Mal suivi, il peut évoluer vers des complications cardiaques (infarctus du myocarde), la cécité et les neuropathies périphériques pouvant conduire à une amputation du membre affecté.

On peut subdiviser la prise en charge du diabète en trois volets, à savoir :

- un traitement initial qui consiste à mieux contrôler son alimentation ;
- la lutte contre la sédentarité par la pratique de l'exercice physique ;
- le traitement médicamenteux.

Afin d'éviter la survenue de complications, il est primordial de connaître et de respecter les différents conseils ci-dessous :

- perdre du poids par la pratique de l'activité physique ;
- limiter la consommation des produits sucrés ;
- éviter la consommation des farines blanches (pâtes, pain blanc) à cause du taux élevé de leurs indices glycémiques ;
- éviter la consommation de lait entier à cause de sa richesse en acides gras saturés qui peut être à l'origine d'une résistance à l'insuline ;
- éviter la forte consommation de frites, de riz blanc, de maïs et de purée de pomme de terre ;
- éviter la consommation de jus gazeux sucrés : limonades, coca-cola ;
- avoir une alimentation pauvre en glucides mais riche en protéines (poulet, poisson) ;
- consommer surtout les légumes crus grâce à leur richesse en fibres et en antioxydants pour éliminer les graisses saturées. Ils sont nombreux et variés : concombre, radis, tomate, épinard, brocoli, carotte, asperge, oignon, cannelle (2 cuillerées à café par jour), haricot vert, myrtilles (riches en fibres

insolubles qui permettent d'évacuer le gras et en fibres solubles qui permettent de ralentir la vidange de l'estomac tout en améliorant le contrôle de la glycémie), etc. ;

- prendre trois repas par jour et éviter de grignoter entre les repas ;
- prendre des repas quotidiens à des heures précises ;
- préférer l'huile d'olive et d'avocat (source saine de graisse monosaturée) ;
- avoir une bonne hygiène de vie corporelle et environnementale ;
- avoir sur soi son propre appareil de contrôle de la glycémie et savoir bien le manipuler ;
- consulter régulièrement son médecin traitant pour les contrôles de routine ou en cas de doute sur son état de santé.

Bon à savoir : Un diabète non contrôlé augmente le risque de nombreuses maladies graves. Cependant, manger des aliments qui aident à maintenir la glycémie, l'insuline et l'inflammation sous contrôle peut considérablement réduire le risque de développer des complications *(Authoritynutrition.com ; www.eufic.org healthyfoodl).*

Le mot de l'Expert : Produits de consommation recommandés pour le diabétique

1) **poissons :** le saumon, les sardines, le hareng, l'anchois et le maquereau sont d'excellentes sources d'acides gras Oméga 3 de type DHA et EPA, qui ont de principaux avantages pour la santé du cœur ;
2) **légumes verts à feuilles :** ils sont de bonnes sources de plusieurs vitamines et minéraux, y compris la vitamine C. Ils sont riches en nutriments et en antioxydants (lutéine et zéaxanthine) qui protègent le cœur et les yeux ;
3) **œufs :** ils peuvent diminuer les facteurs de risques de maladies cardiaques, promouvoir un bon contrôle de la glycémie, protéger la santé des yeux et faire se sentir rassasié ;
4) **curcuma :** il contient la curcumine qui peut réduire les niveaux de sucre dans le sang et l'inflammation, tout en protégeant contre les maladies du cœur et des reins ;
5) **noix** (amandes, noix de cajou, noisettes, pistaches,...) : elles sont un complément sain à un régime diabétique. Elles sont faibles en glucides digestibles et elles contribuent à réduire la glycémie, l'insuline et les niveaux de LDL ;
6) **ail :** il aide à diminuer la glycémie, l'inflammation, le cholestérol LDL et la pression artérielle chez les personnes atteintes de diabète.

Cas de l'hypertendu

Comme le diabète, l'hypertension artérielle est une maladie chronique qui entraîne des défaillances au niveau du cœur et des vaisseaux sanguins. Rarement connue dans les pays en développement dans le passé, l'hypertension est devenue de nos jours un fléau dans toutes les sociétés, à tous les niveaux, sans distinction de sexes. Elle est l'une des principales causes de mortalité et d'handicaps physiques dans la population mondiale à cause de ses différentes complications. Elle est généralement causée par l'alimentation, la mauvaise hygiène de vie, le manque d'exercices physiques.

Pour la stabilité de la tension artérielle et pour éviter la survenue des complications, il est proposé ce qui suit :

- le contrôle régulier de la tension artérielle dans une structure sanitaire ou à domicile par un agent de santé ou par une personne ayant la maîtrise de la prise de tension ;
- la pratique de l'exercice physique et la lutte contre la sédentarité ;
- la consommation modérée de sel. Pour éviter des surprises, il faut revenir à des préparations faites maison dont on contrôle soi-même la quantité de sel. Attention aux sauces ! Elles sont souvent très salées ;
- éviter la consommation abusive des aliments gras surtout le gras saturé (d'origine animale) ;
- éviter l'abus d'alcool ;
- arrêter la consommation de tabac. Elle provoque l'athérosclérose (fragilité des vaisseaux sanguins) ;
- avoir un régime alimentaire équilibré. Favoriser la consommation de fruits, légumes et aliments renfermant plus de minéraux, surtout le calcium et les acides gras insaturés (huile d'olive ou de colza) ;
- privilégier la consommation de poisson à celle de la viande. Diminuer la part de viandes grasses et de viandes rouges, au profit de viandes maigres comme la volaille. Diminuer aussi les charcuteries et les fritures, les fromages et les laitages ;
- consommer régulièrement les antioxydants et les aliments à faible densité énergétique ;
- assurer une bonne hydratation du corps avec de l'eau plate (1,5 l au minimum en 24 heures).

Cinq légumes qui font monter la tension !

L'hypertension artérielle fait partie des maladies chroniques qui touchent une bonne partie de la population africaine. Pour limiter les risques, la solution est d'adopter une alimentation saine et équilibrée.

De nombreux médecins recommandent de manger des fruits et légumes pour réguler la tension mais ils ne sont pas tous de bons alliés. Certains légumes ne conviennent pas à ceux qui ont une tension élevée au risque de la faire monter davantage. En effet, en mangeant trop de sel, le volume du sang qui circule dans les artères augmente provoquant une augmentation de la pression sanguine ; ce qui favorise la formation des caillots dans le sang.

Selon Raphaël Gruman, nutritionniste « l'excès de sel rigidifie les artères et favorise l'hypertension artérielle, l'un des principaux facteurs de risque d'infarctus du myocarde et d'accident vasculaire cérébral (AVC) ». Ses recommandations sont les suivantes :

- **limiter les légumes marinés :** s'ils sont sains grâce à leurs fibres, ils regorgent cependant de sel et ne sont pas conseillés aux personnes souffrant d'hypertension ;
- **éviter les olives** car il s'agit de préparations alimentaires qui intègrent une bonne quantité de sel ;
- **éviter les légumes en conserves** car ils peuvent contenir de grandes quantités de sel pour agrémenter leur saveur tout en accroissant leur temps de conservation ;
- **limiter dans l'alimentation** les produits venant de la mer comme la salicorne qui est une algue marine.

Selon une étude de 2018 diffusée dans la revue Clinical Nutrition Research, les personnes concernées par l'hypertension artérielle doivent éviter de manger des **cornichons.** À cause de la forte teneur en sel de ce légume, il peut augmenter le risque d'hypertension et d'obésité.

Recommandations d'activités physiques par l'OMS pour avoir une bonne santé

La santé est un état complet de bien-être physique, mental et social, et ne consiste pas seulement en une absence de maladie ou d'infirmité (*Extrait de la Constitution de l'Organisation Mondiale de la Santé).*

La santé représente l'un des droits fondamentaux de tout être vivant quelles que soient sa race, sa religion, ses opinions politiques et sa condition socio-économique. Elle implique donc la satisfaction de tous les besoins fondamentaux de la personne sur le plan affectif, sanitaire, nutritionnel, social et culturel.

La maladie, quant à elle, est tout le contraire de la santé. Elle peut se définir comme un ensemble de déséquilibres qui surviennent dans l'organisme pouvant altérer son fonctionnement normal. Ces déséquilibres peuvent se manifester par des signes et des symptômes visibles ou non. Ils correspondent à des troubles généraux ou locaux qui sont dus à plusieurs facteurs endogènes et / ou exogènes.

Plusieurs méthodes sont utilisées pour assurer le maintien de l'organisme en bon état de santé. Du point de vue de la santé publique, les programmes sont essentiellement orientés sur la vaccination et la sensibilisation. À ce propos, la pratique d'activités physiques accompagnées d'une alimentation diversifiée et équilibrée pourrait être d'une grande contribution.

Bon à savoir : Niveaux d'activités physiques recommandés pour la santé (OMS, 2010)

5 - 17 ans

Pour les enfants et jeunes gens de cette classe d'âge, l'activité physique englobe notamment le jeu, les sports, les déplacements, les activités récréatives, l'éducation physique ou l'exercice planifié, dans le contexte familial, scolaire ou communautaire. L'objectif visé est, d'une part, d'améliorer l'endurance cardio-respiratoire et la forme musculaire et, d'autre part, de réduire le risque de maladies non transmissibles. À cet effet, il est recommandé ce qui suit :

1) les enfants et jeunes gens de 5 à 17 ans devraient accumuler au moins 60 minutes par jour d'activité physique d'intensité modérée à soutenue ;
2) la pratique d'une activité physique pendant plus de 60 minutes par jour apportera un bénéfice supplémentaire pour la santé ;
3) l'activité physique quotidienne devrait être essentiellement une activité d'endurance. Des activités d'intensité soutenue, notamment celles qui renforcent le système musculaire et l'état osseux, devraient être incorporées, au moins trois fois par semaine.

18 - 64 ans en dehors des sportifs de haut niveau

Pour les adultes de cette classe d'âge, l'activité physique englobe notamment les activités récréatives ou les loisirs, les déplacements (par exemple : la marche ou le vélo), les activités professionnelles (par exemple : le travail), les tâches ménagères, le jeu, les sports ou l'exercice planifié, dans le contexte quotidien, familial ou communautaire.

Pour améliorer l'endurance cardio-respiratoire, la forme musculaire et l'état osseux et, réduire le risque de maladies non transmissibles et de dépression, il est recommandé ce qui suit :

1) les adultes âgés de 18 à 64 ans devraient pratiquer au moins, au cours de la semaine, 150 minutes d'activité d'endurance d'intensité modérée ou au moins 75 minutes d'activité d'endurance d'intensité soutenue, ou une combinaison équivalente d'activités d'intensités modérées et soutenues ;
2) l'activité d'endurance devrait être pratiquée par périodes d'au moins 10 minutes.

Pour pouvoir en retirer des bénéfices supplémentaires sur le plan de la santé, les adultes de cette classe d'âge devraient augmenter la durée de leur activité d'endurance d'intensité modérée de façon à atteindre 300 minutes par semaine ou pratiquer 150 minutes par semaine d'activités d'intensités soutenues, ou une combinaison équivalente d'activités d'intensités modérées et soutenues.

Des exercices de renforcement musculaire faisant intervenir les principaux groupes musculaires devraient être pratiqués au moins deux jours par semaine.

65 ans ou plus

Pour les adultes de cette classe d'âge, l'activité physique englobe notamment les activités récréatives ou les loisirs, les déplacements (par exemple : la marche ou le vélo), les activités professionnelles (si la personne travaille encore), les tâches ménagères, les activités ludiques, les sports ou l'exercice planifié, dans le contexte quotidien, familial ou communautaire.

Pour améliorer, d'une part, l'endurance cardio-respiratoire, la forme musculaire et l'état osseux et fonctionnel et, d'autre part, réduire le risque de maladies non transmissibles, de dépression et de détérioration de la fonction cognitive, il est recommandé ce qui suit :

1) les personnes âgées de 65 ans ou plus devraient pratiquer au moins, au cours de la semaine, 150 minutes d'activité d'endurance d'intensité modérée ou au moins 75 minutes d'activité d'endurance d'intensité soutenue, ou une combinaison équivalente d'activités d'intensités modérées et soutenues.
2) l'activité d'endurance devrait être pratiquée par périodes d'au moins 10 minutes.

Pour pouvoir en retirer des bénéfices supplémentaires sur le plan de la santé, les adultes de cette classe d'âge devraient augmenter la durée de leur activité d'endurance d'intensité modérée de façon à atteindre 300 minutes par semaine, ou pratiquer 150 minutes par semaine d'activité d'endurance d'intensité soutenue, ou une combinaison équivalente d'activités d'intensités modérées et soutenues.

Les adultes de cette classe d'âge dont la mobilité est réduite devraient pratiquer une activité physique visant à améliorer l'équilibre et à prévenir les chutes au moins trois jours par semaine.

Des exercices de renforcement musculaire faisant intervenir les principaux groupes musculaires devraient être pratiqués au moins deux jours par semaine.

Lorsque des personnes âgées ne peuvent pas pratiquer la quantité recommandée d'activité physique en raison de leur état de santé, elles devraient être aussi actives physiquement que leurs capacités et leur état le leur permettent.

Conclusion

Pour être mené de manière optimale, le sport doit être pratiqué dans un environnement sain bénéficiant d'une bonne circulation d'air, exempt de déchets, sans trop de nuisances sonores et dans des conditions environnementales adaptées (bonnes infrastructures – revêtements de sol, machines en bon état) et matériel de qualité –raquettes, chaussures, vêtements,…). Des recommandations d'activités physiques pour la santé sont faites par l'OMS pour trois grands groupes d'âges (5-17 ans, 18-64 ans, 65 ans et plus). Elles méritent d'être bien connues par toute personne qui souhaite s'adonner à des activités physiques régulières.

CHAPITRE 12 : ENVIRONNEMENT PSYCHIQUE SAIN ET « ZÉRO STRESS »

Introduction

L'environnement psychique concerne ici le stress et ses impacts sur le corps. Il s'agit, comme la standardisation de l'alimentation, d'un fléau des temps modernes où rythme accéléré, charges de travail excessives, recherche permanente de perfection, obsession de la compétition, difficulté à trouver un équilibre entre vie professionnelle et vie privée, rythment notre quotidien.

Le stress désigne une tension nerveuse ou une contrainte de l'organisme face à une situation redoutée (événement soudain, traumatisme, sensation forte, bruit, surmenage). C'est une manifestation agressive de l'organisme par des agents physiques, psychiques, émotionnels, entraînant son déséquilibre. Il se manifeste par un sentiment d'impuissance et d'incapacité d'une personne à surmonter une situation fort redoutée. Il doit être compensé par un travail d'adaptation.

Facteurs de stress

De nos jours, le stress se constate dans tous les milieux et à des degrés divers. Il se rencontre à tous les niveaux de la vie quotidienne, qu'on soit enfant, adolescent ou adulte. Personne n'est épargné par ce phénomène. Les causes sont multiples et différentes selon les individus, les circonstances et les situations socio-professionnelles. Elles peuvent être dues à des facteurs multiples parmi lesquels, Dora Lay (2021) cite : des facteurs héréditaires ; des facteurs environnementaux et une prédisposition en raison d'un trouble anxieux sous-jacent.

Facteurs héréditaires

Même s'il est difficile de confirmer que le stress est héréditaire, il n'en demeure pas moins que les enfants nés de parents stressés développent eux-mêmes une tendance au stress. Donc, ils doivent être sensibilisés sur les risques qu'ils encourent car pouvant présenter certaines vulnérabilités au stress. En effet, vivre le stress d'un parent peut être source d'anxiété. C'est pourquoi, il est important à tout parent stressé, avant de s'occuper de ses enfants, de prendre soin de soi-même afin de réduire au minimum les risques de stress.

Facteurs environnementaux

Ils sont causés par les relations avec les autres, l'environnement social, l'éducation, certains événements de la vie (deuil, séparation, licenciement,...). Ils concernent, d'une part l'impact de l'environnement sur la personne (en particulier santé physique et bien-être psychologique), et d'autre part, la relation que l'individu entretient avec son environnement, que ce soit en termes de perception, d'émotions, d'attitudes ou encore de comportements.

Les enfants élevés dans les familles qui vivent dans une situation de peur et de crainte permanente peuvent avoir des sentiments de doute au cours de leur évolution. L'influence socio-culturelle et la relation proprement dite de l'enfant envers la société et envers ses propres amis peuvent être des facteurs déterminants au point d'influer sur ses résultats scolaires. En dehors des enfants, les adultes sont affectés par leurs milieux et leurs différentes fréquentations. La perte d'un proche avec lequel les relations étaient intimement liées peut entraîner un bouleversement dans la vie et provoquer des sentiments de remords pour longtemps sous l'effet du chagrin.

D'autres exemples peuvent être cités. Cas par exemple de la recherche et de la perte d'emplois. Rester sans emploi après une formation académique de haut niveau crée souvent d'énormes soucis qui peuvent être à l'origine de certaines défaillances de l'organisme humain avec des conséquences sur l'état de santé.

Si le précèdent point est un défi à relever, la perte d'emploi est plus difficile à supporter. Dans certaines sociétés africaines où c'est une seule personne qui travaille et qui, de surcroît, est le pilier de la famille, la perte d'un emploi peut engendrer des divorces sources de souffrances pour les adultes, de traumatisme et d'incompréhension pour les enfants. Les conséquences peuvent être individuelles avec la dégradation de l'état physique et moral de la personne mais elles peuvent en plus se répercuter sur l'éducation des enfants.

Prédisposition en raison d'un trouble anxieux sous-jacent

D'après Dora Laty, citant Dr Alexandre Hubert, pédopsychiatre des Hôpitaux de Paris (2021), "les individus atteints d'un trouble anxieux sont plus en proie au stress que les autres". Cette anxiété peut s'observer comme une panique ou une phobie. Ces personnes ont peut-être connu une enfance difficile liée à la séparation précoce d'avec des parents (mort, guerre, pauvreté).

Les personnes qui souffrent d'anxiété permanente sont plus prédisposées au stress que les personnes dites « normales ». Parmi les troubles anxieux, on retrouve : le trouble panique, le trouble obsessionnel compulsif (TOC), le trouble anxiété généralisée, l'agoraphobie, la phobie spécifique, la phobie sociale, le trouble anxiété de séparation.

L'exemple des femmes africaines est assez parlant. Elles sont davantage touchées par le stress en raison des inégalités entre les sexes et des rôles et responsabilités qui leur incombent. On entend par là leur place dans la société qui couvre aussi bien des rôles de mères procréatrices, de femmes intellectuelles travaillant au même titre que les hommes et de femmes ménagères à la maison après le bureau. D'autre part, elles s'occupent de l'éducation des enfants. Il s'agit d'un rôle délicat surtout quand elles ont affaire à des enfants de sexe masculin. Ces derniers ont toujours tendance à faire des caprices en essayant de provoquer une décharge émotionnelle face aux mamans. Il arrive qu'ils s'énervent pour un rien ou qu'ils cherchent à désobéir ou à transgresser les règles préétablies ; ce que l'on assimile souvent à des « crises identitaires ou des crises d'adolescence ».

Il y a en outre le stress physique excessif, notamment celui lié aux travaux ménagers pénibles au village (recherche d'eau sur de longues distances, transport de fagots, travaux champêtres difficiles dus à leur faible mécanisation, etc.). La grossesse peut par ailleurs être un terreau favorable au développement de l'anxiété de par les nombreux facteurs de stress qu'elle provoque surtout après une longue période d'infertilité. On est là souvent amené à se demander si l'enfant qu'on porte naîtra en bonne santé et s'il n'y a pas de risque qu'il meurt assez jeune.

Autant de stress et de doses émotionnelles qui sont sources d'humeurs fluctuantes et d'émotions labiles !!! Elles changent tout le temps, passant des angoisses à la sérénité et à la joie, des peurs à la confiance.

Cas de femmes célibataires : traditionnellement, avec la pression de sociétés globalement conservatrices, les femmes africaines se mariaient très jeunes, en moyenne avant 18 ans. Cependant, de nos jours, cette tendance est entrain de changer. Les femmes se marient plus tard, généralement, après les études universitaires et après avoir trouvé un emploi stable. Cette situation nouvelle est source d'inquiétude pour les jeunes dames qui se posent la question de savoir comment trouver un jeune époux (intelligent, élégant,...). Une hantise qui les pousse à faire des prières spéciales, des jeûnes répétitifs, des consultations de marabouts, de prêtres, de vodous et, de plus en plus, de psychologues. En effet, l'anxiété et le doute s'installent petit à petit dans les esprits.

Cas de femmes divorcées : la rupture conjugale constitue une source majeure de stress à laquelle sont souvent associés des problèmes psychologiques et émotionnels importants : sentiments d'échec, de honte, diminution de l'estime de soi (Bloom, 1978). Dans les pays européens, les femmes divorcées, en particulier celles qui ont la garde de jeunes enfants, représentent le groupe qui a le plus haut taux d'anxiété et de dépression (Arendell, 1987). En Afrique, si dans un passé récent, ces femmes bénéficiaient de l'appui des membres de leurs familles qui apportent des aides matérielles et financières, de nous jours, tel n'est plus le cas. Elles doivent faire face toutes seules aux dépenses quotidiennes des enfants (écolages, livres scolaires, habits à la mode - dernier cri, sorties en fins de semaines, transports, loyers, vacances touristiques, restaurants, etc.).

La scolarité est assimilée à une course de fonds qui commence au préscolaire pour terminer à l'université ; soit autour de 20 ans. En général, cette scolarité se fait dans le secteur privé, donc, nécessitant des paiements mensuels sans aides des États ou de la sécurité sociale. Un casse-tête qui peut être source de stress post-traumatique !

Types de stress

Selon le psychiatre Alexandre Hubert (Magazine santé, 2022), « le stress ne désigne pas l'agent « stressant » mais le sentiment de l'individu de ne pas pouvoir y faire face ». Ainsi, la forme de stress dépend plus de sa conséquence sur la capacité de l'individu à gérer la situation dans le temps et sa durée. On distingue généralement :

- **le stress aigu et de courte durée ou bon stress :** son installation est rapide mais sur une courte durée ; il est rapidement surmonté, permettant un contrôle parfait de soi afin de poursuivre son activité ;
- **le stress chronique et de longue durée ou mauvais stress :** il est ennuyant et très affaiblissant. Il se caractérise par la succession de manifestations pouvant aboutir à la chronicité proprement dite. Débuté par une phase d'alarme qu'on tente de maîtriser suivie d'une phase d'épuisement, cette dernière est mauvaise car elle entraîne chez l'homme le manque de réaction et le pousse à s'enfermer ou à se replier sur lui-même et à entrer dans un processus de ruminations mentales ou d'anxiétés chroniques.

D'après les Nations Unies en matière de formation obligatoire sur la sécurité de base (cours en ligne), il existe quatre types de stress (DOMP ONU/DAM – CPTM, Version 2017) :

- le **stress de base, ou général :** tout le monde y est confronté, jour et nuit. Cette forme de stress est généralement résolue en un ou deux jours ;
- le **stress cumulatif :** stress prolongé, qui se construit dans le temps et peut entraîner des effets physiques et mentaux négatifs ;
- le **stress traumatique ou lié à un incident grave :** il s'agit d'événements anormaux qui produisent une réaction normale de détresse psychologique intense ;
- le **trouble de stress post-traumatique (TSPT) :** il résulte d'un stress lié à un incident grave non résolu. Il s'agit d'une détresse sévère qui ne peut être engendrée que par un grave traumatisme psychologique. Il suscite des modifications durables dans la vie et le travail d'une personne. Il requiert une assistance professionnelle et ne peut être diagnostiqué et traité que par un spécialiste.

Manifestations cliniques du stress

Les manifestations du stress sont multiples et variées à cause de la libération de certaines hormones à l'origine des symptômes du stress :

- la **Noradrénaline** précurseur d'adrénaline est sécrétée par les glandes surrénales. Elle favorise l'augmentation de la pression dans les vaisseaux sanguins et le rythme du battement cardiaque ; d'où la survenue de maladies cardiaques (hypertension artérielle, cardiomégalie et AVC) ;
- le **Cortisol :** hormone stéroïde sécrétée par la glande surrénale à partir du cholestérol, il favorise l'augmentation de la libération de glucose dans le sang (hyperglycémie) à partir des réserves de l'organisme en réponse à un stimulus de stress ;
- l'**Adrénocorticotrophine** ou ACTH est sécrétée par l'hypophyse. Elle favorise la libération de cortisol au niveau des glandes surrénales ;

- l'**Ocytocine** synthétisée au niveau de l'hypothalamus : elle joue un rôle dans la stimulation du lait et la contraction de l'utérus ; d'où la nécessité de lutter contre le stress chez des femmes en début de grossesse pour minorer le risque élevé d'avortement spontané ;
- la **Vasopressine :** elle a une action antidiurétique et vasoconstrictrice.

Conséquences du stress

Les conséquences du stress sont multiples et comprennent : l'augmentation du rythme cardiaque ou la tachycardie, les tremblements, le doute, la colère, les troubles de langage et les bégaiements, les agitations, le manque de concentration, le manque de prise d'initiatives, les sueurs froides, la passivité, l'anorexie, la fatigue permanente, les maux de tête, les vertiges et l'insomnie, le manque d'estime de soi et les difficultés relationnelles. Ces signes sont à l'origine de manière directe ou indirecte de la survenue ou de l'aggravation de certaines maladies telles que : l'hypertension artérielle, le diabète, la gastrite, les ulcères gastroduodénales, l'AVC, les troubles fonctionnels intestinaux (colopathie), les constipations et les hémorroïdes.

Les hormones de stress les plus importantes sont le cortisol, le glucagon et la prolactine. Cependant, c'est le cortisol qui a le plus d'impact sur la modification du fonctionnement physique et mental de notre corps.

Les premiers symptômes d'un taux de cortisol élevé dans le sang sont les suivants :

- une prise de poids ;
- une faiblesse ;
- une pression artérielle élevée ;
- des traces violacées de plus de 1 cm ;
- un visage arrondi ;
- une apparition facile de taches violettes et d'ecchymoses ;
- une dépression ou instabilité émotionnelle ;
- des boutons et augmentation de la pilosité.

Le stress de longue durée impacte négativement les hormones sexuelles telles que l'œstrogène, la progestérone et la testostérone (*Amelioretasante*, 2022).

Chez l'homme, la production de testostérone peut diminuer et entraîner des problèmes sexuels tels que de l'impuissance, des troubles de l'érection ou une absence de désir sexuel. Chez la femme, les niveaux d'œstrogènes peuvent diminuer et, en retour, perturber le fonctionnement sexuel normal et la production de progestérone, une hormone responsable de la régulation du cycle menstruel se traduisant par une fatigue extrême, une prise de poids, des maux de tête, des sautes d'humeur et un manque de désir sexuel, entre autres.

Vaincre le stress grâce à l'activité physique

Le stress dépend à la fois de facteurs internes et externes, de choses que nous pouvons contrôler et de choses que nous ne pouvons pas contrôler. Cela veut dire que la vie sans stress n'existe pas. Cependant, on aime parler de « zéro stress », qui est un concept destiné à tendre vers une vie saine et équilibrée, sans trop de conflits internes. Il s'agit d'un comportement pour apprendre à contrôler ce qui dépend exclusivement de soi pour en tirer le maximum de bienfaits. Cela passe par l'anticipation sur les faits de la vie courante, qu'ils soient positifs ou négatifs, la culture de l'optimisme et du positivisme, l'estime de soi et la vie en communion avec des personnes heureuses, empathiques et en bonne santé.

Pour ce faire, quelques conseils pratiques sont donnés ci-dessous :

- avoir une alimentation saine et équilibrée ;
- pratiquer de manière régulière et efficace de l'exercice physique ;
- pratiquer de la méditation ;
- avoir un sommeil suffisant ;
- pratiquer des séances de relaxation (yoga) ;
- bannir ou diminuer la consommation des stupéfiants et excitants (alcool, tabac, thé, café et drogue) ;
- avoir une bonne hygiène de vie corporelle (comportement et environnement) ;
- éviter l'isolement et vivre en société ;
- s'entourer des personnes ayant presque la même vision que vous ;
- éviter le surmenage physique ou mental.

Outre ces conseils qui sont largement efficaces et très bénéfiques pour lutter contre le stress, en plus de l'activité physique, certaines thérapies sont recommandées, telles que :

- **la psychothérapie :** elle consiste à recourir à un psychologue pour établir un diagnostic dans l'optique d'une prise en charge des maux ;
- **la phytothérapie :** le traitement par les plantes comme la spiruline, une algue riche en oligoéléments et en sels minéraux ; elle apporte du tonus à l'organisme. Le gingembre, la cannelle et le clou de girofle sont des alternatives intéressantes.

Les bienfaits de l'activité physique sur la santé sont bien connus. La pratique d'une activité physique et sportive régulière contribue à améliorer l'état de forme général à tous âges. Elle est vectrice de bien-être moral agissant directement sur la santé mentale. Elle diminue le risque de développer de nombreuses maladies, telles que : les pathologies cardio-vasculaires, l'obésité, le diabète et le cancer. C'est un anti-stress de qualité. Conséquence de l'action des endorphines et du bien-être général, les niveaux de stress et d'anxiété diminuent sensiblement.

L'activité physique apporte un effet apaisant sur l'anxiété. En stimulant la libération d'hormones et de neurotransmetteurs comme les endorphines, la dopamine ou la sérotonine, elle produit des sensations de bien-être qui favorisent un état de relâchement.

Selon l'Équipe Univers & santé (2017) dans son dossier « *Guérir par le sport* », le sport améliore l'estime de soi, l'humeur, régule l'appétit et le sommeil, distrait des pensées négatives. Et pour ceux qui le pratiquent en groupe, le sport permet de créer de nouveaux liens sociaux et de renouer des relations avec les autres.

Un des organes du corps qui profite le plus de l'activité physique est le cerveau grâce à des effets protecteurs, voire thérapeutiques, vis-à-vis de certaines pathologies mentales. Selon la revue « *Guérir par le sport* » (2017), les effets bénéfiques du sport sont nombreux. On note parmi eux :

- **la déconnexion :** faire du sport met de bonne humeur. L'activité du cortex préfrontal baisse. Les pensées compliquées, les rancœurs ou les soucis passent à l'arrière-plan ;
- **le sentiment de bien-être :** la production de dopamine augmente dans le tronc cérébral. Ce neurotransmetteur joue un rôle essentiel dans le système de récompense ; ce qui explique pourquoi bouger donne envie de bouger plus. Davantage de tryptophane est produit par le cerveau. Il s'agit d'un composé utilisé dans la fabrication de la sérotonine, souvent appelée « hormone du bonheur » car elle participe à la sensation de bien-être. Elle joue un rôle important dans les structures cérébrales traitant des émotions ;
- **la réduction du stress :** le niveau de cortisol associé au stress chute. Par contre, avec le stress, généralement l'adrénaline monte ainsi que la tension artérielle. Conséquemment, on est dans un état de nervosité permanente et on a du mal à se concentrer sur son travail à cause de troubles du sommeil ou même de problèmes de digestion.

Conclusion

Le stress, déclenché par notre mode de vie touche tous les groupes sociaux et toutes les catégories d'âge. Personne n'y échappe vraiment. Il s'agit d'un état de tension chronique (physique et psychologique) qui résulte d'une gestion inappropriée à long terme de la pression psychologique.

Conséquemment, en l'espace de quelques temps, les hormones du stress, à savoir l'adrénaline, l'insuline, le cortisol et la noradrénaline sont libérées. Cependant, la pratique de l'activité physique permet de produire d'autres hormones (endorphine et sérotonine) qui viendront neutraliser les hormones du stress (*Croq'Body*, 2022). D'où la nécessité de mener régulièrement des activités physiques, et de préférence, en groupe. Cela aide à sortir de son isolement pour mieux combattre le stress et l'anxiété. Il s'agit là d'un vecteur de lien social qui offre des expériences partagées de manière physique et morale, et non virtuelle entre les individus.

En plus de l'activité physique, il y a le sommeil, le rire, le social et la méditation qui facilitent la gestion du stress. Ne dit-on pas que le sommeil est réparateur ? Il permet de mettre le cerveau au repos tout en aidant le corps à récupérer.

Quant au rire et au social, ils favorisent respectivement la libération de l'endorphine (hormone du plaisir) et de l'ocytocine (dite hormone de l'amour). Enfin, la méditation permet de libérer l'esprit des idées du passé et des soucis de l'avenir pour se concentrer sur le présent, la gestion de son corps comme sur la respiration. Elle peut clarifier les pensées et réduire le stress.

OPTIMISME
STRESS
ÉQUILIBRE
ANXIÉTÉ
SÉRÉNITÉ
ouvert(e)
calme
Le stress
Je suis
EMOTIONS
Cet ami caché
CONFIANCE EN SOI
GESTION DES EMOTIONS
FATIGUE
NERVOSITÉ
NAEM

CONCLUSION GÉNÉRALE

Au terme de la rédaction de l'ouvrage, il était important de présenter au lecteur des recommandations bien documentées et argumentées qui jettent un regard critique sur l'évolution de l'alimentation de l'Africain et de sa santé physique et mentale.

Longtemps considérée comme source de plaisir et de première médecine, l'alimentation de l'Africain est de plus en plus vue comme source d'inquiétudes pour la santé des populations avec l'apparition de multiples maladies chroniques, notamment le diabète, l'hypertension et les cancers. Cette situation est délicate car elle pose un véritable problème de civilisation et de développement social et économique. Il importe, à cet effet, de rappeler que l'alimentation est le résultat d'un processus historique où les peuples adoptent les meilleurs aliments qui sont disponibles dans leur environnement immédiat. Elle est traditionnellement très diversifiée chez l'Africain (contrairement à certaines idées préconçues) car provenant directement de divers produits naturels qui cohabitent (céréales, racines et tubercules, fruits forestiers, feuilles et légumes, produits de mer et d'élevage, etc.).

Cependant de nos jours, cette culture tend à disparaître. Elle est petit à petit remplacée par une culture occidentale basée sur la standardisation des produits de consommation courante dont les éléments de base sont :

- le maïs, le riz blanc, les pâtes et le pain de blé au détriment des produits locaux traditionnels tels que le mil, le sorgho, l'igname, le taro, le plantain, etc. ;
- les produits préparés ou semi-préparés (précuits) ;
- les produits finis sortis des usines et surgelés.

Notre culture alimentaire a effectivement changé radicalement au cours des trois dernières décennies. Nous cuisinons moins et mangeons plus d'aliments faciles à préparer permettant de faire gagner du temps au consommateur qui peut disposer rapidement de son repas, sans trop d'efforts.

Nous mangeons trop gras, trop sucrés, trop salés. On note invariablement : les hamburgers ou sandwichs accompagnés de frites et d'un soda. Il y a en outre les snacks, les hot dogs, les pizzas, les kebabs et kinés, les sushi, etc. Ils sont produits par des chaînes de restauration rapide qui font l'objet d'attaques régulières par les associations d'altermondialistes et d'écologistes promouvant le développement durable, à savoir « un développement qui réponde aux besoins du présent sans compromettre la capacité des générations futures de répondre aux leurs » (Rapport des Nations Unies de Butdlant, 1987).

D'autre part, nous menons une vie sédentaire. Nous bougeons de moins en moins et passons beaucoup de temps assis ou couché à regarder la télévision, à jouer avec des consoles, à taper à l'ordinateur, etc. Au lieu de se déplacer, nous privilégions le téléphone, la voiture ou l'ascenseur. Or, ne pas faire d'exercice physique, quel qu'il soit, comporte un certain nombre de risques pour la santé qu'il vaut mieux éviter.

Ce mode de vie moderne de l'Africain est marqué par la sédentarité et la standardisation des produits de consommation courante qui sont devenues sources majeures de problèmes de santé publique. Aussi, il est grand temps de le repenser en mettant en place un nouveau mode de vie écologique dont le fondement serait le respect de normes sanitaires et environnementales plus protectrices de la santé des populations.

La pratique quotidienne de sport de masse ou individuelle doit ici être au centre des activités, si l'on veut mieux lutter contre les maladies chroniques telles que l'obésité. D'après la Haute Autorité de Santé de France (2011), la pratique d'une activité physique régulière est associée à une diminution des risques de diabète, d'hypertension artérielle ou de cancer du côlon, ainsi qu'à une diminution de la mortalité cardio-vasculaire et de la mortalité toutes causes confondues. Elle est d'ailleurs reconnue comme thérapie non médicamenteuse.

Selon l'OMS, qui définit une maladie chronique comme une affection de longue durée (6 mois ou plus), non transmissible, nécessitant une prise en charge régulière, avec un retentissement majeur sur la vie quotidienne du patient, la pratique d'activités physiques ou sportives, alliées à une alimentation variée et équilibrée, sans tabac, sans consommation exagérée d'alcool, permettrait de limiter ces risques.

On peut donc en déduire que notre santé est entre nos mains. Frédéric Saldmann (2013) en donne certaines clés pour prendre sa santé en main et consolider tous les domaines qui la composent (alimentation, poids, allergies, sommeil, etc.) afin de mieux se protéger avec des moyens à notre portée, passer au travers des maladies et profiter pleinement de la vie.

Le Programme national pour l'activité physique et la santé, connu sous le nom de Mexi Mexê, lancé par le Gouvernement du Cap Vert en 2017, constitue un bel exemple de prise de conscience de l'importance de l'activité physique pour la santé des populations. L'objectif du programme est d'encourager la pratique de l'activité physique dans les écoles, sur les lieux de travail, à la maison et dans la communauté, indépendamment de l'origine ou de la classe sociale des populations.

Le programme Mexi Mexê vise à susciter l'adoption des modes de vie sains et à relever la qualité de vie de la population du Cap Vert à toutes les étapes de la vie. Son objectif est de réduire de 10 % la sédentarité chez les enfants, les adolescents, les jeunes adultes et les personnes âgées d'ici à 2025.

L'activité physique et sportive régulière est excellente pour la santé physique. Elle peut guérir certaines pathologies et diminuer le risque de développer des maladies cardio-vasculaires, l'obésité, les risques de diabète et le cancer tout en augmentant la durée de vie. Mais elle peut également aider, à tout âge, à atteindre un bien-être mental et physique, et à diminuer le stress quotidien. Pour les seniors, elle couvre l'activité d'endurance (la marche 3 – 4 fois par semaine), le renforcement musculaire et le maintien de l'équilibre pour éviter les chutes. À cela, on doit ajouter : bien dormir, bien manger (consommer des fruits et aliments riches en potassium et en magnésium) et se faire plaisir.

Selon *Croq'Body* (2022), les sources de stress sont multiples et variées. Elles peuvent être positives ou négatives et surtout, sont propres à chaque personne et à ses capacités de ressentis ou de résistance au stress.

Lorsqu'il est contrôlable et positif, le stress est globalement une bonne chose qui nous tient en éveil, en alerte, nous dynamise (lors d'une épreuve sportive, d'un examen, etc.). Quand il devient incontrôlable, permanent, que nous avons l'impression de ne plus pouvoir contrôler la situation, le stress devient négatif et peut entraîner des troubles chroniques quotidiens : anxiété, troubles du sommeil, dépression, mal de dos, etc.

Pour s'en débarrasser, en plus des solutions thérapeutiques, médicamenteuses ou naturelles, la pratique d'activités sportives peut être bénéfique. Elle aide à s'évader, à changer d'horizon et à se déconnecter quelques temps de la réalité stressante, surtout quand elle est menée en pleine nature. Elle permet « d'évacuer le trop plein », de déclencher dans l'organisme la production d'endorphines et de sérotonines capables de transformer et neutraliser les hormones du stress.

Mais attention à l'excès de confiance au sport. Il peut générer des situations d'alerte permanente pouvant provoquer le « *burnout* » reconnu comme maladie professionnelle, la dépression pour l'état d'épuisement général (personnel et professionnel), ou d'autres maladies et troubles souvent corrélées au stress (ulcères, hyperthyroïdie, colopathies fonctionnelles, infections virales répétées, troubles du sommeil, etc.).

Le présent ouvrage met en exergue la combinaison intelligente d'une alimentation équilibrée avec des activités physiques adaptées, une vie familiale et sociale équilibrée et un environnement de travail « zéro stress ». Il s'agit de trois facteurs clés de santé et d'amélioration de l'état de santé physique et psychique qui réduisent considérablement les risques de maladies non transmissibles. Il fait ressortir les enjeux essentiels de santé publique et d'alimentation équilibrée pour leur prise en compte réelle dans les politiques des États Africains, plus particulièrement, en cette période post-crise du coronavirus (COVID-19) qui a secoué tout le dispositif agricole et sanitaire des pays.

N'est-ce pas là un retour aux idéaux des premières années d'indépendance durant lesquelles – Travail, Consommation de produits naturels du village, Santé, Activité sportive et Éducation scolaire pour Tous – étaient le crédo des politiques de développement économique et social des pays Africains ?

RÉFÉRENCES BIBLIOGRAPHIQUES

Arendell, T.J. (1987). *« Women and the economies of divorce in the contemporary United States », Journal of Women in Culture and Society, v o l. 13, n ° 1.*

Actualisation des repères du PNNS : Révision des repères de consommations alimentaires.

Actualisation des repères du PNNS - Révisions des repères relatifs à l'activité physique et à la sédentarité (2016). *African Traditional Leafy Vegetables and the Urban and Peri-Urban poor.* Volume 28, Issue 3, June 2003, Pages 221-235.

Agence nationale de sécurité du médicament et des produits de santé (ANSM). Thésaurus des interactions médicamenteuses (2016).

Amane N.D, Assidjo N.E, Gbongue M.A, K. Bohoussou, Cardot P. Caractérisation physico-chimique d'une bière traditionnelle ouest africaine (Tchapalo). Agronomie africaine, vol. 17, n 2, p. 143 à 152, 2005 (ISSN 1015-2288).

Amélie Curty, Naturopathe Iridologue (2020). Apports journaliers conseillés par Amélie Curty. *American Journal of Food and Nutrition.* 2019, 7(1), 19-25. DOI : 10.12691/ajfn-7-1-4

Ayi Mojisola, 2020. Le karité : origine, usage et bienfaits d'un arbre africain par excellence. La Nouvelle Tribune.

Bailey DG, Dresser G, Arnold JMA. Grapefruit and medication interactions : forbidden fruit or avoidable consequences? CMAJ 2012 ; DOI :10.1503/ cmaj.120951.

Baribeau H. (2014). Manger mieux pour être au top, Editions La Semaine.

Bell A. et Favier J.C., 1979 - Influence des transformations technologiques traditionnelles sur la valeur nutritive des taros et macabos du Cameroun - Cahiers de l'ONAREST, Vol. 2. 3. pp. 17-26.

Bèye A. M. and Wopereis M., 2014. *Cultivating knowledge on Seed Systems. Net Journal of Agricultural Science.* Vol. 2(1), pp. 11-29. ISSN: 23159766. Review paper.

Bèye A. M., Boua S. J., Courbet P. and Kouassi G. C., 2015. L'approche chaîne de valeur : un outil d'évaluation de la rentabilité des filières africaines (cas de la Côte d'Ivoire). 13p. *INPHB, 2016.*

Blin-Franchomme, Marie-Pierre. Sport et promotion de valeurs, 2016 : Quelle place pour la protection de l'environnement et l'enjeu du développement durable dans le sport ? In : L'éthique en matière sportive. Presses de l'Université Toulouse 1 Capitole.

Bloom, B.L. (1978). *Marital disruption as stressor», dans D. Forgays (éd.). Environmental Influences and Strategies in Primary Prevention. Hanover & London : University Press of New England.*

Bricas Nicolas, Vernier Philippe, Ategbo Eric-Alain, Hounhouigan Joseph D., Mitchikpe Evariste C., Etoudo N'Kpenu K., Orkwor Gabriel, 1997. Le développement de la filière cossettes d'igname en Afrique de l'Ouest. *Cahiers de la Recherche-Développement* (44) : 100-114.

Brice-Omer Zahui (2019). Cuisine ivoirienne.

Brinkman M. T., Karagas M. R., Zens M. S. et al. *Minerals and vitamins and the risk of bladder cancer: results from the New Hampshire Study. Cancer Causes Control 21, 609–619 (2010).*

Busson F. et Bergeret B., Méd. Trop., 1958, 18, 142-144.

Campillo B. Les problèmes nutritionnels chez l'alcoolique chronique. CND (2000). 35 (2) : 93-98.

Carbohydrate quality and human health: a series of systematic reviews and meta-analyses - Andrew Reynolds et al. - The Lancet (2019).

Carré F., Brion R., Douard H., Marcadet D., Leenhardt A., Marçon F., Lusson J. R. (2010). Recommandations concernant le contenu du bilan cardiovasculaire de la visite de non contre-indication à la pratique du sport en compétition entre 12 et 35 ans. Science & Sports. Volume 25, Issue 6.

Chloé S. (2008). Eau – Biologie

Clark M. J. and Slavin J. L. (2013): *The effect of fiber on satiety and food intake: a systematic review.*

CRC handbook of dietary fiber in human nutrition. Edited by Spiller GA (2001). Third Edition.

Debbo Mballo, 2020. Comprendre le marché rizicole en Afrique subsaharienne en 9 points clés.

Diabagate Hadja Mawa Fatim, Traore Souleymane, Cisse Mohamed, Soro Doudjo, Brou Kouakou (2019). *Biochemical Characterization and Nutritional Profile of the Pulp of* Saba senegalensis *from Côte d'Ivoire Forest.*

Dieulangard F. (2014). Suivi médical des compétiteurs masters participant aux championnats de France d'athlétisme sur piste d'été.

Espérance Zossou et Jonas Wanvoeke en collaboration avec Kokou Zotoglo. Étuvage amélioré du riz : Dispositif et description du processus, Support de formation. USAID E-ATP Ouagadougou (2010).

Guidance for Industry: Evidence-Based Review System for the Scientific Evaluation of Health Claims (2016).

Habitude alimentaire : les feuilles de *Gnetum africanum*, un véritable patrimoine culinaire (2018).

Hampshire Study. Cancer Causes Control. 2010 ; 21 (4) : 609–619.

Hongbete F., Kindossi J. M., Hounhouigan J. D., Nago M. C. (2017). Production et qualité nutritionnelle des épis de maïs frais bouillis consommés au Bénin. *International Journal of Biological and Chemical Sciences* 11(5) : 2378-2392.

Jean Michel Cohen, Nutritionniste (2019). Dans https ://sante.journaldesfemmes.fr/fiches-nutrition/2517995-diabete-fruits-autorises-interdits/

Julien Bondaz (2013). Le thé des hommes dans Sociabilités masculines et culture de la rue au Mali.

L'agriculture familiale, vitale pour la résilience et le futur de la sécurité alimentaire durable. http://www.ifad.org/media/press/2014/7_f.htm#sthash.UNW5W7g0.dpuf.

Les diététistes du Canada, Sources alimentaires de fibres solubles, www.dietitians.ca (2014).

Les fibres alimentaires, www.diabete.qc.ca, 2014.

Martin A. et *al.* (2001). Apports nutritionnels conseillés pour la population française. Ed Lavoisier, Tec & Doc.

Mélanie Philipo (2017). 10 bienfaits insoupçonnés de la tomate sur la santé.

Micronutriment Information Center (2014) : «Phytochemicals» *Linus Pauling Institute, Oregon State University, Corvallis, Oregon.*

Nadine Ker Armel (2017). Les qualités nutritionnelles de la pomme de terre.

Neglected leafy green vegetables in Africa, (1999). Vol. 1 et 2.

Oke O. L. (1966) : *Chemical studies on some Nigerian foodstuffs: gari. Nature*, (212): 1055-1056.

Ouedraogo N. O. G. (1996). Les pratiques médicinales et les pratiques médicales du Burkina Faso. Cas du plateau central. Thèse de doctorat ès sciences naturelles, FASTIUO, Burkina Faso, Tome 2, 259 p.

Pele J. et Le Berre S. (1966). Les aliments d'origine végétale au Cameroun. Éditions ORSTOM.

Philippe C., Nathalie M. (2018). Tableau adapté à partir des apports nutritionnels conseillés pour la population française, AFSSA. Le guide de l'alimentation équilibrée. Mieux manger sans se compliquer la vie. Alimentations, Nutrition et Régimes, ISBN 13 : 9782850911712.

Production et commerce de la pomme de terre en Guinée (USAID 2006).

Produire plus avec moins (2011). Guide à l'intention des décideurs sur l'intensification durable de l'agriculture.

Régine D. (2011). Informations sur le bien-être et l'hygiène.

Sandra M. (2009). Fibres : comment en inclure plus dans votre alimentation ?

Schippers R. R., 2004. Légumes africains indigènes : présentation des espèces cultivées ISBN 3 8236 14150 CTA n° 1185.

Shi-Sheng Z. & *al.* B-vitamin consumption and the prevalence of diabetes and obesity among the US adults (2010): population based ecological study. BMC Public Health.

Snyder F.G, L'évolution du droit foncier de Basse-Casamance, thèse pour le doctorat de IIIe cycle, Université de Paris I, 1973.

Tabuna H. (2000). Évaluation des échanges des produits forestiers non ligneux entre l'Afrique subsaharienne et l'Europe.

Valorisation et Innovation en Partenariat (2014). Fiche technique No 24. Systèmes semenciers traditionnels.

Vido, A. A, 2012, L'histoire du riz africain dans le sud –Bénin (XVIIè – XXè siècle) : Une contribution à l'étude de l'histoire rurale du Benin, Thèse de Doctorat Histoire, Université Félix Houphouët Boigny de Cocody, 292p.

View in Article Crossref Google Scholar 38.

Walker A., Rev. Bot. Appl. Agric. trop., 1951, 31, 542.

Walter P. F., 1979. *Technologie des semences* de céréales. Collection FAO/ Rome.

Wiggins S. 1992. *NGOs and local level seed supply in The Gambia.* Overseas Development Institute, London, UK.

Yapo O., Mambo V., Seka A., Ohou M. J. A., Konan F., Gouzile V., Tidou A., Kouame K., Houenou P. (2010). Evaluation de la qualité des eaux de puits à usage domestique dans les quartiers défavorisés de quatre communes d'Abidjan (Côte d'Ivoire) : Koumassi, Marcory, Port-Bouët et Treichville, In International Journal of Biological and Chemical Sciences 4(2).

Zoundjihékpon J., Dansi A., Mignouna J.H.D., Zongo Jd, N'Kpénou K. E., Sunu D., Camara F., Kourouma S., Sanou J., Sanou H., Bélem J., Dossou R., Vernier P., Dumont R., Perla Hamon, Touré B. (1997). Gestion des ressources génétiques des ignames africaines et conservation *in-situ.*

Zoungrana, S. L. (2012). Valeur nutritionnelle du riz local.

https ://www.agir-crt.com/blog/les-differents-types-dedulcorants/

https://www.alimentation-sante.net/sante/ligname-contraceptif-aztequessecours-femmes-souffrant-de-pre-menopause-10485/

https://www.ameli.fr/assure/sante/themes/intolerance-gluten-maladie cœliaque/definition-causes-facteurs-favorisants :)

https://www.aquaportail.com/definition-6610-ration-d-entretien.html

https://www.arkopharma.com/fr-FR/le-chrysanthellum (2020)

https://www.autourduncafe.fr/pourcentage-eau-corps-humain/

https://blognutritionsante.com/2011/02/22/regime-alimentaire-riche-enfibres-bienfaits-sur-la-sante/

https://camerdish.e-monsite.com/pages/accompagnements-complements/bobolo-baton-de-manioc.html https:// croq-kilos.com/actus/la-pasteque-calories-et-bienfaits-de-ce-fruit

https:// complements-alimentaires.co/

https://cuisine.journaldesfemmes.fr/encyclopedie-produits/1955325-oignon/

https://cuisine.larousse.fr/ingredient/les-edulcorants-de-synthese

https://cuisine.toutcomment.com/article/quels-aliments-contiennent-lemoins-de-calories-4719.html. Didier Lacombe (janvier 2017).

https:// croq-kilos.com/actus/le-sport-la-solution-pour-lutter-contre-le-stress

https://defibril.fr/recommandations-american-heart-association/

https://doctissimo.fr/html/nutrition/mag_2001/mag1207/nu_4868_ index_glycemique.htm.

https://doi.org/10.1007/s10552-009-9490-0

https://www.do-nutrition.com (août 2016). Deborah Ohana, diététicienne nutritionniste à Paris.

https:// ecosociosystemes.fr/eau_proprietes_physicochimiques.html

https://fao.org/sd/ruralradio/common/ecg/24516_fr_seeds_fr_1_.pdf

https://www.inter-reseaux.org/IMG/ppt/Valeur_nutritionnelle_du_riz_local. ppt.

https://ipgri.cgiar. orgipublicationsi pubf/le.asp?ID_PUB=287

https://ww w.niebeburkinafaso.org\sites\default\files\images\inera_cristina.jpg

https://protrainer.fr/blog/vitamines-mineraux-sport/

https://lenntech.fr/desinfection/desinfectants-chlore. htm#ixzz69LsTQRRL

https://magicmaman.com/le-the-vert-fait-il-vraiment-maigrir,3656968.asp

https://maliweb.net/economie/Office-du-niger/comprendre-le-marche rizicole-en-Afrique-subsaharienne. 06 Novembre 2020.

https://www.medisite.fr/hypertension-hypertension-5-legumes-qui-peuvent-faire-monter-la-tension.5626473.51.html

https://pensersante.fr/les-glucides-famille-des-sucres

https://sante-medecine.journaldesfemmes.fr/faq/22391-ration-alimentaire definition

https://rwandinfo.com/fr/rwanda-des-varietes-de-pomme-de-terre-pourcontrer-la-famine

https://sante.lefigaro.fr/mieux-etre/nutrition-nutriments/vitamine-c/quoi-casert

https://santemagazine.fr/sante/fiche-maladie/stress-177599

https://solagro.org/images/imagesCK/files/publications/f77_publi-legumes secs-web-2.pdf

https://www.topsante.com/nutrition-et-recettes/la-sante-par-les-aliments/

https://sante-education.tg/article/38201836302284337

https://santeetnutrition.com/liste-des-legumes-feuilles.htm

https://sante-sur-le-net.com/nutrition-bien-etre/nutrition/besoinsenergetiques/

https://sciencedirect.com/science/article/B6VCB-48GVTPH2/2/09a90f7d5dfb 4f0afff3674cb3 a3b4af

https://semences-fermieres.org/images/imagesFCK/file/ documentation/2009_09_15_synthèse_sur_la_réglementation_des_ semences.pdf

https://therascience.com/fr_fr/nos-actifs/plantes-et-champignons/ginseng

https://universalis.fr/encyclopedie/ration-alimentaire/

https://who.int/fr/news-room/fact-sheets/detail/malnutrition

https://wikizero.com/fr/Tchapalo

www.ingramcontent.com/pod-product-compliance
Lightning Source LLC
LaVergne TN
LVHW050407160826
845677LV00002BA/289

* 9 7 9 8 8 9 2 4 8 1 4 6 5 *